처음 배우는 유체공학

가도타 가즈오,
하세가와 야마토 저

윤성훈 역

씨아이알

머리말

우리들은 지구 위에서 물과 공기에 둘러싸여 생활하고 있으며, 자연계에는 대기의 흐름이나 하천의 흐름, 해양의 파도 등 여러 가지의 흐름이 있습니다. 또한 태풍이나 용오름, 해일 등 자연의 경이로움은 우리들에게 공포를 느끼게도 합니다.

과학기술이 아무리 진보하여도 인간이 이러한 자연의 거대한 힘을 거스를 수는 없습니다. 그 때문에 우리들은 자연계를 이해하는 일에 힘을 기울이고 있습니다. 물리학의 한 분야인 유체역학은 자연계를 이해하기 위한 기초 과학입니다. 유체역학에 대한 학습을 통하여 유체의 물리적인 성질을 이해할 수 있습니다.

유체역학에는 여러 가지 수식들이 등장하지만, 실제로 물이나 공기를 만져보고 배움으로써 보다 깊은 이해에 도달할 수 있습니다. 본 서에서는 쉽게 해볼 수 있는 간단한 실험부터 최첨단의 실험까지 유체와 관련한 다양한 실험에 대하여 소개하고 있습니다.

엔지니어들은 순수과학의 연구 성과에 의해 자연의 힘을 이해하고, 반대로 그러한 자연의 힘을 효율적으로 활용하여 '생산 활동'을 하고 있습니다. 유체공학은 물이나 공기를 공학적으로 다루는 학문입니다. 본 서에서는 펌프나 수차, 풍차 등의 유체기계, 그리고 최근 연구가 진행되고 있는 생물기계에 대해서도 다루고 있습니다.

본 서를 통하여 '유체의 과학'이 어떻게 공학적인 '생산 활동'에 활용되고 있는지 이해하는 데에 도움이 되시기를 바랍니다.

2005년 6월

가도타 가즈오, 하세가와 야마토

역자 서문

유체공학뿐 아니라 어떤 분야의 전문지식을 처음 배우는 학생들에게 그 내용이 어렵고 멀게 느껴진다면 이는 아마도 복잡한 이론이나 수식들 때문이기도 하겠지만, 어쩌면 그러한 전문지식이 우리 삶의 어느 부분에서 어떻게 활용되고 있는지 관련지어 이해하지 못하기 때문인지도 모르겠습니다.

유체역학(또는 유체공학)에 대하여 다루고 있는 좋은 전공서적들이 있지만, 본 서에는 우리 생활 주변에서 경험할 수 있는 기계장치들을 활용한 기본 이론의 소개나 간단한 소품을 활용한 실험 등을 통해 처음 접하는 분야에 대한 거리감을 좁히기 위한 노력이 많이 녹아들어 있다고 생각됩니다.

본 서가 앞으로 유체공학 분야에서 더욱 전문적인 지식을 배워나갈 독자들에게 크지는 않으나 자신 있는 첫걸음을 시작할 수 있는 디딤돌이 되기를 바라며, 번역상의 오류나 부족한 부분이 있다면 독자들의 너그러운 용서를 부탁드립니다. 끝으로 서적이 출간될 수 있도록 많은 도움을 주신 도서출판 씨아이알 관계자 여러분들의 성원에 감사드립니다.

2016년 4월

윤 성 훈

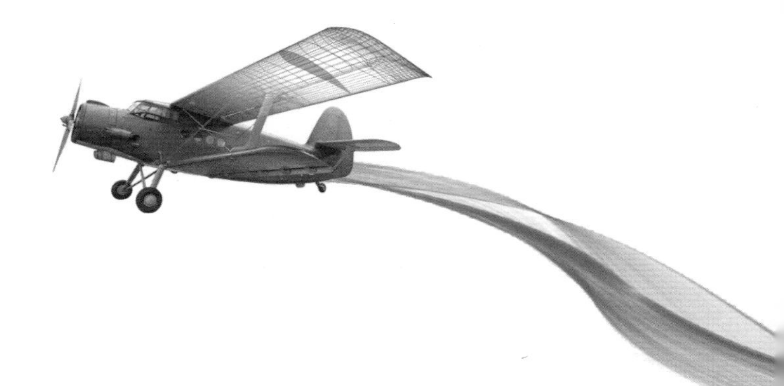

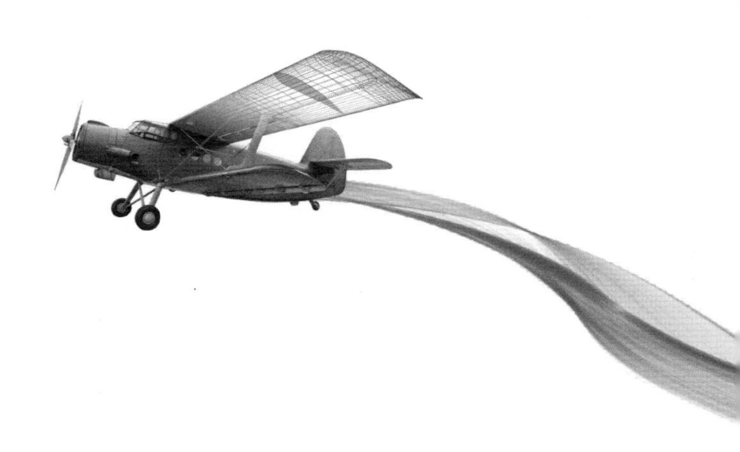

CHAPTER 3 유체기계

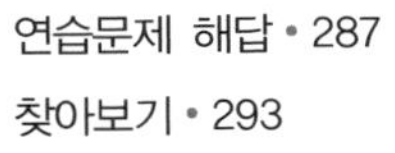

CHAPTER 1
유체역학

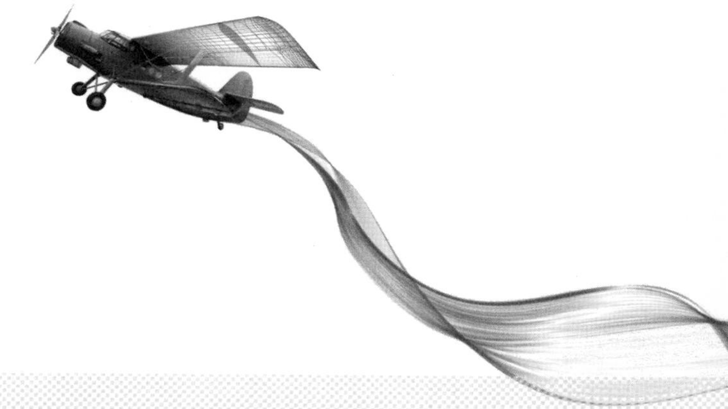

물이나 공기는 우리들에게 매우 친근한 물질이지만, 일상생활에서 물과 공기의 움직임을 물리적인 현상으로 생각하는 경우는 그다지 많지 않습니다.

본 장에서는 유체의 기초가 되는 밀도나 비중, 압력 등의 물리적인 성질과 더불어 유체에 작용하는 부력 등 힘의 균형을 다루는 정역학, 그리고 흐름으로서의 유체의 움직임을 다루는 동역학 등을 배워보겠습니다.

01 유체의 기초

1. 유체란

고체, 액체, 기체라는 분류는 물질을 구성하는 원자나 분자의 집합상태를 구분한 것입니다. 유체는 물이나 공기처럼 자유롭게 형태를 바꾸어 흐를 수 있는 물질을 말합니다. 액체와 기체를 유체라고 말할 수도 있지만, 실제로 특별한 종류의 고무라던가 지반의 액상화 · 유동현상 등과 같이 유체적인 성질을 보이는 고체도 존재합니다.

2. 밀 도

밀도는 단위체적당의 질량입니다. 즉, 질량을 체적으로 나눈 값입니다. 질량 m[kg], 체적 V[m^3]인 물질의 밀도 ρ는 다음의 식과 같이 표현할 수 있습니다. 밀도의 단위로는 1.0m^{3}당 질량인 [kg/m^3]가 사용됩니다.

$$\text{밀도 } \rho = \frac{m}{V} \ [\text{kg/m}^3]$$

물의 밀도

물의 밀도는 1.0기압 조건에서 4°C(정확하게는 3.98°C)에서 최대가 되며, 그 크기는 1,000kg/m³입니다. 이것은 1.5ℓ 페트병에 들어 있는 물의 무게가 약 1.5kg인 것으로도 알 수 있습니다.

여기서 1ℓ라는 것은 한 변이 10cm인 입방체의 체적을 말합니다. 즉, 10cm×10cm×10cm=1.0ℓ가 되는 것입니다. 또한 1,000cm³=1ℓ, 1,000ℓ = 1kℓ =1.0m³가 됩니다.

4°C에서 물의 밀도가 최대가 된다는 것을 조금 더 자세하게 생각해봅시다.

일반적으로 물은 가열하면 밀도가 작아지고, 가벼워집니다. 예를 들어 욕조 안의 물을 따뜻하게 가열한 후에* 물을 잘 섞어주지 않으면 윗부분은 뜨거워도 아랫부분은 미지근하게 됩니다. 이것은 온도가 높은 물이 상대적으로 가볍기 때문에 나타나는 현상입니다.

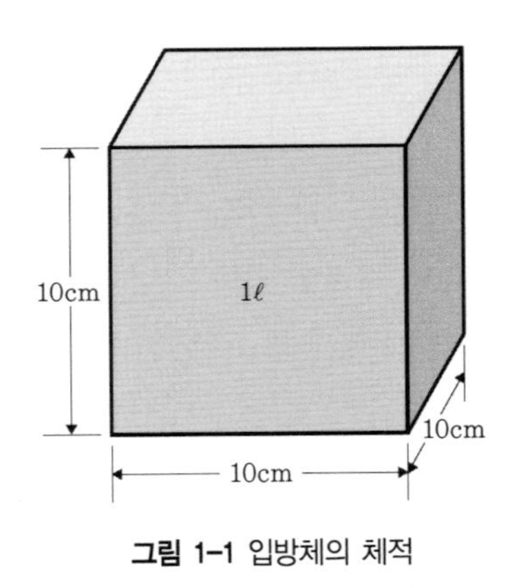

그림 1-1 입방체의 체적

* (역자 주) 일본에서는 바닥난방을 하지 않는 주택의 경우 욕조에 일체형으로 설치되어 있는 소형 보일러를 이용하여 물을 가열하는 방식이 많이 보급되어 있음.

그러면, 반대로 물을 차갑게 냉각할 경우 이와 같은 관계가 언제까지 성립하게 될까요? 예를 들어 20°C의 물보다 10°C의 물이 무겁고, 8°C, 6°C, 4°C, 0°C로 냉각될수록 물의 무게가 상대적으로 더 무거워질까요?

여기에서 0°C의 경우를 생각해봅시다. 같은 0°C 조건에서 얼음은 물 위에 뜨게 되는데요, 이것은 얼음과 물 중에서 물의 밀도가 더 크다는 것을 나타냅니다. 만일 얼음이 물보다 무거워서 물에 가라앉는다면 겨울에 연못이나 호수가 윗부분부터 얼기 시작하는 것을 설명할 수 없게 됩니다. 참고로, 0°C 얼음의 밀도는 0.9168g/cm^3, 0°C 물의 밀도는 0.9998g/cm^3입니다.

호수가 밑바닥부터 얼기 시작한다면 겨울철에 수중 생물이 살 수 없게 되고, 빙어낚시와 같은 얼음낚시도 할 수 없게 됩니다. 실제로는 그렇지 않기 때문에 물의 밀도가 무조건 0°C에 가까울수록 커지지는 않는다는 것을 알 수 있습니다.

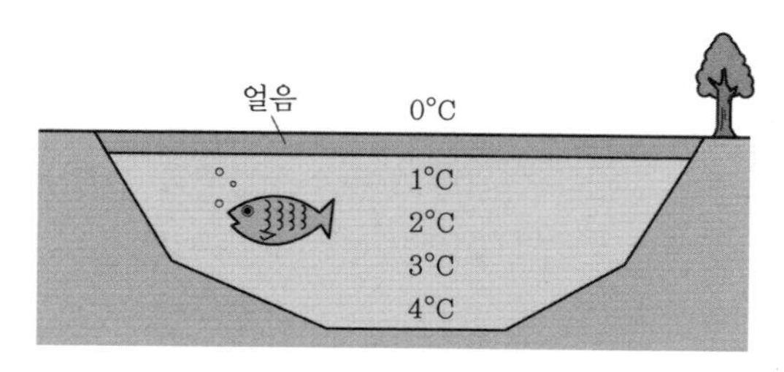

그림 1-2 물이 얼음보다 밀도가 커서 호수 바닥에 가라앉기 때문에 생물이 살 수 있음

물의 최대 밀도가 4°C인 이유는 다음과 같이 설명할 수 있습니다.

물의 온도가 상승하면 분자의 열운동이 활발해지기 때문에 어는점(0°C) 부근의 온도에서도 체적이 팽창하지만, 동시에 결정이 붕괴되기 때문에 수축도 이루어집니다. 이 수축은 물의 온도가 4°C가 될 때까지 계속됩니다. 이 이상 온도가 올라가면 물은 다시 팽창하기 시작하여 끓는점인 100°C가 될 때까지 계속됩니다. 즉, 팽창과 수축이 동시에 진행되는 균형의 관계에서 체적이 최소가 되는 온도가 4°C인 것입니다.

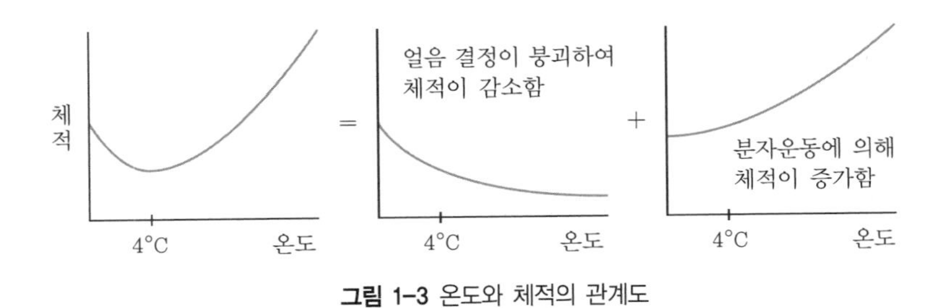

그림 1-3 온도와 체적의 관계도

공기의 밀도

공기의 밀도는 물의 밀도 이상으로 실감하기 어려울 것입니다. 애초에 공기에 질량이 있을지 의문을 가진 사람도 있을 것입니다. 그러나 바람이 불면 공기가 이동하는 것을 몸으로 실감할 수 있습니다. 공기는 질소(약 78%)와 산소(약 20%) 등의 분자로 이루어져 있기 때문에 그에 해당하는 만큼의 질량을 가지고 있습니다.

그렇다면 1.0m^{3}의 공기의 질량은 어느 정도가 될까요? 일상생활에서의 느낌을 떠올려보면 그저 몇 그램 정도가 아닐까 생각할 수도 있을 것입니다.

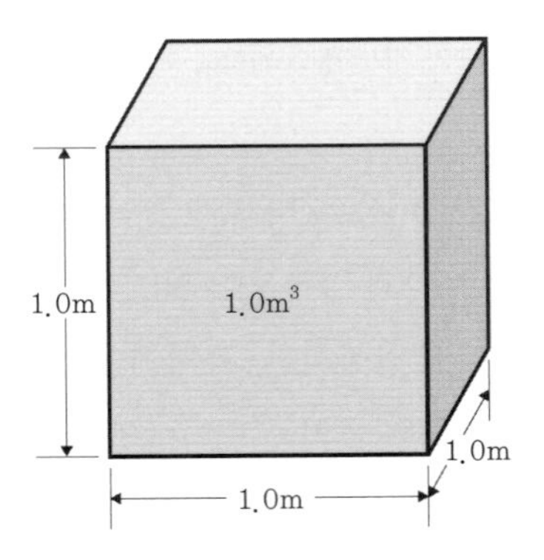

그림 1-4 체적이 1.0m^{3}인 공기의 질량

표준상태(0°C, 101.3kPa=1기압)에서의 건조공기의 밀도는 1.293kg/m^{3}입니다. 물과 마찬가지로 이 수치는 온도에 따라 변화합니다. 예를 들어 40°C에서는 1.128kg/m^3, 80°C에서는 1.000kg/m^{3}가 됩니다.

3. 비 중

같은 체적에서의 무게를 비교할 때 **비중**을 사용합니다. 비중은 표준 1.0기압, 4°C 물의 최대 밀도에 대한 어떤 물질의 밀도의 비를 의미합니다. 즉, 비중은 물이 1.0일 때 그 상대적인 크기를 나타냅니다. 물과의 비교이기 때문에 비중은 단위가 없습니다.

그러면 기름이나 바닷물의 비중은 1.0보다 클까요, 작을까요?

유분을 포함한 드레싱은 보통 수분의 위에 떠 있습니다. 그렇기 때문에 수분과 혼합하기 위하여 흔들어서 사용합니다. 이러한 것을 통해 기름은 물보다 비중이 작다는 것을 알 수 있습니다. 참고로 휘발유의 비중은 0.65~0.75, 등유의 비중은 0.80, 경유의 비중은 0.85, 중유의 비중은 0.9~1.0입니다.

바닷물의 비중은 평균적으로 1.02라고 봅니다. 최근 화제가 되고 있는 해양심층수는 수심 200m 이상의, 태양광선이 거의 다다르지 않는 장소에 있는 물을 의미합니다. 해양심층수는 극해의 해역에서 냉각되어 비중이 커진 해수가 바닷속 깊이 가라앉아, 오랜 세월 동안 한 번도 대기와 맞닿지 않고 웅대한 흐름을 형성한 것입니다. 따라서 온도가 낮은 데다가 세균이 적으며, 미네랄 등이 풍부하고 균형 있게 포함되어 있습니다.

| COLUMN | 향고래

신장이 12~20m나 되는 향고래는 머리가 큰 것이 특징입니다. 이 머리에는 '뇌유'라고 불리는 기름이 들어 있습니다. 이 기름의 온도를 변화시킴에 따라 기름의 비중도 변화되어 수직으로 잠수하거나 떠오르는 것이 가능해지는 것입니다.

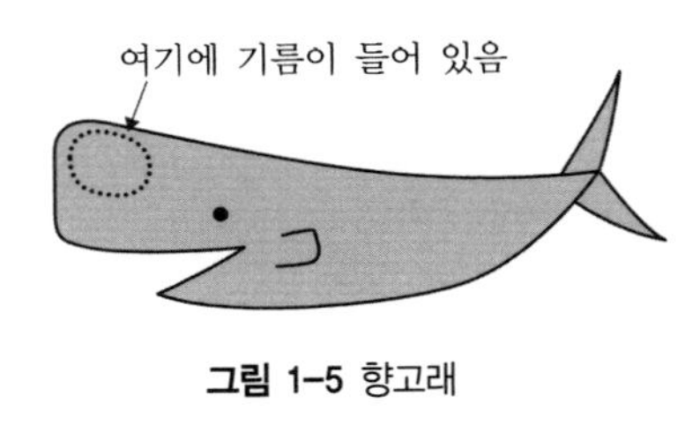

그림 1-5 향고래

4. 압 력

압력은 단위면적당 작용하는 힘을 말합니다. 면적을 $A\,[\mathrm{m}^2]$, 면적에 가해지는 힘을 F[N]라고 하면 압력 p는 다음 식과 같이 나타낼 수 있습니다. 여기에서 압력의 단위는 [Pa]이고 파스칼이라고 읽습니다. 즉, $1.0[\mathrm{N/m^2}] = 1.0[\mathrm{Pa}]$입니다. 이 식에 의해 가해지는 힘이 일정할 때 면적이 두 배가 되면 압력은 2분의 1이 되는 것을 알 수 있습니다.

$$p = \frac{F}{A}\ [\mathrm{Pa}]$$

다음으로 유체 안의 물체에 작용하는 압력을 구해보겠습니다.

액체의 표면에서 거리 h[m]인 곳에 윗면의 면적이 $A\,[\mathrm{m}^2]$의 물체가 있을 때, 물체 윗면의 상부에 있는 유체의 체적은 $hA\,[\mathrm{m}^3]$가 됩니다. 유체의 밀도를 ρ[kg/m^3]라고 할 때, 체적 hA[m^3]에 해당하는 유체의 무게는 $\rho g h A$[N]이므로, 물체의 윗면이 받는 압력 p[Pa]는 다음 식으로 나타낼 수 있습니다.

$p = \dfrac{F[\mathrm{N}]}{A[\mathrm{m}^2]}$ 로부터,

$$p = \frac{\rho g h A}{A} = \rho g h \ [\mathrm{Pa}]$$

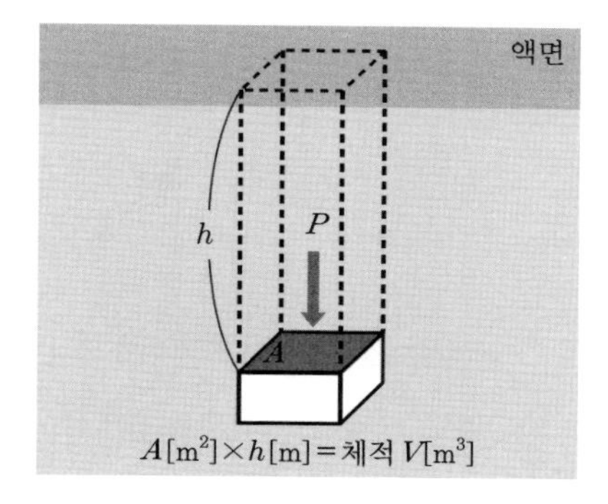

그림 1-6

예 1-1

수면 아래 10[m] 지점에서의 압력을 구하세요. 단, 물의 밀도 ρ=1,000kg/m^3, 중력가속도 g=9.8m/s^{2}로 합니다.

[해답]

$p = \rho g h$ 이므로

$p = 1{,}000 \times 9.8 \times 10 = 98 \times 10^3 = 98\,\mathrm{kPa}$

다음으로 자연계의 대표적인 압력인 수압과 대기압에 대해 생각해보겠습니다.

수압

수압이란 물속에 있는 물체에 작용하는 압력을 말하는 것으로, 수면에서의 깊이에 비례하여 수압이 증가하게 됩니다. 우선 수압에 대한 실험을 해보겠습니다.

실험 1-1 페트병에서 튀어나오는 물

구멍을 뚫은 페트병에 물을 넣으면 각각의 구멍에서 튀어나오는 물의 모양은 어떻게 될까요?

그림 1-7 페트병에서 튀어나오는 물

해답 1-1

아래쪽에 있는 구멍일수록 물이 힘차게 나옵니다. 이러한 실험을 통하여 다음과 같은 것을 알 수 있습니다.

1) 깊은 곳일수록 수압이 크다.
   어떤 위치에서의 수압은 그 위에 놓여 있는 물의 무게에 의한 힘입니다. 따라서 깊은 곳일수록 수압이 증가하게 됩니다.

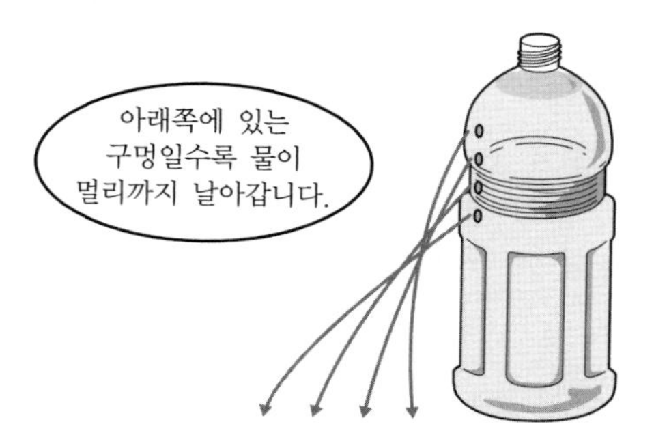

그림 1-8 페트병으로부터 튀어나오는 물

2) 수압은 모든 방향으로 작용한다.
어떤 면을 누르는 유체의 힘은 그 면에 하나의 힘으로 작용합니다.

※ 이 실험은 페트병에 구멍을 뚫기만 하면 간단하게 해볼 수 있습니다. 다만, 구멍을 일렬로 뚫으면 물줄기가 포개지므로 조금씩 위치를 옮겨서 뚫어주는 것이 좋습니다.

그림 1-9 구멍의 위치에 관한 팁

실험 1-2 형태가 다른 그릇에서의 압력

바닥의 면적은 같고 형태가 다른 그릇에 물을 넣을 때, 수면 아래에 가해지는 압력은 동일할까요, 다를까요?

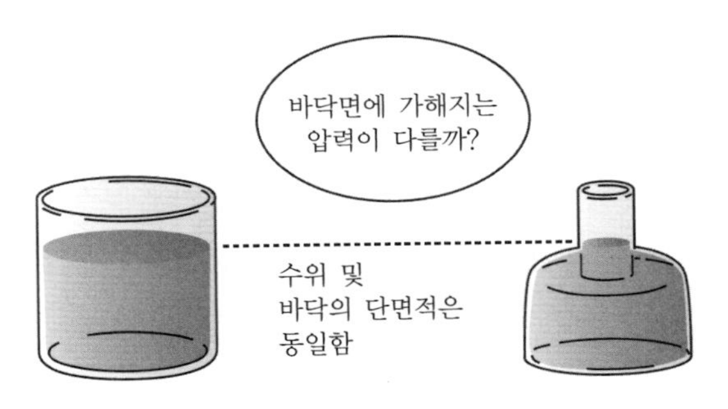

그림 1-10 형상이 다른 용기

해답 1-2

용기의 형태에 관계없이 수면 아래 임의의 깊이에서의 유체의 압력은 동일합니다. 다시 말해 압력은 깊이에 의해 결정되고, 체적에는 영향을 받지 않습니다. 이것은 작은 풀장에서 1.0m 깊이까지 잠수하는 것이나, 태평양 한가운데에서 1.0m 깊이까지 잠수하는 것이나 물의 밀도가 동일하다면 느끼는 수압은 동일하다는 것으로부터도 알 수 있습니다.

심해어는 왜 찌그러지지 않을까?

1.0m^{2}의 면적에 작용하는 압력은 수중에서는 1.0m 내려갈 때마다 약 1톤씩 증가합니다. 따라서 수천 미터 심해까지 내려가면 물체는 수압 때문에 압축되어 완전히 찌그러지고 맙니다.

한편, 육지의 생물은 원래 그렇게 큰 압력을 견디지 못합니다. 그러나 심해에는 심해어를 비롯한 생물들이 존재하고 있습니다. 이러한 생물들은 어떻게 수압에 의해 압사당하지 않고 살아 있을 수 있을까요?

압력을 고려할 때에는 압력의 차이에 대해서 생각할 필요가 있습니다.

우리들은 표준 1.0기압 조건에서 머리 위에 물이 10m 높이로 얹혀 있는 것과 동일한 정도의 힘을 받으면서 생활하고 있습니다. 그러나 특별히 그 무게를 느끼는 사람은 없습니다. 이것은 체내의 압력이 주위 환경의 압력과 동일하기 때문입니다. 시험 점수가 전원 100점이라면 서로 간에 차이가 없지만, 평균 90점인 시험에서 30점을 받는다면 그 차이에 의해 성적이 비교되는 것입니다. 즉, 압력에 대해서는 기준과의 차를 구함으로써 그 크기를 고려하게 됩니다.

심해어는 인간이 생활하고 있는 대기압에 비하면 큰 수압을 받으며 생활하고 있지만, 항상 그 압력에서 생활하기 때문에 그 차이를 느끼지 않는 것입니다. 그러나 심해어를 육지로 가져와서 대기압에서 키우는 것은 불가능합니다. 수족관에서조차도 아직까지는 장기간 동안 심해어를 사육하는 것이 어렵다고 합니다.

대기압

우리들이 생활하고 있는 지구는 공기로 덮여 있습니다. 공기도 물질이기 때문에 질량이 있습니다. 지구를 덮고 있는 대기의 층에 의해 해수면에서의 압력은 면적 1.0cm^2당 약 1.0kg(수은주 높이 약 76cm에 해당)이 됩니다. 이것을 **대기압**이라고 하며, 표준 1.0기압은 101.3kPa입니다.

토리첼리

이탈리아의 물리학자 토리첼리는 한쪽 끝이 막혀 있는 유리관에 수은을 가득 채운 상태에서 나머지 한쪽 끝을 막고 있던 손을 떼면 약 76cm 높이의 수은 기둥 윗부분이 진공상태가 되는 것을 확인하였습니다. 이것을 **토리첼리의 진공**이라고 하며, 이는 공기의 무게와 수은의 무게가 서로 균형을 이루고 있음을 나타냅니다.

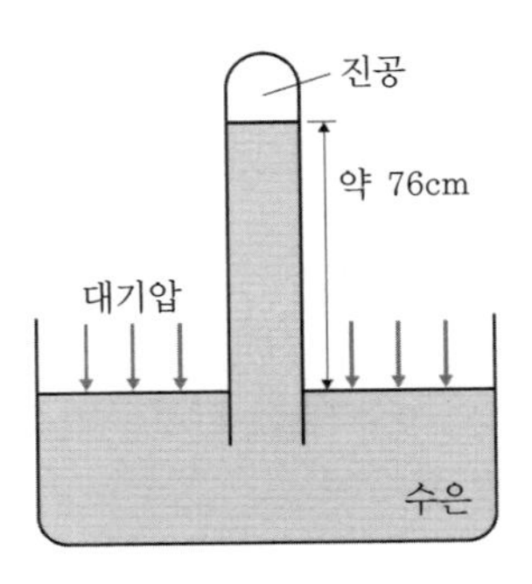

그림 1-11 표준 1기압

대기압의 단위로 과거에는 밀리바[mb]가 사용되었지만, SI 단위계를 사용하는 현재는 헥토파스칼[hPa]로 바뀌었습니다. 1.0[mb]=1.0[hPa]이며, '헥토'는 100배라는 의미입니다.

한편, 대기압의 크기는 기상조건에 의해 변화합니다. 예를 들어 해상에서 수증기의 증발에 의해 상승기류가 발생하면 그 지점의 공기밀도가 약간 작아지면서 기압도 약간 낮아지게 됩니다. 같은 해발고도에서도 기압이 조금씩 다르기 때문에, 기압의 크기는 항상 변화한다고 볼 수 있습니다. 이와 같이 주변에 비해 산등성이와 같이 높아진 기압을 고기압, 골짜기처럼 낮아진 기압을 저기압이라고 부릅니다.

그 밖에 1.0기압과 거의 비슷한 단위로 1.0[atm]이 있습니다. atm은 대기, 공기, 분위기를 의미하는 atmosphere에서 유래된 단위입니다. 또한 [mmHg]는 [Torr](토르)와 같은 의미로, [Torr]는 수은주 실험을 했던 토리첼리의 이름에서 유래된 것입니다.

한편, 1.0[kgf/cm^2]=98,066.5[Pa]을 공학에서의 표준기압으로 하여, **공학기압**이라고 부릅니다.

1.0기압=1.0[atm]=101.3[kPa]=760[mmHg]

대기압에 대해 이해하기 위한 실험을 해보겠습니다.

예 1-2

빨대로 주스를 마시는 것을 생각해봅시다. 만약 긴 빨대를 사용할 수 있다면, 인간은 약 몇 미터 높이까지 주스를 빨아올릴 수 있을까요?
또한 대형 펌프를 사용하여 빨아올린다고 한다면, 약 몇 미터까지 빨아올리는 것이 가능할까요?

그림 1-12 빨대 실험

[해답]
인간도 펌프도 약 10.3m까지 빨아올리는 것이 가능합니다. 대기압은 수은주 약 76cm 높이의 압력과 균형을 이루고 있습니다. 수은의 비중은 13.6이므로 물에서는 그의 13.6배, 즉 $76 \times 13.6 \fallingdotseq 1{,}034\text{cm} = 10.34\text{m}$ 높이의 압력과 균형을 이루게 됩니다.

이론적으로는 무한정 빨아올릴 수 있다고 생각될지 모르지만, 그렇지 않습니다. 한 번 더 수압과 대기압에 대해 확인하면서 생각해봅시다.

우리가 생활하는 장소에는 1.0기압의 대기압이 작용하고 있습니다. 토리첼리의 진공실험에서 대기압의 크기는 수은주 약 76cm와 같았습니다. 이것이 대기압과 진공과의 압력차인 것입니다. 다시 말해 대기압을 모두 걷어내어 진공상태가 되었다고 해도, 진공보다 더 작은 압력은 없기 때문에 그 이상의 압력차가 생기게 할 수는 없습니다. 인간이 자신의 호흡으로 진공을 만드는 것은 불가능하기 때문에, 실제로 이 실험을 해보면 결과는 6m 정도가 될 것입니다. 그리고 고성능 펌프를 사용하여 완전한 진공을 만들 수 있다고 하더라도 대기압과 진공과의 압력차보다 클 수는 없습니다. 그 때문에 대기압을 물기둥으로 나타낸 10.3m가 정답이 됩니다.

컵과 대기압

[예 1-2]의 실험에서 발견한 현상과 관련하여, 컵에 들어 있는 물에 작용하는 힘의 관점에서 생각해봅시다.

컵의 밑바닥에 걸리는 압력을 p[Pa], 바닥까지의 깊이를 z[m]라고 하면, 물기둥의 균형조건은 다음 식으로 나타낼 수 있습니다. 이때 대기압의 방향은 아래쪽을 정방향으로 봅니다.

$$p = p_0 + \rho g z \ \ [\mathrm{Pa}]$$

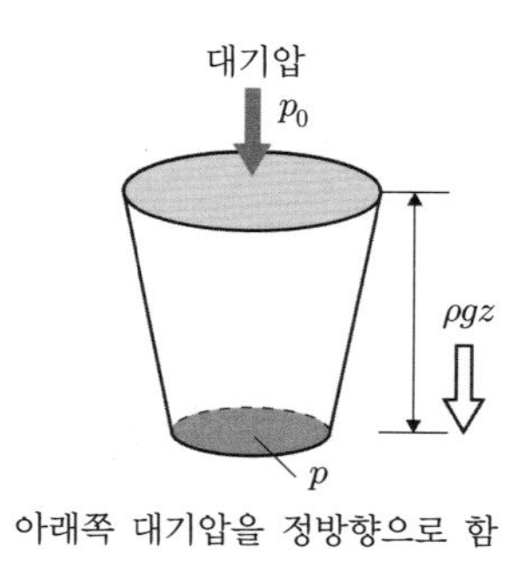

그림 1-13 컵에 작용하는 힘

여기서 컵 위에 엽서 등을 얹고 컵을 거꾸로 한다면 어떻게 될까요?

컵을 거꾸로 해도 컵 안에 있는 물이 흘러나오지 않습니다. 이것은 컵 아래에서 대기압이 작용하고 있기 때문입니다. 대기압은 컵의 수면을 향하여 작용하기 때문에 그림 1-13과 그림 1-14에서의 대기압 p_0의 방향은 서로 반대가 됩니다.

그림 1-14와 같이 거꾸로 놓인 컵에서는 다음 식이 성립합니다.

$$p = \rho g z - p_0 \ \text{[Pa]}$$

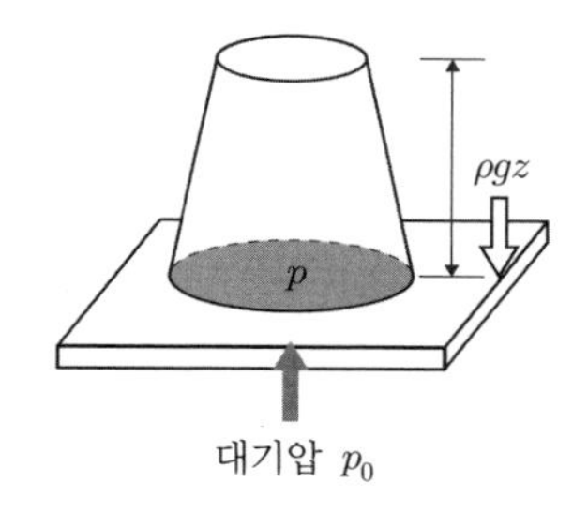

그림 1-14 컵을 뒤집어놓은 상태

이때 p_0의 값은 $\rho g h$보다 크기 때문에 p는 항상 음의 값이 됩니다. 다시 말해 컵 속의 물을 압축하려는 힘이 작용하기 때문에 물이 흘러나올 수 없게 됩니다.

물이 흘러나오는 순간에는 $p = 0$이므로

$$0 = \rho g z - p_0$$

가 되고, 이 식을 변형하면 $p_0 = \rho g z$가 되기 때문에, 이 식을 z에 관하여 풀면 다음 식이 유도됩니다.

$$z = \frac{p_0}{\rho g}$$

여기에서 $p_0 = 101.3\,\mathrm{kPa}$, $\rho = 1{,}000\,\mathrm{kg/m^3}$, $g = 9.8\,\mathrm{m/s^2}$을 대입하면,

$$z = \frac{101.3 \times 10^3}{10^3 \times 9.8} = 10.34 \ \ [\mathrm{m}]$$

따라서 10.34m가 물을 빨아올릴 수 있는 최대 높이가 됩니다.

다음으로 대기압의 크기를 실감할 수 있는 실험을 몇 가지 소개하겠습니다.

실험 1-3 깡통 찌그러뜨리기 실험

펌프에 빈 알루미늄 캔을 연결하여 안에 있는 공기를 빼내면 어떻게 될까요?

그림 1-15

실험 1-4 랩 파열 실험

컵 위에 랩을 씌워 고무줄로 고정시키고 안에 있는 공기를 펌프로 빼내면 어떻게 될까요?

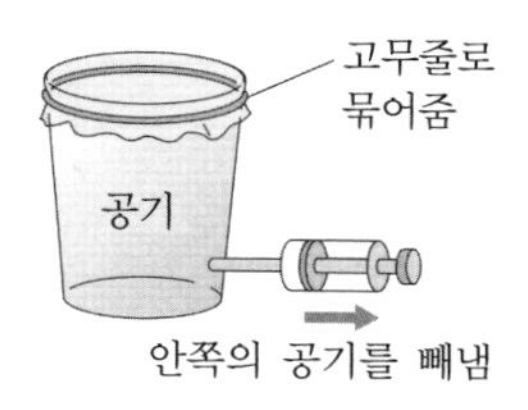

그림 1-16

실험 1-5 컵 거꾸로 세우기 실험

컵 안에 가득 차도록 물을 넣고 그 위에 천천히 휴지를 올려놓습니다. 그리고 천천히 컵을 거꾸로 돌려 손을 떼면 어떻게 될까요?

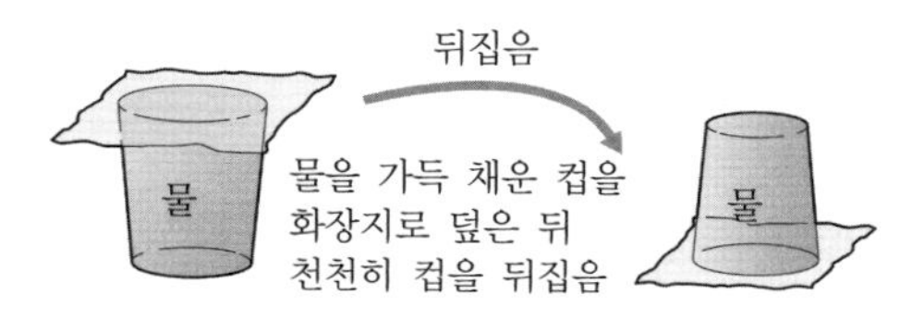

그림 1-17

해답 1-3

알루미늄 캔 내부의 압력이 대기압보다 낮아져 압력차가 발생합니다. 따라서 압력이 높은 쪽에서 낮은 쪽으로 작용하여 캔이 찌그러지게 됩니다.

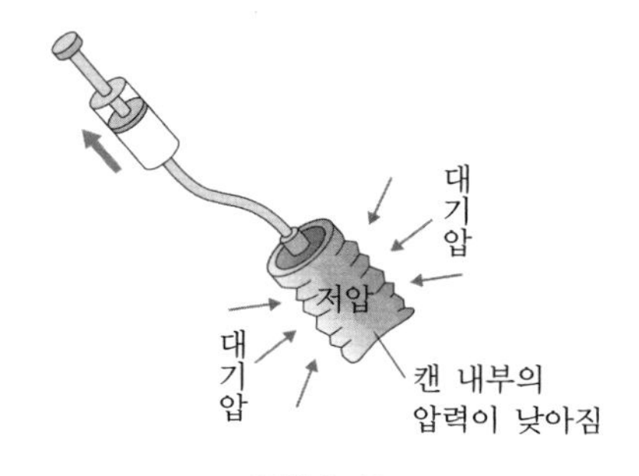

그림 1-18

해답 1-4

컵 내부의 압력이 대기압보다 낮아지기 때문에 압력차가 발생합니다. 따라서 압력이 높은 쪽에서 낮은 쪽으로 작용하여 랩이 돔 형상처럼 컵 안쪽으로 움푹 들어가게 됩니다. 이 상태에서 공기를 더 빼내면 결국 큰 소리와 함께 랩이 찢어지게 됩니다.

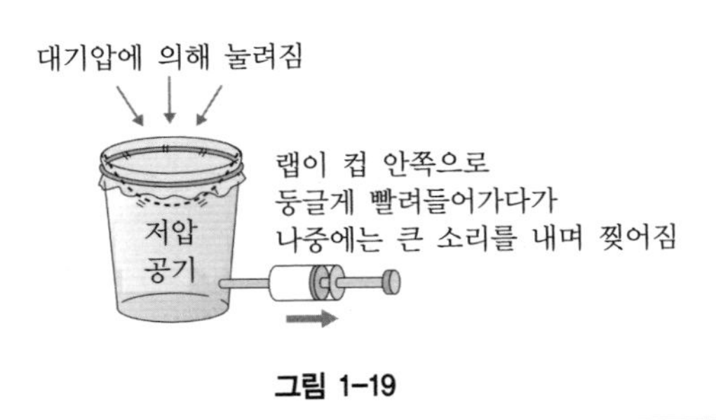

그림 1-19

해답 1-5

물이 들어 있는 컵을 거꾸로 하면 휴지가 물에 젖게 됩니다. 그러나 천천히 손을 떼면 물이 쏟아지지 않고 휴지가 물 내부에 돔 형상으로 들어가게 됩니다. 이것은 컵의 아래에서 대기압이 작용하기 때문입니다.

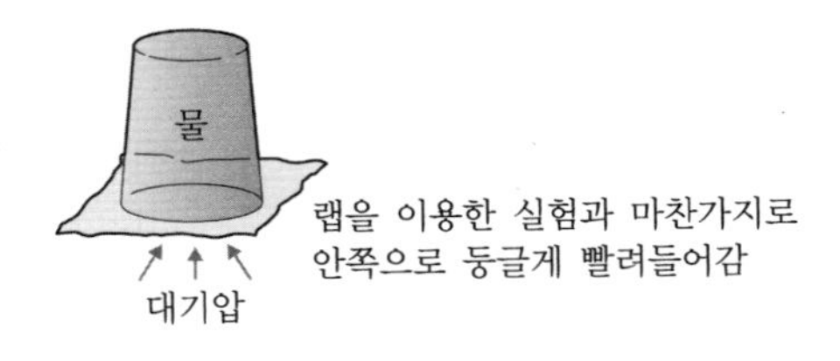

그림 1-20

압력의 단위

압력을 나타내는 방법은 크게 나누어 두 가지 기준이 있습니다. 하나는 진공을 기준으로 한 **절대압**, 또 다른 하나는 대기압을 기준으로 한 **게이지**

압입니다. 대기압은 기상조건에 따라 변화하지만 보통은 표준 1.0기압으로 101.3kPa이 사용됩니다.

절대압에는 음(-)의 값은 없지만, 게이지압은 진공까지의 사이에서 음의 값을 취하기도 합니다. 압력계에도 두 종류의 기준이 있기 때문에, 상호 환산이 가능하도록 할 필요가 있습니다.

게이지압=절대압-대기압

그림 1-21에서 점 A의 경우 절대압, 게이지압 모두 플러스의 값입니다. 반면에 대기압보다 압력이 낮은 점 B의 경우 절대압은 플러스, 게이지압은 마이너스가 됩니다.

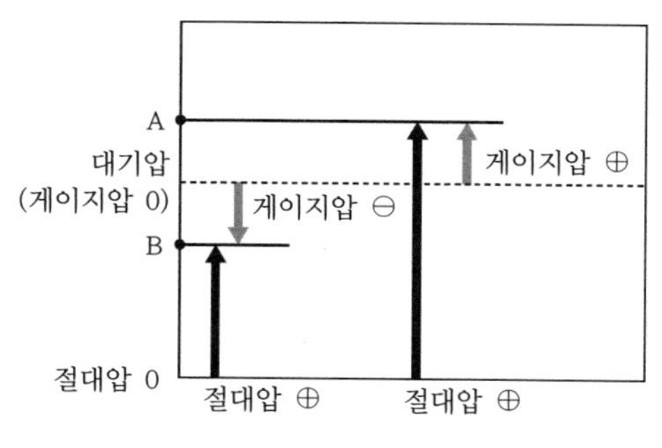

그림 1-21 압력을 표시하는 방법

예 1-3

게이지압 0.6MPa을 절대압으로 나타내세요.

[해답]

게이지압 0.6MPa=600kPa을 다음 식에 대입합니다.

절대압=게이지압+대기압=600+101.3=0.7MPa

예 1-4

절대압이 50kPa일 때 게이지압을 구하세요.

[해답]
게이지압＝절대압－대기압＝50－101.3＝－51.3kPa

5. 점 성

유체의 성질은 끈적거리는 것과 그렇지 않은 것으로 나눌 수 있습니다. 이 끈적임의 정도를 **점성**이라고 하는데, 이것은 유체 안에 존재하는 마찰력에 의한 것으로 생각할 수 있습니다.

점성의 크기는 **점도**라고 하는 물리량으로 나타냅니다. 점도는 유체 내부의 흐름을 평행한 얇은 층이라고 가정했을 때 위층이 아래층을 당기는 힘의 정도를 의미하며, 다음의 식으로 나타낼 수 있습니다.

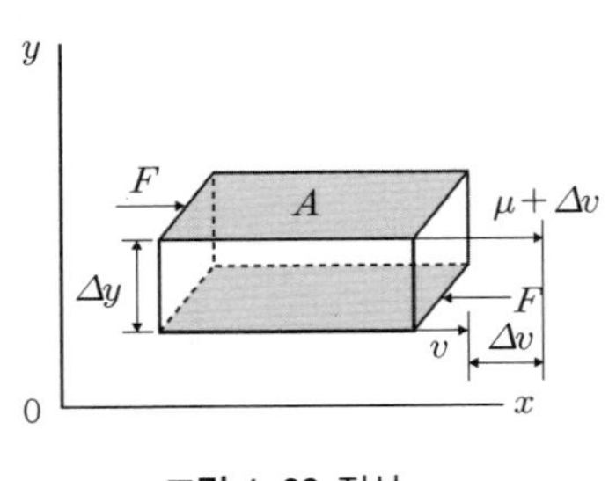

그림 1-22 점성

$$F=\mu A\frac{\Delta v}{\Delta y}\ \ [\mathrm{N}]$$

여기에서 F[N]는 층을 움직이는 데 필요한 힘, $A\,[\mathrm{m}^2]$는 층의 면적, Δv [m/s]는 위아래 층의 속도차, Δy[m]는 양쪽 층 사이의 거리, μ는 점도

(점성계수)를 나타냅니다. 또한 점도 μ의 단위는 [Pa · s]입니다.

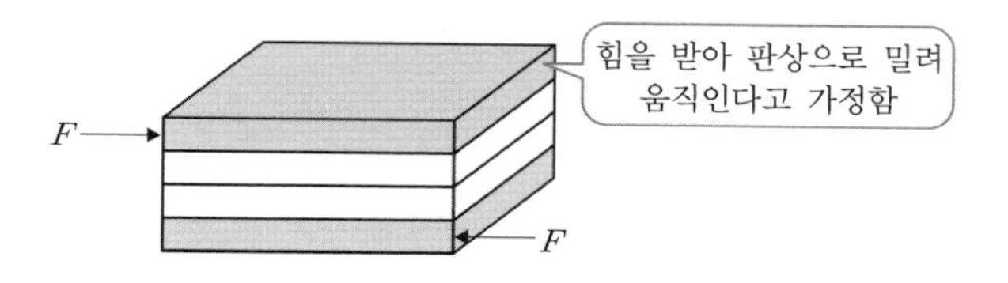

점도는 외부로부터의 힘(전단력)에 대하여 수직방향으로 작용하는 단위면적당 액체 내부 저항의 크기(전단응력)로 정의됩니다.

또한 $\frac{F}{A}$를 τ(타우)라고 하면 다음의 식과 같이 정리할 수 있습니다.

$$\tau = \mu \frac{\Delta v}{\Delta y} \ [\mathrm{Pa}]$$

여기서 τ는 단위면적당 마찰력을 나타내는데, 다시 말해서 유체의 점성에 의한 전단력이라고 생각할 수 있습니다. τ의 단위는 [N/m^2]=[Pa]입니다.

또한 점도 μ를 밀도 ρ로 나눈 것을 **동점도**(동점성계수)라고 하며, 이것을 ν(뉴)[m^2/s]로 나타냅니다.

동점도는 액체가 중력방향으로 가느다란 관 속을 흘러 떨어질 때의 속도로, 액체의 끈적임을 정의한 것입니다.

$$\nu = \frac{\mu}{\rho} \ [\mathrm{m^2/s}]$$

점도 μ와 동점도 ν는 다음과 같이 나타낼 수 있습니다. 단위 [P]는 **포아**

즈(poise), [St]는 **스토크스**(stokes)라고 읽습니다.

$$1.0[\mathrm{Pa \cdot s}] = 10[\mathrm{P}] \text{ 또는 } 1.0[\mathrm{P}] = 1.0[\mathrm{g/cm \cdot s}]$$

$$1.0[\mathrm{m^2/s}] = 10{,}000[\mathrm{St}] \text{ 또는 } 1.0[\mathrm{St}] = 1[\mathrm{cm^2/s}]$$

온도가 상승하면 대기의 점도나 동점도는 커지지만, 물의 점도나 동점도는 작아집니다. 일반적으로 기체와 액체에서 약 100배 정도 차이가 납니다.

표 1-1 물과 공기의 점도

	물의 점도	공기의 점도
0°C	1.794×10^{-3} [Pa · s]	1.71×10^{-5} [Pa · s]
20°C	1.002×10^{-3} [Pa · s]	1.82×10^{-5} [Pa · s]
40°C	0.654×10^{-3} [Pa · s]	1.91×10^{-5} [Pa · s]

예 1-5

어떤 기름의 동점도가 15St일 때, 이것을 [m²/s]의 단위로 나타내세요. 또한 비중을 0.90으로 했을 때의 밀도와 점도를 구하세요.

[해답]

$1.0\mathrm{m^2/s} = 10{,}000\mathrm{St}$, $15\mathrm{St} = 15/10{,}000 = 1.5 \times 10^{3}\mathrm{m^2/s}$

기름의 밀도 $\rho = 0.90 \times 1{,}000 = 900\mathrm{kg/m^3}$

$\nu = \dfrac{\mu}{\rho}$ 이므로,

기름의 점도 $\mu = \rho\nu = 900 \times 1.5 \times 10^{-3} = 1.35\mathrm{Pa \cdot s}$

6. 압축성

기체와 액체의 큰 차이점으로서 팽창이나 수축이 발생하기 쉬운 정도를 의미하는 **압축성**이 있습니다.

보통 물은 압축해도 거의 체적이 줄어들지 않기 때문에 **비압축성 유체**로 취급됩니다. 같은 액체이지만 기름의 경우 유압장치 등을 고속·고압으로 작동시킬 때에는 압력이나 온도의 변화에 따라 밀도가 변화하게 됩니다. 그런 경우에는 기름을 압축성의 유체로 생각하지 않으면 안 됩니다.

이에 비해 공기는 압축하면 체적이 크게 줄어듭니다. 유체의 흐름에서 압축성이 문제가 되는 것은, 주로 음속에 가까운 고속의 흐름에서입니다. **압축성 유체**에 관한 연구 분야를 기체역학이라고도 하며, 주로 고속항공기나 로켓 관련 연구와 함께 발달해왔습니다.

압력이 p[Pa]일 때의 유체의 체적을 V[m^3]라고 합시다. 이 유체를 압축시켰더니 압력은 Δp[Pa]만큼 증가하고 체적은 ΔV만큼 감소하였습니다. 이때 단위체적당 압축된 비율은 $-\frac{\Delta V}{V}$로 나타낼 수 있습니다. 따라서 압력과 체적 사이에는 다음의 식이 성립합니다.

$$\Delta p = -K \cdot \frac{\Delta V}{V}$$

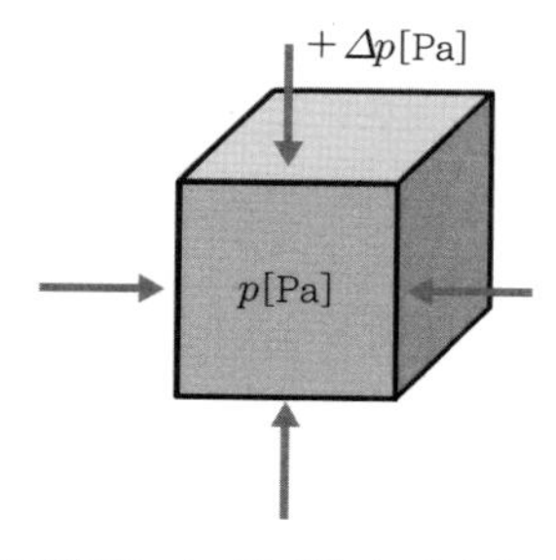

그림 1-23 압력이 Δp 증가하여 체적이 ΔV 감소함

여기에서 비례정수 K를 **체적탄성계수**라고 합니다. 또한 체적탄성계수

의 역수 $\beta\left(=\dfrac{1}{K}\right)$를 **압축률**이라고 하며, 단위는 $[\mathrm{N/m^2}]$입니다.

예 1-6

표준 1.0기압 20°C에서 물의 체적을 2.0% 압축하는 데 필요한 압력을 구하세요. 이때 물의 압축률은 4.56 × 10[m²/N]으로 합니다.

[해답]
2.0% 압축할 때의 단위체적당 압축 비율은

$$-\frac{\Delta V}{V}=\frac{2}{100}=0.02$$

압축률 β는 체적탄성계수 K의 역수이므로,

$$\Delta p=-K\cdot\frac{\Delta V}{V}=-\frac{\Delta V}{V}\times\frac{1}{\beta}=\frac{0.02}{4.56}\times10^{-10}$$
$$=43.9\times10^{6}=43.9\,\mathrm{MPa}$$

7. 표면장력

액체의 표면에는 그 면적을 가능한 한 작게 만들려는 힘이 작용하고 있는데, 이것을 **표면장력**이라고 합니다. 체적이 일정하다면 구 형상일 때 표면적이 최소가 됩니다. 비눗방울이 둥글게 만들어지는 것도 표면장력이 작용하기 때문입니다.

실험 1-6 표면장력의 실험

① 컵에 물을 가득 채울 때, 컵 가장자리의 물의 형태를 관찰해봅시다.
② 수면에 천천히 10원짜리 동전을 띄울 때 가장자리의 모양을 관찰해봅시다.
③ 수면에 세제를 흘려 넣을 때 동전을 관찰해봅시다.

그림 1-24

해답 1-6

① 그림 1-25와 같이 물이 컵의 높이를 넘어서도 곡선 형상을 그리면서 넘치지 않습니다. 이것이 표면장력입니다.

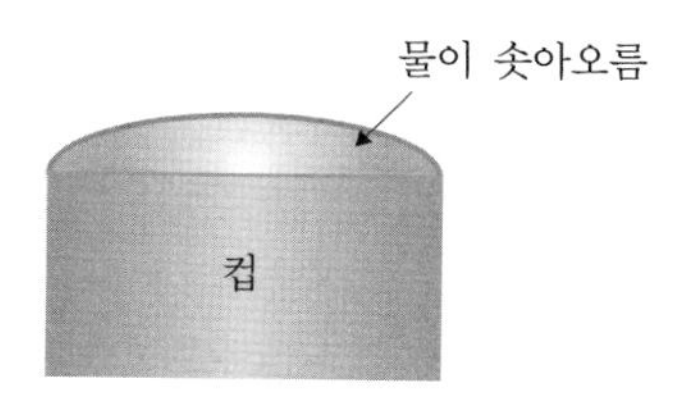

그림 1-25

② 10원짜리 동전은 금속으로 만들어져 있기 때문에 원래는 물에 잠길 것입니다. 그러나 10원짜리 동전을 천천히 띄우면, 물과 동전의 사이에 표면장력이 작용하여 동전이 수면 위에 뜨게 됩니다. 이때 물과 동전의 사이에는 그림 1-26과 같은 형상이 됩니다.
그림의 θ는 **접촉각**으로, 고체와 액체 사이에 생기는 각을 나타냅니다. 접촉각은 접촉부분의 액체분자가 고체에 의해 당겨지는 **부착력**과 액체분자들 사이의 **응집력**의 크기에 따라 결정됩니다.

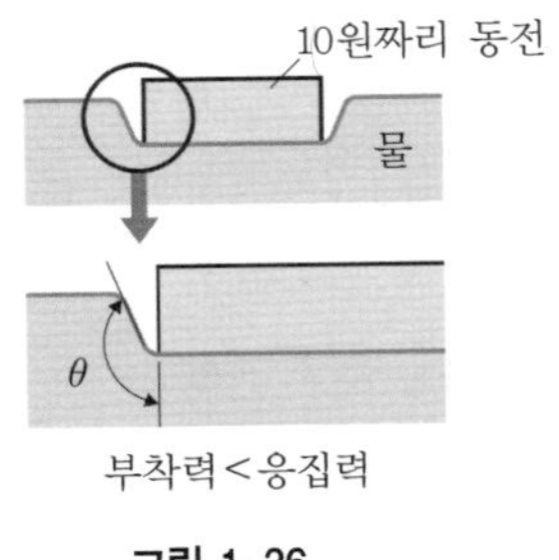

그림 1-26

③ 세제는 물의 표면장력을 극소화시키는 성질이 있습니다. 그렇기 때문에 수면에 세제를 집어넣으면 물과 동전의 관계가 그림 1-27과 같이 변화합니다. 그 결과, 동전은 물에 가라앉게 되는 것입니다.

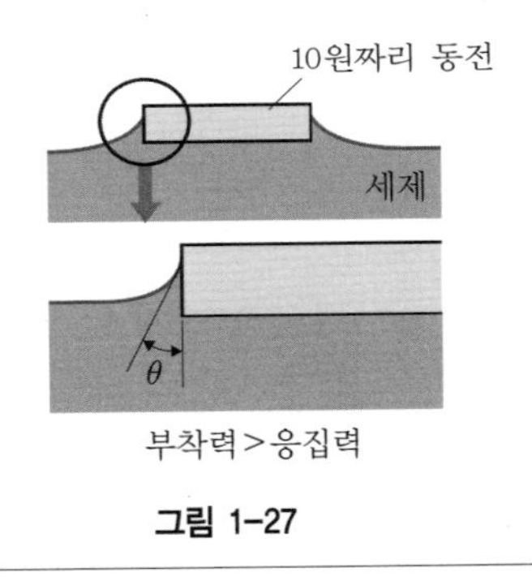

그림 1-27

모세관 현상

유체 안에 가는 관을 세우면, 관 속으로 유체가 빨려 올라가거나 아래로 빨려 내려가거나 합니다. 이것을 모세관 현상이라고 합니다. 나무나 화초 등이 땅속에서 수분을 빨아올리는 현상이나 천이나 종이가 물을 흡수하는 현상 등도 **모세관 현상**에 의한 것입니다.

모세관 내부에서 액체의 수위가 올라가거나 내려가는 정도는 그 액체의 표면장력에 비례하고, 관의 내경에 반비례합니다.

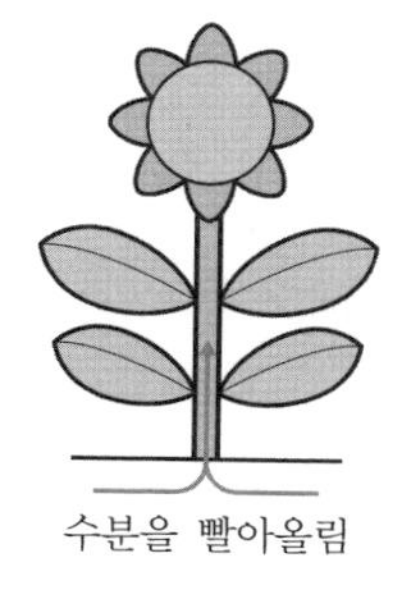

그림 1-28

수식으로 표현

다음으로 표면장력을 수식으로 표현하는 것을 생각해봅시다. 액체의 수위가 상승 · 하강하는 높이 h[m]는 표면장력 T[N/m]의 수직방향 힘과 관 내부 물의 무게(힘)가 균형을 이루어 형성되었다고 볼 수 있습니다.

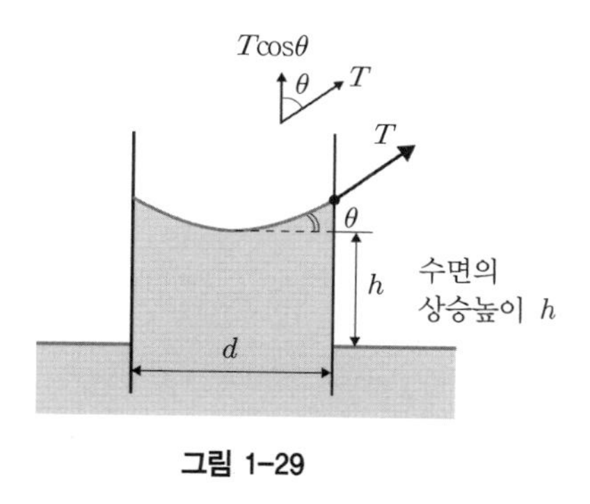

그림 1-29

표면장력 T[N/m]의 수직분력은 $T\cos\theta$로 나타낼 수 있습니다. 이것이 관의 원주 πd[m]에 대해 작용하기 때문에 전체에 대해서는 다음 식과 같이 정리할 수 있습니다.

$$\pi d T\cos\theta \tag{1}$$

다음으로 관 내부 물의 무게를 구해봅니다. 직경이 d[m]인 관의 단면적은 $\frac{\pi}{4}d^2$이 됩니다.

체적은 단면적 × 높이로 구해집니다.

$$\text{체적} = \frac{\pi}{4}d^2 \times h$$

[m^3] [m^2] [m]

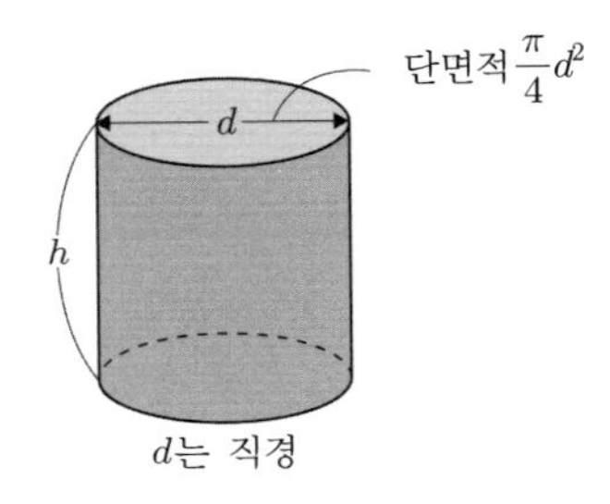

질량은 체적 × 밀도로 구해집니다.

$$\text{질량} = \frac{\pi}{4}d^2h \times \rho$$

[kg] [m^3] $\frac{[kg]}{[m^3]}$

무게는 질량 × 중력가속도로 구해집니다.

$$\text{무게(힘)} = \frac{\pi}{4}d^2h\rho \times g \qquad (2)$$

[kg · m/s^2] [kg] [m/s^2]

(1)과 (2)식이 같으므로 등식으로 놓아 정리할 수 있습니다.

$$\pi d T\cos\theta = \rho g \cdot \frac{\pi d^2}{4} \cdot h$$

$$h = \frac{4Tcos\theta}{\rho g d} \ [\mathrm{m}]$$

여기서 θ는 접촉각, $\rho[\mathrm{kg/m^3}]$는 액체의 밀도, $g[\mathrm{m/s^2}]$는 중력가속도, $d[\mathrm{m}]$는 관의 내경을 의미합니다.

| COLUMN | 소금쟁이

소금쟁이는 매우 가볍기 때문에 자신에게 작용하는 중력보다 물의 표면장력이 커서, 물의 표면이 소금쟁이의 다리를 위로 밀치는 것처럼 됩니다. 게다가 소금쟁이의 다리에는 유분이 포함되어 있어 물에 잘 젖지 않게 되어 있습니다. 그러나 이것을 언제나 유지하기 위해서는 청결이 중요하기 때문에 소금쟁이는 매우 빈번하게 다리 끝을 청소합니다.

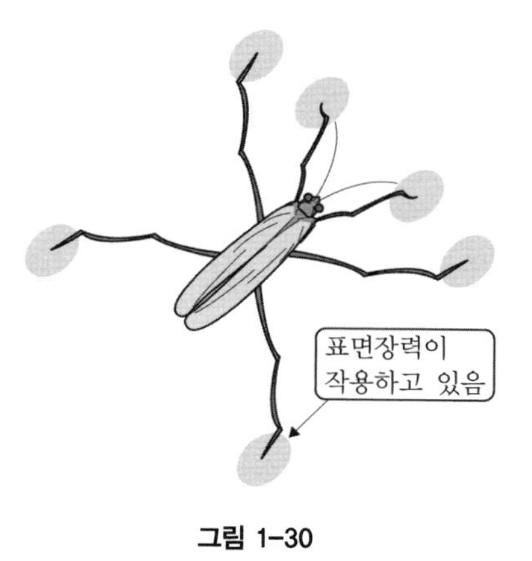

그림 1-30

연습문제 유체의 기초

1. ( ) 안에 적절한 단어를 넣어 바른 문장을 완성하세요.

(1) 단위체적당 (①)을/를 밀도라고 합니다.

(2) 물의 밀도는 (②)°C에서 최대가 됩니다.

(3) $1m^3$는 (③)cm^3입니다.

(4) 1ℓ는 (④)cm^3입니다.

(5) 표준상태에서 건조공기의 밀도는 (⑤)kg/m^3입니다.

(6) 휘발유의 비중은 약 (⑥)입니다.

(7) 바닷물의 비중은 평균적으로 (⑦)입니다.

(8) 단위면적당 작용하는 힘을 (⑧)(이)라고 합니다.

(9) 절대압 120.0kPa을 게이지압으로 나타내면 (⑨)이/가 됩니다.

(10) 유체의 끈적거림의 정도는 (⑩)(이)라는 물리량으로 나타냅니다.

(11) 표면적을 가능한 작게 하려는 액체의 성질을 (⑪)(이)라고 합니다.

(12) 액체 안에 가는 관을 세울 때, 관 내부의 수위가 관 외부의 자유표면보다 높아지거나 낮아지는 현상을 (⑫) 현상이라고 합니다.

2. 맑고 추운 날 아침에는 서리가 내리는 경우가 있습니다. 서릿발이 생기는 과정은 모세관 현상과 관련이 있습니다. 그 발생의 메커니즘에 대하여 설명하세요.

유체의 정역학

1. 부 력

물체가 유체 안에 놓여 있을 때나 가라앉지 않고 떠 있을 때, 물체에는 수면 위로 띄우려고 하는 힘이 가해집니다. 이것은 물체의 표면에 작용하는 유체의 압력이 아래쪽으로 내려갈수록 커지기 때문에, 전체적으로는 위쪽 방향으로 힘을 받기 때문입니다. 이 힘을 부력이라고 합니다.

부력의 크기는 유체 속에 잠겨 있는 물체의 체적(선박과 같은 경우에는 수면 아래에 잠겨 있는 부분의 기체의 체적을 포함)과 같은 체적의 유체의 무게와 같습니다.

물속에 바닥 면적이 $A\,[\mathrm{m}^2]$인 물체가 있을 때, 깊이 $H_1\,[\mathrm{m}]$에 위치한 물체의 윗면에 작용하는 압력 $p_1\,[\mathrm{Pa}]$과 깊이 $H_2\,[\mathrm{m}]$에 위치한 물체의 바닥면에 작용하는 압력 $p_2\,[\mathrm{Pa}]$는 물의 밀도를 $\rho\,[\mathrm{kg/m^3}]$, 중력가속도를 $g\,[\mathrm{m/s^2}]$라고 할 때 다음 식과 같이 나타낼 수 있습니다.

$$p_1 = \rho g H_1 \ [\mathrm{Pa}]$$

$$p_2 = \rho g H_2 \ [\mathrm{Pa}]$$

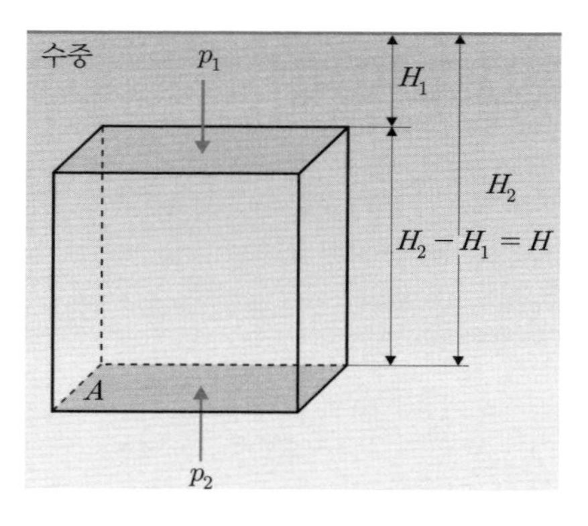

그림 1-31

물속에서는 깊이가 깊어질수록 큰 압력(수압)을 받게 됩니다. 그 때문에 바닥면을 누르는 압력 p_2는 윗면을 누르는 압력 p_1보다 크게 됩니다.

또한 윗면 전체에 작용하는 힘 F_1과 바닥면 전체에 작용하는 힘 F_2는 위의 식에 바닥 면적 $A\,[\mathrm{m}^2]$를 곱하여 다음 식으로 나타낼 수 있습니다.

$$F_1 = \rho g A H_1 \text{ [N]}$$
$$F_2 = \rho g A H_2 \text{ [N]}$$

여기서, $F_2 - F_1$(부력의 크기)를 계산하면 아래와 같이 정리할 수 있습니다.

$$F_2 - F_1 = \rho g A (H_2 - H_1)$$

여기서, $(H_2 - H_1)$를 H로 나타내면 아래와 같이 정리할 수 있습니다.

$$F_2 - F_1 = \rho g A H \text{ [N]}$$

여기서, AH(밑면적 × 높이)는 물체의 체적 V와 같기 때문에 V를 사용하여 위의 식을 다시 정리하면 아래와 같습니다.

$$F_2 - F_1 = \rho g V \text{ [N]} \tag{A}$$

2. 아르키메데스의 원리

식(A)에서도 확인할 수 있듯이 부력의 크기는 그 물체의 체적과 유체의 밀도에 따라 결정되고, 물질의 재질과는 관계가 없다는 것을 알 수 있습니다. 이것을 **아르키메데스의 원리**라고 합니다.

실험 1-7 아르키메데스의 원리에 대한 검증실험

＊사용기기

용수철저울, 저울, 추, 철제 스탠드, 용기

＊실험 방법

물을 넣은 용기의 무게를 저울로 측정하면 500g입니다.
다음으로 무게 100g, 체적 20cm³인 추를 그림 1-31과 같이 용기에 넣습니다.

(1) 위에 있는 용수철저울의 눈금은 몇 g을 가리킵니까?
(2) 아래에 있는 저울의 눈금은 몇 g을 가리킵니까?
(3) 각각의 측정치로부터 아르키메데스의 원리가 성립함을 고찰해봅시다.

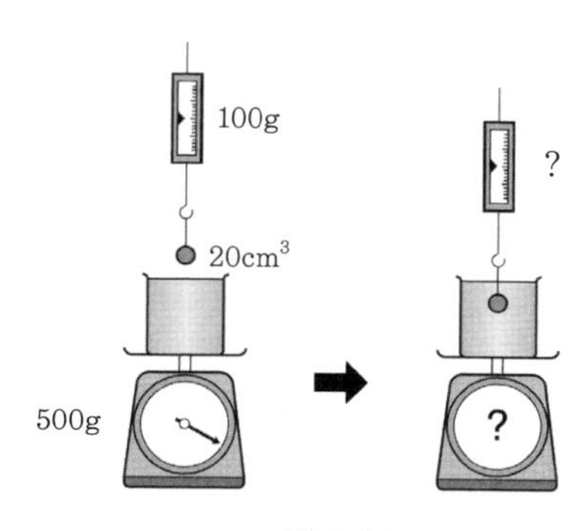

그림 1-32

해답 1-7

(1) 추의 체적만큼의 물의 질량 20g을 부력으로 받기 때문에,

$$100-20=80\text{g}$$

(2) 물을 넣은 용기의 질량에 추의 체적만큼의 물의 질량 20g이 더해지기 때문에,

$$500+20=520\text{g}$$

(3) 물의 밀도는 $1,000\text{kg/m}^3$이므로 20cm^3인 물은 20g이라고 생각할 수 있습니다.

$1\text{m}^3=1000\text{kg}=10\times10=10\text{g}$
$1\text{m}=100\text{cm}$이므로, $1\text{m}^3=100\text{cm}^3=10\text{cm}^3$
$10\text{cm}^3 : 10\text{g}=20\text{cm}^3 : x\text{g}$
$x=20\text{g}$

따라서 부력의 크기는 그 물체와 같은 체적의 액체의 무게와 동일하다고 하는 아르키메데스의 원리가 검증되었다고 할 수 있습니다.

COLUMN 아르키메데스의 원리의 발견

아르키메데스(기원전 287~기원전 212)가 이 원리를 발견한 것은 다음과 같은 때였습니다.
고대 그리스의 식민도시 시라쿠사의 히에론 왕이 왕관을 제작하도록 명령했는데, '금의 일부가 횡령되어 대신 은이 사용되었다'는 밀고를 받게 됩니다.
그래서 왕은 아르키메데스에게 왕관의 순도를 알아보도록 의뢰했습니다.
이 문제로 고민하던 아르키메데스가 우연히 목욕탕에서 욕조에 들어갔을 때, 욕조 안에 잠긴 자신의 몸에 해당하는 만큼의 물만 넘치게 된다는 것을 발견하게 되었습니다. 이것을 깨닫게 되자, 갑자기 목욕탕 밖으로 뛰쳐나와 기뻐서 '유레카, 유레카(알아냈어, 알아냈어)'라고 외치며 발가벗은 채 자신의 집으로 달려갔다고 합니다.
그래서 왕이 만들게 한 왕관과 같은 무게의 왕관 3개(순금, 순은, 금과 은을 섞은 것)를 만들어 물을 가득 채운 용기에 넣고, 물이 넘치는 양의 차이로 진실을 밝혀냈다고 전해집니다.

3. 부체의 균형

이제 선박과 같은 부체*의 균형에 대해 살펴보겠습니다. 우선 다음의 질문에 대답해보십시오.

쇳덩어리인 배는 왜 물 위에 뜨는 것일까요?

여기에서 아르키메데스의 원리를 기억해봅시다. 물 위에 떠 있는 배는 물이 있어야 할 공간을 배의 체적이 대신 차지하고 있습니다. 다시 말해, 물속에서 배가 차지하는 체적에 해당하는 물의 질량만큼 부력이 위를 향해 작용하고 있는 것입니다. 이에 반해 배에 가해지는 중량은 아래 방향으로 작용하게 됩니다.

배가 물 위에 뜰지 가라앉을지는 부력과 배 중량의 크기 차이에 따라 결정됩니다. 여기에서 배의 체적에 대해 생각할 때, 배를 구성하는 재료가 차지하는 체적보다 큰 부분을 공기가 차지하고 있다는 것을 잊어서는 안 됩니다. 즉, 배는 판상의 재료를 사용하여 비어 있는 많은 공간들을 포함하는 형태로 만들어졌기 때문에 물 위에 뜰 수 있는 것입니다. 따라서 단지 쇳덩어리를 물에 띄우는 것과는 다른 결과가 나타나는 것입니다.

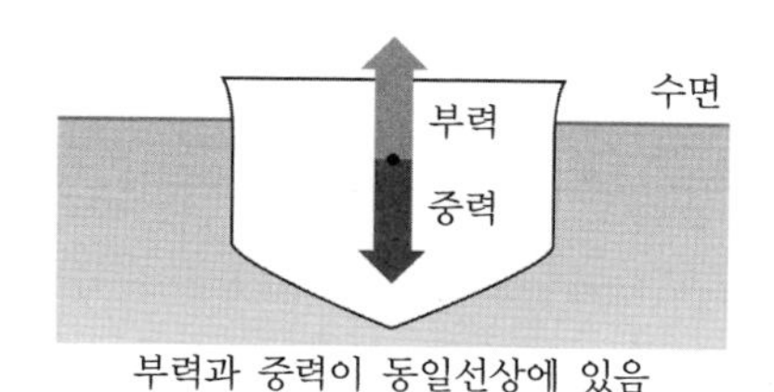

그림 1-33

배에 작용하는 부력과 중력은 배가 안정적인 상태에서는 동일직선상에

---

* (역자 주) 부체 : 浮體, floating object.

있습니다. 그러나 파도나 바람 등 외부로부터의 힘의 영향으로 이 균형이 깨져버릴 수도 있습니다.

안정적인 배에서는 조금씩 기울어져도 스스로 다시 세우려는 힘이 발생하게 됩니다. 이 힘을 **복원력**이라고 하며, 배에 작용하는 힘의 모멘트(배를 회전시키는 힘)와 관련이 있습니다.

배가 조금이라도 기울어지면 부력의 중심이 변화하기 때문에 중력 작용선과의 사이에도 차이가 생기고, 여기에서 모멘트가 발생하는 것입니다. 이때 새로운 부력의 작용선이 중심축과 교차하는 점을 메타센터라고 합니다.

복원력이 작용하는 것은 **메타센터**가 무게중심보다 위에 있는 경우로, 메타센터가 무게중심보다 아래에 있을 때에는 배가 조금이라도 기울어지면 더욱 기울어지게 하려는 힘이 작용하게 됩니다.

복원력은 선박의 설계 시 매우 중요한 요소이기 때문에, 충분히 검토할 필요가 있습니다.

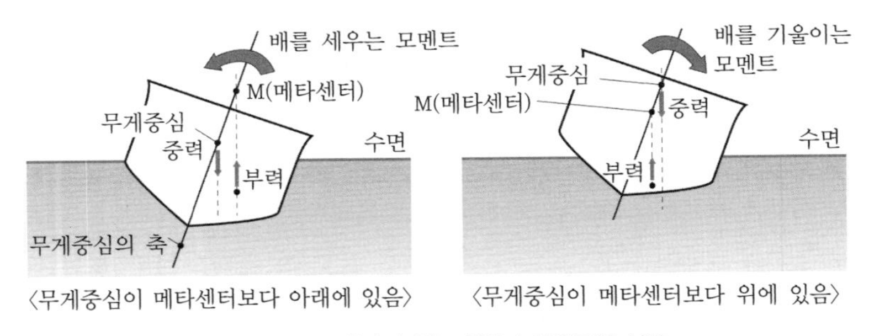

그림 1-34 복원력이 있는 선박과 불안정한 선박

4. 파스칼의 원리

밀폐된 용기 내부에 있는 유체의 일부에 힘을 가하면 그것과 같은 크기의 압력이 모든 부분에 전해집니다. 그리고 전달된 압력은 용기의 모든 벽면에 수직으로 작용합니다. 이는 가령 풍선이나 타이어에 압력을 가하면

그것과 같은 크기의 압력이 모든 부분에 작용하여 전체적으로 부풀어 오르는 것으로도 명확히 알 수 있습니다. 이것을 **파스칼의 원리**라고 합니다.

이 원리를 단면적이 다른 두 개의 피스톤을 사용한 수압기에 응용해보면 작은 힘으로도 큰 힘을 일으킬 수 있기 때문에 그 의미를 잘 이해할 수 있습니다.

예를 들어 그림 1-35와 같이 단면적이 다른 두 개의 피스톤을 준비하고, 양쪽을 동시에 눌러보면 어느 쪽이 유리할까요? 단면적이 작은 쪽이 누르기 쉬울 것입니다. 이것을 수식으로 설명해보겠습니다.

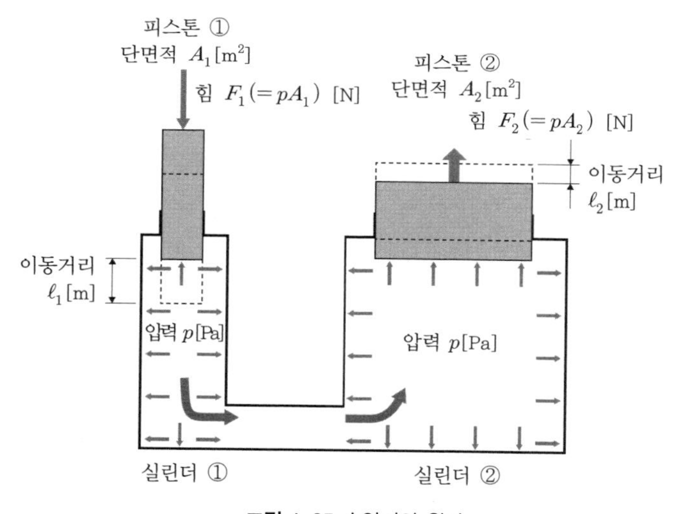

그림 1-35 수압기의 원리

그림 1-35와 같이 피스톤 ①, ②를 누르는 힘을 각각 F_1, F_2[N], 단면적을 각각 A_1, A_2[m²]라고 합시다. 작은 피스톤 ①에 힘 F_1을 가하면, 피스톤 ①에는 다음과 같이 압력 p가 발생합니다.

$$p = \frac{F_1}{A_1} \text{ [Pa]}$$

이 압력은 실린더를 통해 피스톤 ②를 밀어 올립니다. 파스칼의 원리에 따라 용기 내부의 압력 p는 동일하기 때문에 다음의 식이 성립합니다.

$$p = \frac{F_1}{A_1} = \frac{F_2}{A_2} \text{ [Pa]}$$

따라서 피스톤 ①을 F_1[N]으로 누르면, 피스톤 ②를 F_2[N]로 밀어 올리는 것이 됩니다.

$$\text{피스톤 ②에 가하는 힘 } F_2 = pA_2 = F_1 \frac{A_2}{A_1} \text{ [N]}$$

위의 식에 따라 피스톤 ①에 가하는 힘 F_1[N]은 $\frac{A_2}{A_1}$배의 크기가 되어 피스톤 ②에 작용한다는 것을 알 수 있습니다. 다시 말해 단면적 A_2가 A_1보다 크다면 피스톤 ①에 가하는 힘 F_1[N]은 $\frac{A_2}{A_1}$배 강한 힘 F_2[N]로 확대될 수 있습니다. 따라서 단면적이 작은 피스톤을 누르는 쪽이 유리한 것입니다.

다음으로 피스톤의 이동거리를 생각해보겠습니다. 예를 들어 피스톤 ①을 ℓ_1[m] 눌렀을 때, 피스톤 ②가 ℓ_2[m]만큼 밀려 올라갔다고 하면 다음의 식이 성립합니다. 이것은 용기 내의 유체가 압축하지 않는다면 피스톤 ①,

②가 이동하는 체적은 같아진다는 것에서 알 수 있습니다.

$$A_1\ell_1 = A_2\ell_2 \ [\mathrm{m}]$$

이 관계식에서 알 수 있는 것은, 힘 F_1[N]을 크게 만들기 위해서는 단면적 A_1[m^2]을 크게 하면 되지만, 반대로 피스톤의 이동거리는 작아진다는 것입니다.

예 1-7

파스칼의 원리

그림 1-36과 같은 수압기에 피스톤 ② 위에 얹어놓은 980N의 물건을 10mm 들어 올리기 위해 피스톤 ①에 가해야 하는 힘과 피스톤 ①의 이동거리를 구하세요. 여기서 피스톤 ①의 직경을 20[mm], 피스톤 ②의 직경을 100[mm]으로 합니다.

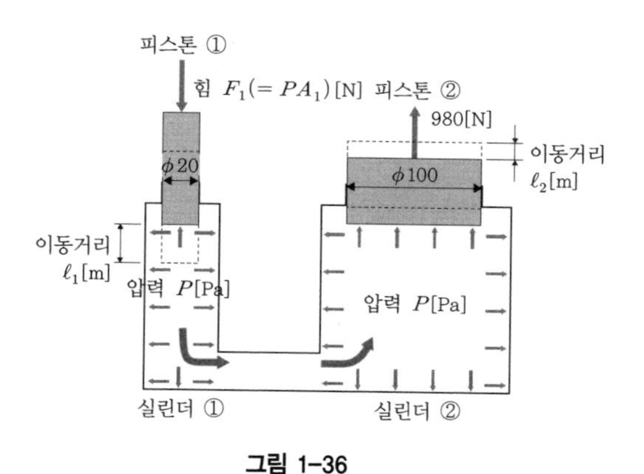

그림 1-36

[해답]

피스톤 ②에서의 힘은 $F_2 = 980$ [N]

피스톤 ②의 단면적(원의 면적)은 $A_2 = \frac{\pi}{4} \cdot d_2^2 = \frac{\pi}{4} \times 0.02^2$ [m^2]

피스톤 ①의 단면적은 $A_1 = \frac{\pi}{4} \times 0.1^2$ [m²]이므로,

$$p = \frac{F_1}{A_1} = \frac{F_2}{A_2}$$ 의 식을 변형하여 F_1을 구하면

피스톤 ①의 힘 $F_1 = \frac{A_1}{A_2} \cdot F_2 = \frac{0.02^2}{0.10^2} \times 980 = 39.2$ [N]

다음으로 이동거리를 구하면,

피스톤 ②를 ℓ_2(=10mm=0.01m) 들어 올리기 위한 피스톤 ①의 이동거리 ℓ_1은 행정용적(단면적 × 이동거리 ℓ)이 같기 때문에, $A_1\ell_1 = A_2\ell_2$에서

$$\ell_1 = \frac{A_2}{A_1} \cdot \ell_2 = \frac{0.10^2}{0.02^2} \times 0.01 = 0.25 \text{ [m]}(=250\text{mm})$$

COLUMN 유압기기

파스칼의 원리가 응용되는 예로 유압기기가 있습니다. 기어 등의 변속장치를 사용하지 않고 강력한 힘을 낼 수 있기 때문에 포크리프트나 파워셔블 등의 건설기기에 많이 사용되고 있습니다.

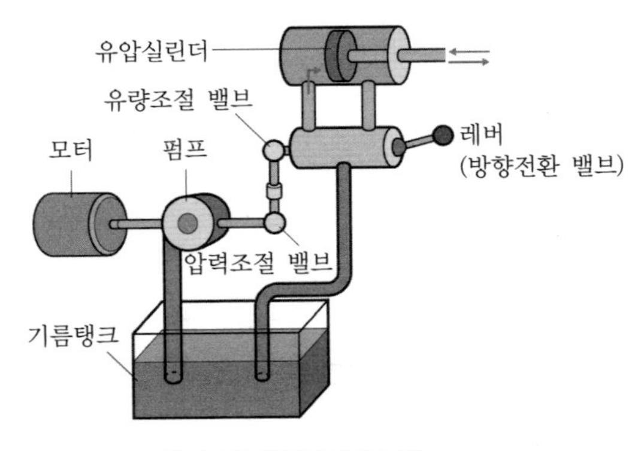

그림 1-37 유압기기의 동작

5. 진공

진공이란 무엇일까요? 어떤 공간에 공기 등의 물질이 전혀 없다는 것은 어떤 상태를 의미하는 것일까요? 근대과학의 확립 차원에서 과학자들은 진공의 존재를 확인하려고 여러 가지 실험을 실시했습니다.

1644년 토리첼리는 한쪽 끝을 막은 유리관에 수은을 가득 채우고 손을 떼는 실험으로, 수은주 약 76cm보다 높은 부분이 진공상태가 되는 것을 확인하였습니다. 이것을 토리첼리의 진공이라고 부릅니다. 이때 공기의 무게와 수은의 무게가 균형을 이루기 때문에, 수은주의 높이는 대기압을 나타냅니다.

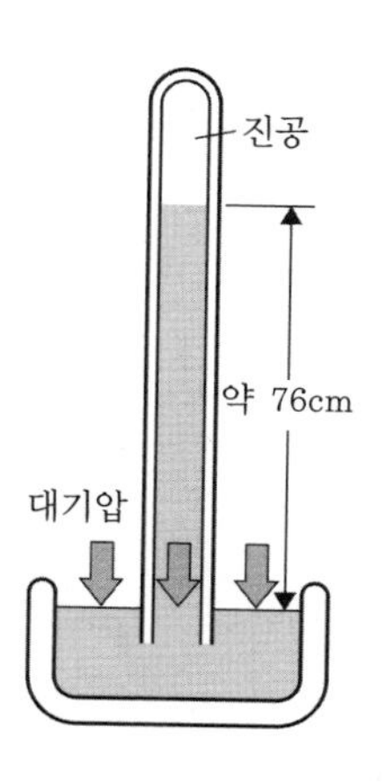

파스칼의 원리가 발견된 것은 1653년의 일이고, 이것은 토리첼리의 진공을 발전시키게 됩니다. 갇혀 있는 유체에 가해진 압력은 유체 전체에 고르게 전달되며, 그 압력은 모두 접촉면에 대해 수직으로 작용한다는 원리입니다. 그리고 이 원리를 이용하여 유체에서의 부력도 설명할 수 있습니다.

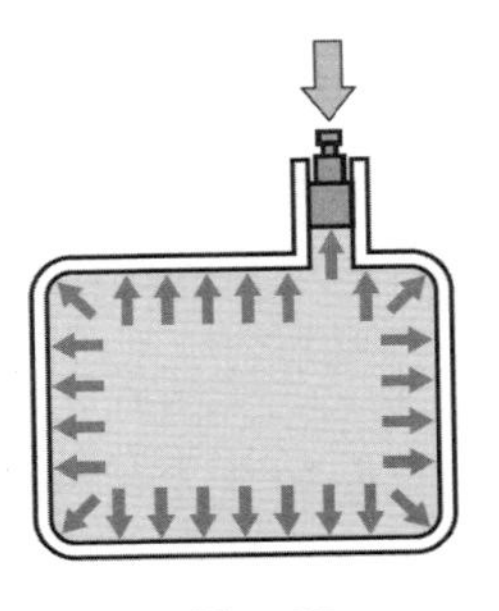

그림 1-38

마그데부르크의 반구

게리케는 1657년에 황제 및 독일 각지의 정치가가 모인 레겐스부르크의 회의에서, 두 개의 반구를 맞댄 상태에서 펌프를 이용해 내부를 진공으로 만든 후에 말을 이용해 반구를 잡아당기게 하여 다시 떼어내는 실험을 하였습니다.

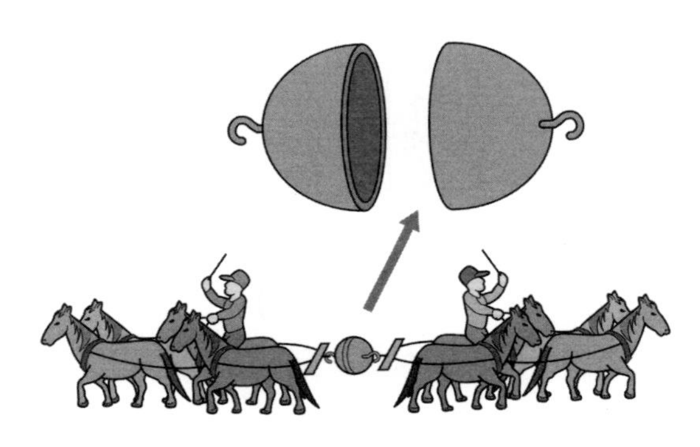

그림 1-39 마그데부르크의 반구

두 반구의 사이에는 젖은 동물의 가죽으로 된 패킹을 사용했기 때문에 딱 붙어서 아무리 당겨도 떨어지지 않았습니다. 이것은 반구 외부의 대기압에 따른 것입니다. 말을 더 늘려서 16마리의 말이 양쪽에서 당겨서 겨우 반구가 떨어졌습니다.

이 실험은 **마그데부르크의 반구**로 불리는데, 진공이나 대기압을 널리 알리는 역할을 했습니다. 참고로, 마그데부르크란 당시 게리케가 마그데부르크의 시장이었다는 것에서 유래한 것입니다.

뚜껑을 덮은 된장국 등의 국그릇을 열 때 잘 열리지 않아 곤란할 때가 있습니다. 그럴 때는 그릇을 양쪽에서 가볍게 누르면 열리곤 하는데요, 처음에는 어째서 잘 열리지 않았던 것일까요?

뜨거운 된장국을 넣고 뚜껑을 닫아놓으면 그릇 내부의 공기가 팽창된 상태로 있다가 이내 국이 식으면서 공기가 축소하게 되어 뚜껑 안쪽에 작은 진공이 생겨나게 됩니다. 그러면 외부의 대기압이 그릇의 뚜껑을 눌러 열리지 않게 되는 것입니다. 양쪽에서 그릇을 누르면 열리는 것은 뚜껑과 그릇 사이에 틈이 생겨 공기가 들어가게 되어 진공을 소멸시키기 때문입니다.

진공이란 '물질이 전혀 존재하지 않은 공간'이라는 의미도 있지만, JIS* 에서는 '대기압보다 낮은 압력의 기체로 채워진 특정한 공간의 상태'라고 되어 있습니다.

압력의 단위와 마찬가지로 진공도를 나타낼 때 Pa(파스칼)이라는 단위를 사용합니다. 또한 진공도를 나타내는 단위로 Torr(토르)도 사용합니다.

1.0기압=101.3[kPa]=760[Torr]

133.32[Pa]=1[Torr]

* (역자 주) JIS : Japan Industrial Standards, 일본공업규격.

많은 진공장치에서 Pa는 Torr의 $\frac{1}{100}$ 로 생각해도 괜찮습니다.

10^{-4}[Pa]≒10^{-6}[Torr]

용도에 따라 다르지만, 일반적으로 압력이 10^{-6} Torr보다 낮으면 중진공, 10^{-8} Torr 이하는 고진공, 10^{-10} Torr 정도가 되면 초고진공이라고 부른다고 합니다.

진공의 이용

대기압 하에서 진공을 만들기 위해서는 밀폐용기와 진공 펌프를 이용합니다. 진공 펌프란 공기를 퍼내기 위해 만들어진 펌프로, 이를 사용하여 밀폐된 용기에서 공기를 퍼내면 용기 내부는 진공이 됩니다.

압력이 낮은 상태에서 일어나는 현상을 이용하여, 흡인, 흡착, 성형, 충전, 치환, 보존, 건조, 증류, 농축, 탈기, 침적, 단열, 냉각 등의 조작을 실시할 수 있습니다. 가령, 인스턴트식품의 진공 포장 등은 잘 알려져 있는 예라고 할 수 있습니다. 그 외에도 진공을 이용한 제품으로 안경렌즈의 코팅, 공예장식품, 반도체 장치, 비디오디스크 등의 박막 등등 다양한 제품들이 있습니다. 그리고 형광등이나 보온병 등도 진공에 의한 방전이나 단열을 이용하고 있습니다. 이러한 제품을 제조하기 위해서 진공기기는 매우 중요한 역할을 하고 있습니다.

진공 증착은 진공 속에서 금속을 가열한 후에 증발시켜, 소재에 피막을 증착시키는 방법입니다. 피막재로는 금속뿐 아니라 플라스틱이나 세라믹스 등도 널리 사용되고 있습니다.

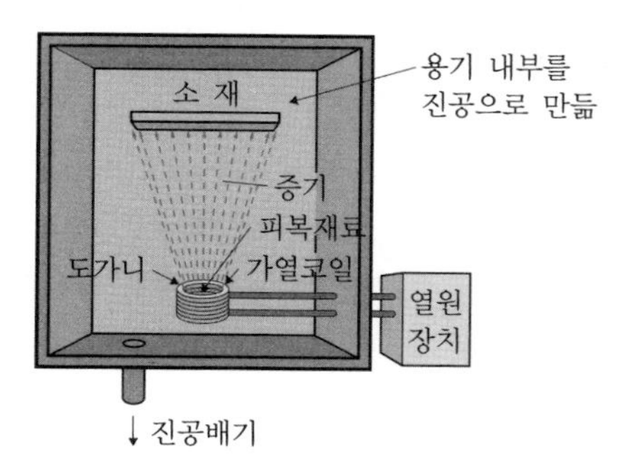

그림 1-40 진공 증착의 원리

연습문제 유체의 정역학

1. ( ) 안에 알맞은 단어를 넣어 문장을 바르게 완성하세요.

(1) 부력의 크기는 그 물체의 (①)에 따라 결정되고 재질과는 상관없습니다. 이것을 (②)의 원리라고 합니다.

(2) 배가 조금 기울어졌을 때 스스로 일어서려고 하는 힘을 (③)(이)라고 합니다.

(3) 밀폐용기 안에 있는 물체의 일부에 힘을 가하면 그것과 같은 크기의 (④) 이/가 모든 부분에 일정하게 전해집니다. 이것을 (⑤)의 원리라고 합니다.

(4) 진공도를 나타내는 단위로 자주 사용되는 것은 (⑥)입니다.

2. 해수와 담수의 부력 차이

배가 바다에서 강으로 진입하면 물에 잠긴 부분의 체적은 어떻게 변화할까요? 해수와 담수의 밀도 차이 등을 고려하여 설명하세요.

유체의 동역학

1. 흐름의 상태

흐름의 상태를 구분하면 시간의 경과에 따라 속도나 방향 등이 변하지 않고 지속되는 **정상류**와, 속도나 방향이 변하는 **비정상류**가 있습니다. 실제의 흐름은 엄밀히 말하면 대부분이 비정상류이지만, 유체의 동역학의 기초가 되는 정상류에 대해 살펴보겠습니다.

유체의 각 입자가 규칙적으로 흐를 때 이것을 **층류**라고 합니다. 이에 비해 유체의 각 입자가 불규칙적으로 흐트러지며 흐를 때 이것을 **난류**라고 합니다.

그림 1-41 층류와 난류

예를 들어 수도꼭지를 조금씩 열어 물이 흐르게 한다고 생각해봅시다. 유량이 적을 때에는 물의 흐름이 하나가 되어 투명하게 흐르는 것을 관찰할 수 있을 것입니다. 그러면, 조금씩 유량을 많게 하면 어떻게 될까요? 어느 정도의 유량이 되면 물의 흐름이 하나로 모이지 않고 흐트러져 주변에 물 입자가 튀게 될 것입니다.

레이놀즈의 실험

1833년에 레이놀즈는 관에서의 물의 흐름에 대하여 일련의 실험을 실시하였습니다. 이 실험장치의 개요는 다음과 같습니다.

수조의 물을 가느다란 유리관으로 유도하여 그 입구에 잉크를 주입함으로 관 내부의 흐름을 관찰합니다. 흐르는 속도가 작을 때 잉크는 유리관의 축에 평행하면서 일직선의 선형이 됩니다. 이것이 층류이고, 규칙적인 정상류입니다.

유속을 조금씩 증가시켜 어떤 속도에 도달하면 흐름의 모양이 급격히 변하는 것을 관찰할 수 있습니다. 선형의 흐름이 불안정하게 흔들림과 동시에 중간중간에 끊어지면서 진동을 시작합니다. 이것이 흐트러진 흐름의 난류입니다. 이후 더욱 유속을 증가시키면 잉크는 확산되어버립니다.

그림 1-42 레이놀즈의 실험장치

레이놀즈는 관로를 흐르는 유체의 상태를 **레이놀즈의 수** R_e 로 정의했습니다.

$$R_e = \frac{\rho v d}{\mu} = \frac{vd}{\nu}$$

여기에서 v[m/s]는 관로 내부의 속도, d[m]는 관의 내경, ν('뉴'라고 읽음)[m^2/s]는 유체의 동점도입니다. 또한 $\nu = \frac{\mu}{\rho}$[m^2/s]이며, 여기서 μ[Pa · s]는 점도, ρ[kg/m^3]는 유체의 밀도를 나타냅니다.

레이놀즈수란 유체의 상태를 나타내는 수로, $\frac{관성력}{점성력}$의 비로 정의되고 있습니다. 레이놀즈수가 작다는 것은 상대적으로 점성작용이 강한 흐름(층류)을 의미하며, 꿀이나 인간의 혈액 등이 이에 해당됩니다. 레이놀즈수가 크다는 것은 상대적으로 관성 작용이 강한 흐름(난류)이라는 의미이며, 물이나 공기 등이 이에 해당됩니다.

일반적으로 레이놀즈수가 2,000 이하인 흐름은 층류, 4,000 이상인 흐름은 난류입니다. 또한 흐름이 층류에서 난류로 변화할 때의 레이놀즈수 R_e는 약 2,320이 된다고 알려져 있는데, 이것을 **임계 레이놀즈수**라고 합니다.

실험 1-8 레이놀즈의 실험

*** 실험목적**

레이놀즈의 실험장치를 이용하여 유체의 흐름을 가시화함으로써 층류와 난류를 확인하고 레이놀즈수를 구해봅시다. 또한 유속을 변화시켜 층류에서 난류, 또는 난류에서 층류로 변할 때의 임계 레이놀즈수를 구해봅시다.

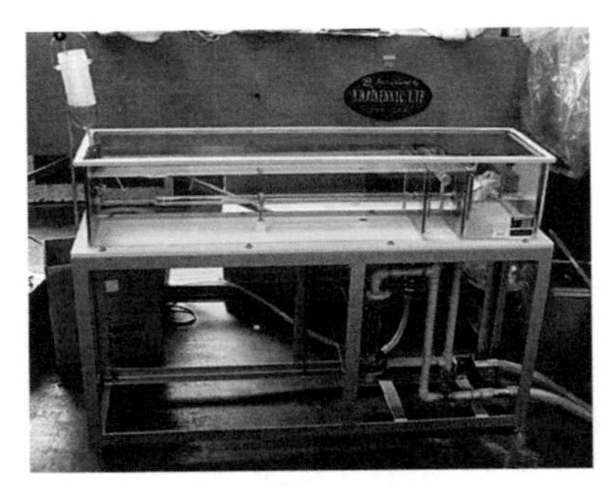

그림 1-43

*** 실험방법**

① 급수 조정 밸브를 열어 수조 내에 물을 주입하고 수온을 측정합니다.
② 유량 조정 밸브를 열어 유량을 결정합니다. 유량은 면적유량계로 읽습니다.
③ 색소액을 관 내부에 주입하고 흐름의 상태가 층류인지 난류인지 관찰합니다.
④ 유량 조정 밸브를 조작하여 유량을 변화시켜 층류인지 난류인지 관찰합니다.
⑤ 유량을 단계적으로 증가시켜 층류에서 난류로 변화하는 것을 관찰하고, 더욱 유량을 증가시킵니다.
⑥ 난류상태에서 유량을 단계적으로 감소시켜 레이놀즈수가 약 2,300 부근에서 층류로 변화하는 것을 관찰한 후에 더욱 유량을 감소시킵니다.
⑦ 관찰의 각 단계에서 레이놀즈수를 측정하고 흐름의 상태를 기록합니다.

*** 결과분석**

① 물의 온도로부터 물의 동점성계수 ν[m^2/s]를 구합니다.*
② 측정한 유량 Q[ℓ/h]을 Q[m^3/s]로 환산합니다.
③ 관측관의 내경 $d = 0.015$[m], Q[m^3/s]를 이용하여 유속 v[m/s]을 계산합니다.

$$v = Q/(\pi d^2/4)$$

④ 물의 동점성계수 ν[m^2/s], 유속 v[m/s], 관측관의 내경 d[m]를 이용하여 레이놀즈수 R_e를 구합니다.

$$R_e = \frac{vd}{\nu}$$

* (역자 주) 표 1-1 참조.

⑤ 관찰된 흐름의 상태(층류, 난류)와 레이놀즈수를 통해 산출한 흐름의 상태를 비교 검토합니다.

*** 관찰된 층류와 난류의 사진은 다음과 같습니다.**

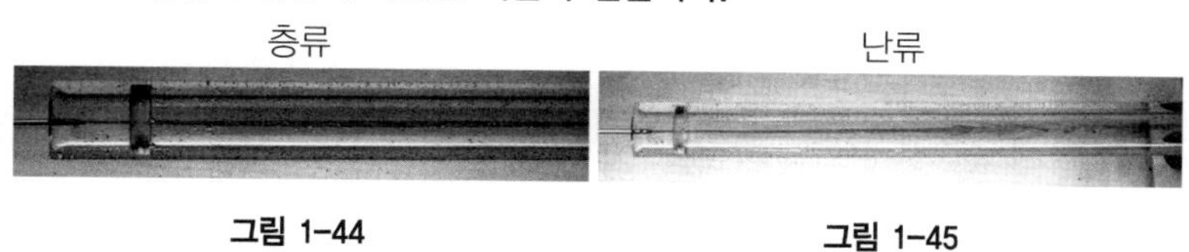

층류 / 난류

그림 1-44 **그림 1-45**

*** 실험 데이터의 정리(예시)**

실험을 시작하기 전과 후의 수온은 모두 10°C이었다. 표 1-1을 활용하여 10°C 물의 동점성계수 ν를 1.307×10^{-6}[m^2/s]로 정하였다.

	유량 Q [ℓ/h]	관찰에 의한 판정 (난류/층류)	환산유량 [m^3/s]	유속 v [m/s]	레이놀즈수 R_e	R_e에 의한 판정 (난류/층류)
1	50	층류	1.39×10^{-5}	78.7×10^{-3}	910	층류
2	100	층류	2.78×10^{-5}	157.4×10^{-3}	1,820	층류
3	150	층류	4.17×10^{-5}	235.9×10^{-3}	2,930	난류
4	200	층류	5.56×10^{-5}	314.8×10^{-3}	3,640	난류
5	250	난류	6.95×10^{-5}	393.5×10^{-3}	4,550	난류
6	300	난류	8.34×10^{-5}	472.2×10^{-3}	5,460	난류
7	250	난류	6.95×10^{-5}	393.5×10^{-3}	4,550	난류
8	200	난류	5.56×10^{-5}	314.8×10^{-3}	3,640	난류
9	150	층류	4.17×10^{-5}	235.9×10^{-3}	2,730	난류
10	100	층류	2.78×10^{-5}	157.4×10^{-3}	1,820	층류

*** 고임계 레이놀즈수**

레이놀즈수 3,650~4,550의 범위에서 층류에서 난류로 변화합니다.

*** 저임계 레이놀즈수**

레이놀즈수 2,730~3,640의 범위에서 난류에서 층류로 변화합니다.

(이론치의 임계 레이놀즈수 2,320과 약간의 차이가 있음)

2. 연속의 법칙

유체가 흐르는 속도를 표시하는 방법으로는 크게 나누어 **체적유량**과 **질량유량**의 두 가지 방법이 있습니다.

체적유량 $Q[\mathrm{m^3/s}]$는 단위시간당 단면을 통과하는 유체의 체적을 나타낸 것입니다. 또한 질량유량 q_m [kg/s]은 단위시간당 단면을 통과하는 유체의 질량을 나타낸 것입니다. 속도를 v[m/s], 단면적을 $A\,[\mathrm{m^2}]$, 유체의 밀도를 $\rho[\mathrm{kg/m^3}]$라고 할 때, 체적유량 Q와 질량유량 q_m은 다음 식으로 나타낼 수 있습니다.

- 유체가 흐르는 속도

  체적유량 $Q = Av\ [\mathrm{m^3/s}]$

  질량유량 $q_m = \rho Q = \rho Av\ [\mathrm{kg/s}]$

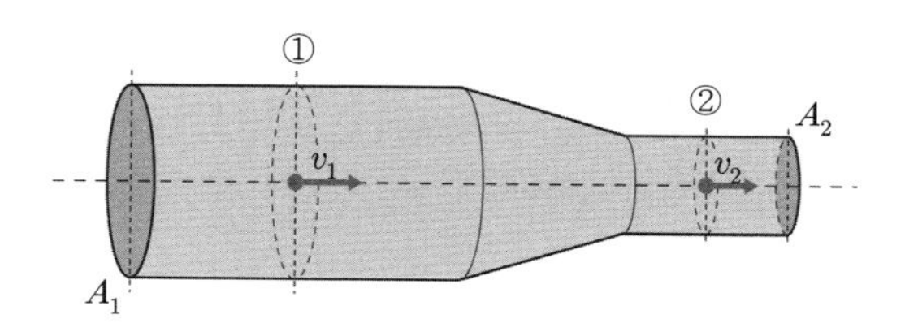

그림 1-46 관로

위의 그림 1-46과 같이 관로 안을 유체가 흐르고 있을 때, 임의의 단면(①이나 ②)에서의 단위시간당 통과하는 유체의 체적은 같게 됩니다. 이것을 **연속의 법칙**이라고 하며, 유체의 운동을 생각할 때 기본이 되는 개념입니다. 이는 유체가 생겨나거나 소멸하는 일이 없다고 하는 당연한 사실을 나타내고 있습니다. 이러한 개념은 호스로 물을 뿌릴 때 호스의 끝을 눌러

주면 물이 멀리까지 날아간다는 것을 통해서도 알 수 있습니다. 호스의 끝을 누르면 단면적이 작아져 유속이 커지기 때문입니다. 또한 유량이 일정하기 때문에, 유속이 커진다고 물이 더 많이 흘러나오는 것은 아닙니다.

연속의 법칙을 식으로 나타내면 다음과 같습니다.

- 연속의 법칙

  유량 $Q = A_1 v_1 = A_2 v_2$ [m³/s]

  여기서, Q는 유량[m^3/s], A는 단면적[m^2], v는 유속[m/s]을 나타냄

예 1-8

그림 1-47과 같이 관로에 물이 흐르고 있습니다. 단면 ①의 단면적이 0.6m^2, 유속이 3.0m/s일 때, 유량은 몇 m^3/s가 될까요?
또한 단면 ②의 단면적이 0.12m^2라면, 여기서의 유속은 몇 m/s가 될까요?

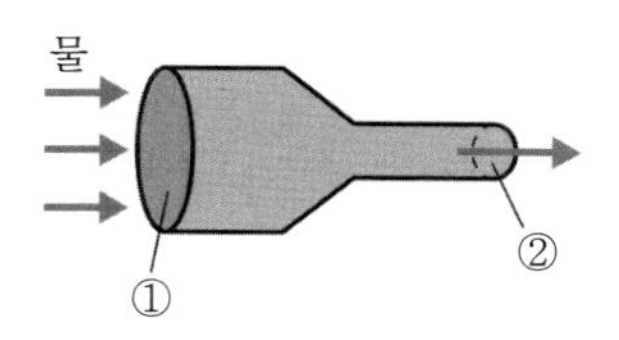

그림 1-47

[해답]
단면 ①의 유량을 구합니다.
유량 $Q = A_1 v_1$에서 $A_1 = 0.6\text{m}^2$, $v_1 = 3.0\text{m/s}$이므로

$$Q = A_1 v_1 = 0.6 \times 3.0 = 1.8 \ [\text{m}^3/\text{s}]$$

질량유량 $q_m = \rho Q$에서 물의 밀도 $\rho = 1{,}000\text{kg/m}^3$와 위의 계산에서 구한 $Q = 1.8$ m^3/s를 대입하면,

$$q_m = \rho Q = 1000 \times 1.8 = 1800 \ [\mathrm{kg/s}]$$

단면 ②의 유속은 $Q = A_2 v_2$ 에서

$$v_2 = \frac{Q}{A_2} = \frac{1.8}{0.12} = 15.0 \ [\mathrm{m/s}]$$

3. 베르누이의 정리

유체의 에너지에는 다음의 세 가지가 있습니다. 이러한 세 가지 에너지의 총합은 흐름의 상태에 따라 일정하게 보존됩니다. 이것을 **베르누이의 정리**라고 합니다.

① 위치에너지 E_p(기준면으로부터의 높이에 따른 에너지)

기준면으로부터 높이 z[m]에 있는 질량 m[kg]인 유체의 **위치에너지** E_p는, 중력가속도를 g[m/s^2]라고 할 때 다음의 식으로 나타낼 수 있습니다.

$$E_p = mgz \ [\mathrm{J}]$$

② 운동에너지 E_k(속도에 따른 에너지)

질량 m[kg]인 유체가 속도 v[m/s]로 운동하고 있을 때, **운동에너지** E_k는 다음의 식으로 나타낼 수 있습니다.

$$E_k = \frac{1}{2} m v^2 \ [\mathrm{J}]$$

③ 압력에너지 W(압력에 따른 에너지)

질량 m[kg], 밀도 ρ[kg/m^3]인 유체가 압력 p[Pa]로 용기에 밀폐되어 있을 때, **압력에너지** W는 다음의 식으로 나타낼 수 있습니다.

$$W = \frac{mp}{\rho} \ [\mathrm{J}]$$

압력에너지는 위치에너지나 운동에너지에 비해 이미지를 떠올리기 어려울지도 모르겠습니다. 쉬운 예로, 페트병에 공기를 압축하여 넣는 것을 생각해보겠습니다. 공기를 넣는 과정에서 페트병이 부풀어 오르기 전까지 외견상 변화가 보이지는 않습니다. 그러나 용기 안의 밀폐된 압축공기는 압력에너지를 갖게 된 상태이며, 용기를 열면 압축공기가 일을 할 수 있게 되는 것입니다.

다음으로 3가지 에너지의 식을 모두 사용하여 베르누이의 정리를 정리해보겠습니다. 에너지의 총합은 일정하게 보존되므로 다음의 식과 같이 나타낼 수 있습니다.

$$mgz + \frac{1}{2}mv^2 + \frac{mp}{\rho} = \text{일정} \ [\mathrm{J}]$$

위의 식을 질량 m[kg]으로 나눈 형태로 정리해보겠습니다. 이때 각각의 에너지를 **비(比) 위치에너지**, **비(比) 운동에너지**, **비(比) 압력에너지**라고 하고, 이것을 합산한 것을 **비(比) 전에너지**라고 합니다. 유체의 질량이 도중에 변하는 일은 없기 때문에 에너지의 식으로 간결하게 나타낼 수 있습니다.

$$gz + \frac{1}{2}v^2 + \frac{p}{\rho} = \text{일정 [J/kg]}$$

위의 식은 '정상류에서는 단위질량당 유체가 가진 에너지의 총량인 비(比) 전에너지는 항상 일정하다'는 것을 나타내고 있습니다(베르누이의 정리).

또한 [J/kg]의 단위로 나타낸 위의 식을 g[m/s^2]로 나누면, 에너지를 높이의 척도[m]로 표현할 수 있게 됩니다. 이것을 헤드식이라고 하며, 각각의 에너지를 **위치헤드, 속도헤드, 압력헤드**라고 합니다.

$$z + \frac{v^2}{2g} + \frac{p}{\rho g} = \text{일정 [m]} \qquad \text{(A)}$$

(위치헤드) (속도헤드) (압력헤드)

[J/kg]을 g[m/s^2]로 나누면 [m]가 되는 이유

[J]=[N·m]이고 또한 [N]=[kg·m/s^2]이므로

[J]=[kg·m/s^2]

따라서 [J/kg]을 g[m/s^2]로 나누면

$$\frac{[\mathrm{J}]}{[\mathrm{kg}]} \div \frac{[\mathrm{m}]}{[\mathrm{s}^2]}$$

$$= \frac{[\mathrm{kg} \cdot \mathrm{m}^2/\mathrm{s}^2]}{[\mathrm{kg}]} \div \frac{[\mathrm{m}]}{[\mathrm{s}^2]}$$

$$= [\mathrm{m}]$$

예 1-9

유속 4.0m/s로 흐르는 물의 속도헤드는 몇 m입니까?

[해답]

속도 $v=4.0\text{m/s}$, $g=9.8\text{m/s}^2$이므로 (A)식의 속도헤드에 적용하면

$$\text{속도헤드}=\frac{v^2}{2g}=\frac{4.0^2}{2\times 9.8}=0.816\ [\text{m}]$$

예 1-10

그림과 같이 흐르는 물의 압력을 측정하였더니 게이지압이 3.0kPa이었습니다. 이 측정점에서 압력헤드는 몇 m가 되겠습니까?

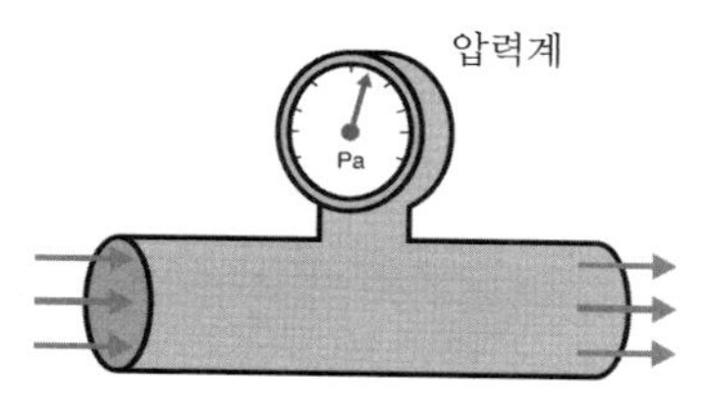

그림 1-48

[해답]

압력 $p=3.0\text{kPa}=3.0\times 1{,}000=3{,}000\text{Pa}$

물의 밀도 $\rho=1{,}000\text{kg/m}^3$이므로, (A)식의 압력헤드에 적용하면

$$\text{압력헤드}=\frac{p}{\rho g}=\frac{3{,}000}{1{,}000\times 9.8}=0.306\ [\text{m}]$$

예 1-11

그림 1-49와 같이 속도=2.0m/s로 수평으로 흐르는 물속에 직각으로 꺾인 유리관을 넣었을 때, 유리관 내부의 물의 높이는 몇 m가 되겠습니까?

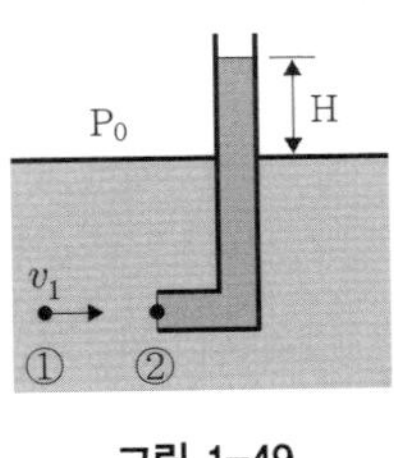

그림 1-49

[해답]

(A)식의 속도헤드로 구하면

$$속도헤드=\frac{v^2}{2g}=\frac{2.0^2}{2\times 9.8}=0.204\ [m]$$

정성적으로 확인

베르누이의 정리를 정량적으로 확인하는 것은 상당히 어렵기 때문에, 우선은 정성적인 실험을 해보겠습니다. 베르누이의 정리 식에서 위치에너지가 같다면 아래와 같은 관계식이 성립합니다.

$$운동에너지+압력에너지=일정$$

운동에너지에 속도의 항이 포함되어 있기 때문에, 위의 식은 속도가 큰 부분의 압력은 낮아지고 속도가 작은 부분의 압력은 높아진다는 것을 나타냅니다. 이 정도의 내용도 상상만으로 이미지를 떠올리는 것은 어렵기 때문에, 다음의 실험을 통해 검증을 해보겠습니다.

실험 1-9 베르누이의 정리에 대한 검증실험

① 나란히 놓여 있는 두 개의 풍선사이에 바람을 불어넣습니다. 이때 풍선이 서로 멀어질까요, 가까워질까요?

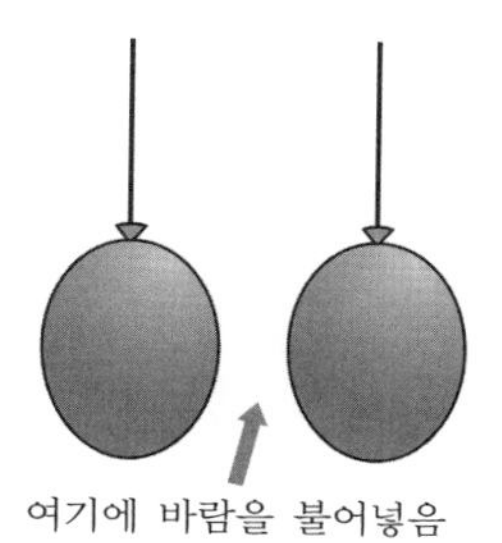

그림 1-50

② ㄷ자 형태로 접은 명함에 바람을 불어넣습니다. 이때 날아가는 것은 ㄷ자 형태가 위를 향하고 있을 때일까요, 아래를 향하고 있을 때일까요?

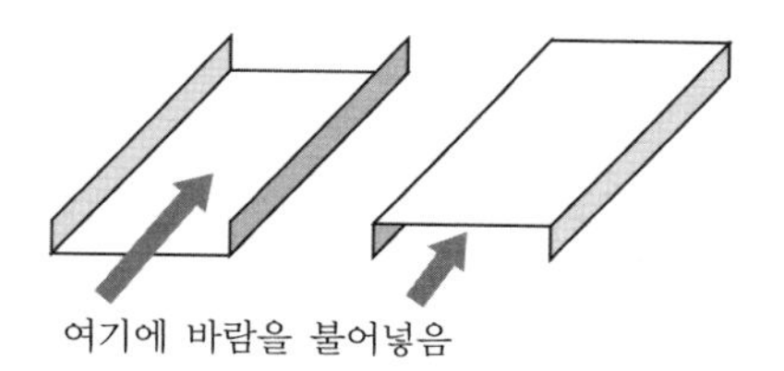

그림 1-51

③ 깔때기로 탁구공을 들어 올리려고 합니다. 숨을 뱉어내는 것이 좋을까요, 들이마시는 것이 좋을까요?

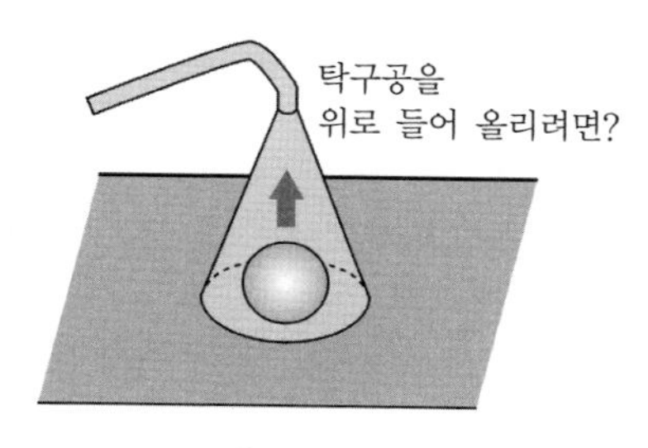

그림 1-52

④ 수저를 수돗물에 가까이 가져갈 때, 수저의 앞쪽과 뒤쪽 중 어느 쪽으로 물줄기가 가까이 갈까요?

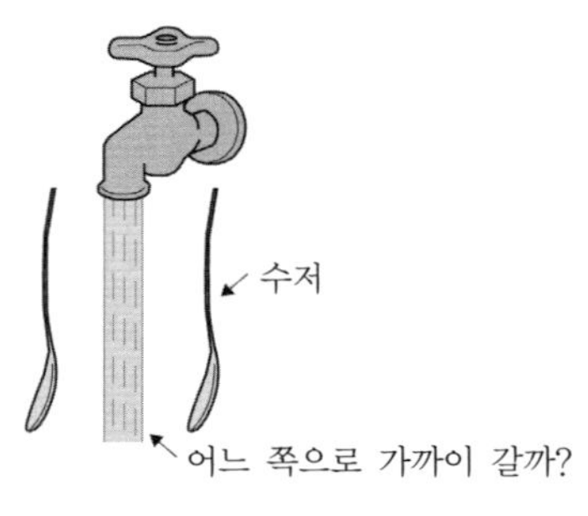

그림 1-53

⑤ 헤어드라이기로 풍선을 띄워보고, 그 원리에 대해 생각해봅시다.

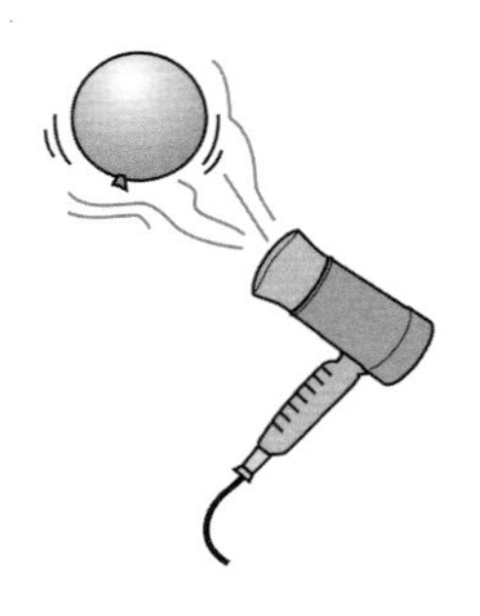

그림 1-54

*** 결과의 고찰**

① 두 풍선은 가까워진다.
숨을 불어넣은 부분의 속도가 커지기 때문에, 그 부분의 압력이 작아지게 됨

② ㄷ자 형태가 위를 향하고 있을 때 날아간다.
ㄷ자 형태가 아래를 향하고 있는 경우, 바람을 불어넣은 가운데 부분의 속도가 커지기 때문에 압력이 작아지게 됨

③ 숨을 뱉어내면 탁구공을 들어 올릴 수 있다.
깔때기와 탁구공 사이의 공기 속도가 커지기 때문에, 그 부분의 압력이 작아져서 끌어당겨지게 됨

④ 수저의 동그랗게 튀어나온 부분(뒤쪽)을 대면 물줄기가 가까워진다.
물줄기에 의해 수저 근처의 공기의 속도가 커지기 때문에, 그 부분의 압력이 작아져서 끌려가게 됨(또한 수저와 물줄기가 충돌한 후에도 끌어당기는 움직임이 지속되는 것은 표면장력에 의한 영향도 있음)

⑤ 풍선이 뜬다.
풍선 주변에 있는 공기의 속도가 커지기 때문에, 그 부분의 압력이 작아지면서 풍선이 공중에 뜨게 됨

다음으로 베르누이의 정리에 관하여 수식을 이용한 연습문제를 풀어보겠습니다.

예 1–12

그림 1–55와 같이 관로에 물이 흐르고 있습니다. 단면 ①에서 유속이 2.0m/s, 수압이 500kPa일 때의 유량과 단면 ②에서의 유속과 수압을 구하세요.

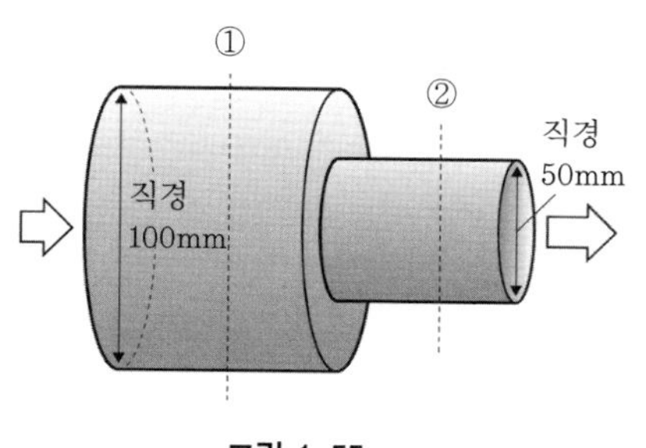

그림 1–55

[해답]

연속의 식에서 유량 $Q = A_1 v_1 = \frac{\pi d_1^2}{4} \cdot v_1$

$$Q = \frac{3.14}{4} \times 0.1^2 \times 2.0 = 1.57 \times 10^{-3} \ [\text{m}^3/\text{s}]$$

단면 ②에서의 유속 v_2는, $A_1 v_1 = A_2 v_2$로부터

$$v_2 = \frac{A_1}{A_2} \cdot v_1 = \frac{\left(\dfrac{\pi d_1^2}{4}\right)}{\left(\dfrac{\pi d_2^2}{4}\right)} \cdot v_1$$

$$= \left(\frac{d_1}{d_2}\right)^2 \cdot v_1 = \left(\frac{100}{50}\right)^2 \times 2.0$$

$$= 8.0[\mathrm{m/s}]$$

단면 ①, ②에 대하여 베르누이 정리를 적용하면,

$$gz_1 + \frac{1}{2}v_1^2 + \frac{p_1}{\rho} = gz^2 + \frac{1}{2}v_2^2 + \frac{p_2}{\rho}$$

단면 ①, ②와 관련하여, 그림 1-55에서 관로가 수평으로 놓여 있기 때문에 $z_1 = z_2$이고, 위치에너지는 같게 됩니다. 따라서 위의 식은 다음과 같이 간단히 나타낼 수 있습니다.

$$\frac{1}{2}v_1^2 + \frac{p_1}{\rho} = \frac{1}{2}v_2^2 + \frac{p_2}{\rho}$$

$$\frac{p_2}{\rho} - \frac{p_1}{\rho} = \frac{1}{2}v_1^2 - \frac{1}{2}v_2^2$$

$$\frac{p_2 - p_1}{\rho} = \frac{v_1^2 - v_2^2}{2}$$

$$p_2 - p_1 = \frac{\rho(v_1^2 - v_2^2)}{2}$$

물의 밀도 $\rho = 1{,}000\mathrm{kg/m^3}$, 위의 계산에서 구한 $v_2 = 8.0\mathrm{m/s}$이므로

$$p_2 = \frac{\rho(v_{1^2} - v_2^2)}{2} + p_1 = \frac{1{,}000 \times (2.0^2 - 8.0^2)}{2} + 500 \times 10^3$$

$$= -30 \times 10^3 + 500 \times 10^3 = 470 \times 10^3$$

$$= 470\ [\mathrm{kPa}]$$

예 1-13

그림 1-56과 같이 내경이 240mm인 일정한 굵기의 관로에 물이 흐르고 있습니다. 단면 ①의 수압이 300kPa일 때, 단면 ②에서의 수압을 구하세요.

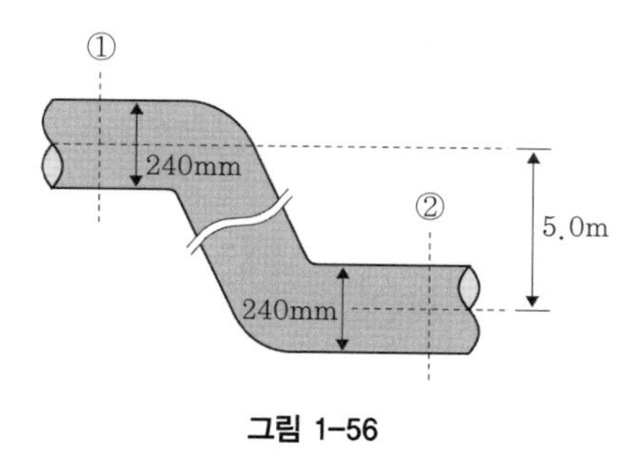

그림 1-56

[해답]

단면 ①, ②에 베르누이의 정리를 적용합니다.

$$gz_1 + \frac{1}{2}v_1^2 + \frac{p_1}{\rho} = gz^2 + \frac{1}{2}v_2^2 + \frac{p_2}{\rho}$$

관로의 내경은 일정하기 때문에, 연속의 식에서 $v_1 = v_2$가 됩니다.
따라서 위의 식을 다음과 같이 간단히 나타낼 수 있습니다.

$$gz_1 + \frac{p_1}{\rho} = gz_2 + \frac{p_2}{\rho}$$

$$\frac{(p_2 - p_1)}{\rho} = g(z_1 - z_2)$$

$$p_2 = \rho g(z_1 - z_2) + p_1$$

$z_1 - z_2 = 5.0\text{m}$ 이므로

$$p_2 = \rho g(z_1 - z_2) + p_1$$
$$= 1{,}000 \times 9.8 \times 5.0 + 300 \times 10^3$$
$$= (49 + 300) \times 10^3 = 349 \ [\text{kPa}]$$

| COLUMN | 학자 가문의 사람, 베르누이

유체역학 분야에서 업적을 남긴 다니엘 베르누이(1700~1782)를 배출한 베르누이 가(家)는 수학이나 물리학의 분야에서 큰 업적을 남긴 가문입니다.
다니엘 베르누이는 일가에서 가장 우수한 수학자였으며, 가장 폭넓게 여러 가지 자연과학의 분야에 흥미를 가진 인물이었다고 합니다.
그는 1742년 미분방정식에 관한 논문을 저술하고, 이것을 인정받아 다음 해 러시아의 페테르부르크 과학아카데미의 수학교수로 초빙되었습니다. 그리고 그 기간 동안 유체역학 연구의 기초를 다졌으며, 진동에 관한 연구를 정리하였고, 확률론에 대한 논문도 저술하였습니다.
그 후 여러 대학에서 의학, 식물학, 생리학 등의 강의를 담당하고 연구를 진행시켰습니다.
유체역학의 연구를 정리한 저서 『유체역학』은 1734년에 완성되어 1738년에 출간되었습니다. 이것은 유체역학이라는 새로운 학문분야를 창시, 확립한 것이라는 큰 의미를 가집니다. 하이드로 다이나믹스(=유체역학)라고 하는 용어도 그가 만든 것입니다. 그는 이 저서에서 물체에 대한 뉴턴 역학을 이용하여 유체인 물의 동역학을 공식화하였습니다. 베르누이의 정리도 그러한 과정에서 유도된 것입니다. 또한 이 저서에는 아르키메데스의 양수기나 펌프, 톱니바퀴 등에 대해서도 정리되어 있습니다.

4. 토리첼리의 정리

베르누이의 정리를 변형시켜 유속이나 유량을 구하는 식을 유도할 수 있습니다.

커다란 수조의 아래쪽에 구멍을 뚫어 유체가 흘러나갈 때의 유속을 구해봅시다. 그림 1-57의 점 ①과 점 ②에 대하여 베르누이의 정리를 헤드식의 형태로 적용시킵니다.

$$\frac{p_1}{\rho g}+\frac{v_1^2}{2g}+z_1=\frac{p_2}{\rho g}+\frac{v_2^2}{2g}+z_2\ [\mathrm{m}]$$

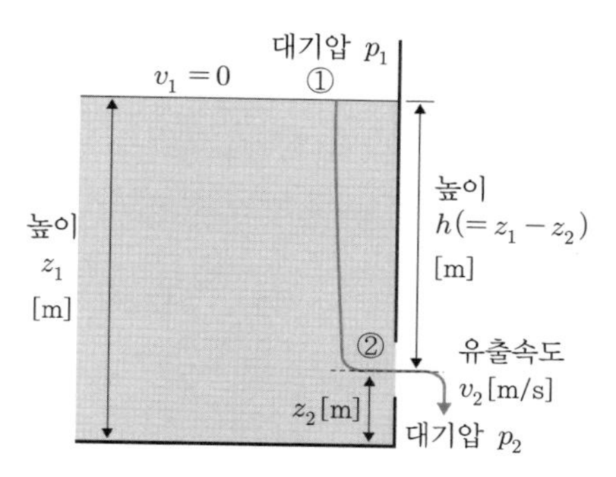

그림 1-57 관로에서의 유출속도

여기에서 p_1과 p_2에서의 압력은 모두 대기압이기 때문에 $p_1 = p_2$입니다. 또한 수면의 강하속도 v_1은 유체의 유출속도 v_2에 비해 무시할 수 있을 만큼 작기 때문에 $v_1 = 0$이 됩니다. 따라서 위의 식은 다음과 같이 간단히 나타낼 수 있습니다.

$$z_1 - z_2 = \frac{v_2^2}{2g}$$

여기서 v_2를 구해보면,

$$v_2 = \sqrt{2g(z_1 - z_2)} = \sqrt{2gh} \ \ [\mathrm{m/s}]$$

결국 유출속도는 유체의 종류와는 상관없고 유출구에서 수면까지의 높이만으로 결정된다는 것을 알 수 있습니다. 이것을 **토리첼리의 정리**라고 합니다.

예 1-14

그림 1-58과 같이 수조에 물을 넣었습니다. 수면에서 5.0m 위치에 있는 구멍으로 물이 흘러나올 때, 물의 분출속도는 몇 m/s가 됩니까? 그리고 수위가 구멍 위 1.0m 부근이 될 때, 물의 분출속도는 몇 m/s가 됩니까?

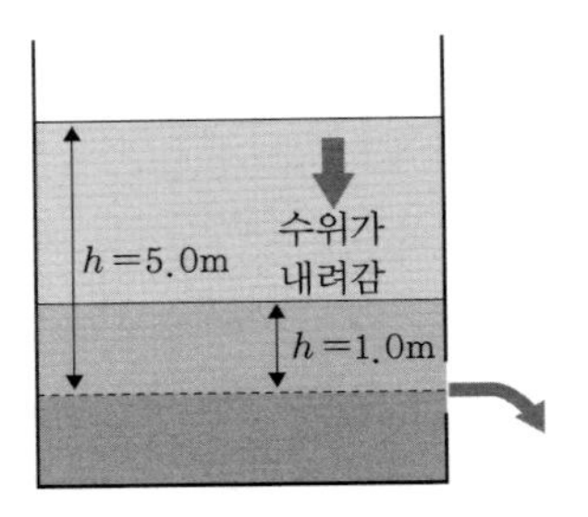

그림 1-58

[해답]

토리첼리의 정리 $v=\sqrt{2gh}$ 에 $g=9.8\mathrm{m/s}$, $h=5.0\mathrm{m}$를 대입하면

$$v=\sqrt{2gh}=\sqrt{2\times9.8\times5.0}=\sqrt{98}=9.9\ [\mathrm{m/s}]$$

동일하게 $h_1=1.0\mathrm{m}$를 대입하면

$$v_1=\sqrt{2gh}=\sqrt{2\times9.8\times1.0}=\sqrt{19.6}=4.4\ [\mathrm{m/s}]$$

위의 결과로부터 수위가 낮아지면 물의 분출속도가 감소한다는 것을 알 수 있습니다. 또한 구멍의 단면적을 알면 연속의 법칙을 이용하여 유량을 구할 수 있습니다. 예를 들어 구멍의 단면적이 $1.0\times10^{-4}\mathrm{m}^2$일 때, 위에서 구한 유속 9.9m/s를 대입하면 다음과 같이 됩니다.

$$\text{유량 } Q=Av=1.0\times10^{-4}\times9.9=9.9\times10^{-4}\ [\mathrm{m^3/s}]$$

실험 1-10 토리첼리의 정리에 대한 검증실험

*** 실험목적**

물체의 포물선 운동을 연관시켜 물의 운동에 대해 학습하고, 토리첼리의 정리를 실험적으로 검증합니다.

*** 측정원리 및 실험방법**
(포물선 운동에서 유속을 구하는 방법)

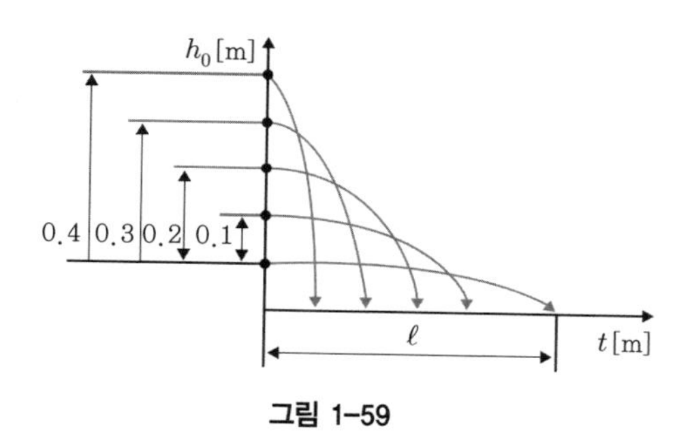

그림 1-59

① 분출구의 직하부 h_0의 ① 위치에 눈금자를 놓고 구멍으로 물을 분출시킵니다. 물이 포물선을 그리며 수직방향 h_0로 떨어지면서 수평거리 ℓ만큼 이동합니다. 이 사이의 시간을 t라고 하면 다음과 같이 나타낼 수 있습니다.
수직방향에서는 등가속도 직선운동을 하기 때문에,

$$h_0 = \frac{1}{2}gt^2 \tag{1}$$

이를 t에 관하여 풀면

$$t = \sqrt{\frac{2h_0}{g}} \tag{2}$$

② 수평방향에서는 등속도운동을 하기 때문에,

$$\ell = v_2 t \tag{3}$$

이를 v_2에 대하여 풀면,

$$v_2 = \frac{\ell}{t} \tag{4}$$

③ 식 (4)의 t에 식 (2)를 대입하면

$$v_2 = \frac{\ell}{t} = \ell\sqrt{\frac{g}{2h_0}}$$

따라서 ℓ을 구하면 유속 v_2를 구할 수 있습니다.

여기에서 $g = 9.8\text{m/s}^2$이며, 이번 실험에서 $h_0 = 0.1\text{m}$(=일정)입니다.

④ 여러 점에서의 수치(h =0.1m, 0.2m, 0.3m, 0.4m)를 측정하고 토리첼리의 정리에서 유도된 식과 포물선운동의 식을 비교해봅니다.

토리첼리의 식

$$v_1 = \sqrt{2gh} \ \text{[m/s]}$$

포물선운동의 식

$$v_2 = \ell\sqrt{\frac{g}{2h_0}} \ \text{[m/s]}$$

h[m]	ℓ[m]	토리첼리의 식에 따른 결과 v_1[m/s]	포물선운동의 식에 따른 결과 v_2[m/s]
0.40	0.340	2.80	2.38
0.30	0.295	2.42	2.07
0.20	0.245	1.98	1.72
0.10	0.185	1.40	1.30

약간의 오차는 보이지만 토리첼리의 식과 포물선운동의 식에서 거의 동일한 결과가 얻어졌습니다.

5. 에너지손실과 관로

물리현상에는 마찰 등의 저항이 발생합니다. 유체가 흐르는 관로에서도 유체와 관로의 마찰 등에 따른 **에너지손실** E_ℓ[J]이 발생합니다.

유체가 이미 가지고 있는 모든 에너지를 E_1[J], 관로를 흐른 후의 에너지를 E_2[J]라 하면, 에너지손실 E_ℓ[J]과의 관계는 다음의 식으로 나타낼 수 있습니다.

$$E_1 = E_2 + E_\ell \text{ [J]} \quad (E_\ell > 0)$$

이것을 단위질량당 에너지로 나타내면, 각각 **비(比) 전에너지** e_1[J/kg], e_2[J/kg], **비(比) 에너지손실** e_ℓ[J/kg]가 되며, 그 관계는 다음의 식으로 나타낼 수 있습니다.

$$e_1 = e_2 + e_\ell \text{ [J/kg]} \quad (e_\ell > 0)$$

예 1-15

그림 1-60과 같이 관로에 질량유량 4.0kg/s로 물이 흐르고 있습니다. 흐름의 상류 ①과 하류 ②에서 유속과 압력을 측정한 결과, v_1=8.0m/s, v_2=6.0m/s, p_1=90kPa, p_2=94kPa로 나타났습니다. 이때 관로에서의 에너지손실은 얼마가 될까요?

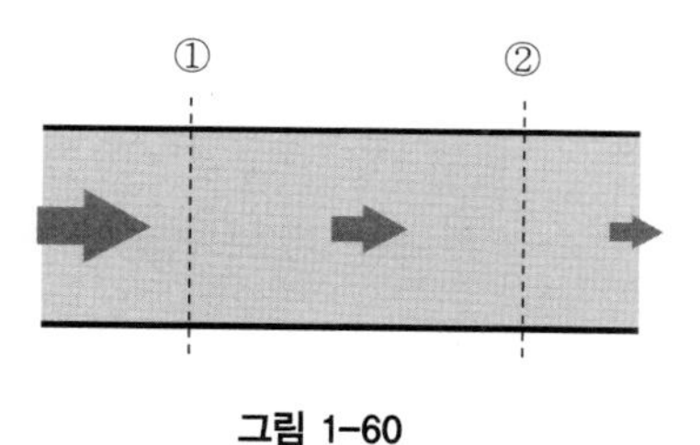

그림 1-60

[해답]

$E_1 = E_2 + E_\ell$에서 $E_\ell = E_1 - E_2$이므로

$$E_\ell = mgz_1 + \frac{1}{2}mv_1^2 + \frac{mp_1}{\rho} - \left(mgz_2 + \frac{1}{2}mv_2^2 + \frac{mp_2}{\rho}\right)$$

$z_1 = z_2$이므로,

$$E_\ell = \frac{1}{2}m(v_1^2 - v_2^2) + \frac{m}{\rho}(p_1 - p_2)$$
$$= \frac{1}{2}\times 4.0\times(8.0^2 - 6.0^2) + \frac{4.0}{1,000}\times(90-94)\times 10^3$$
$$= 56 - 16 = 40 \ [\text{J}]$$

관 마찰계수

그림 1-61과 같이 관로 안에 유체가 흐르고 있습니다. 유체의 마찰을 무시하는 것이 가능하다면, 점 ①과 점 ②의 압력헤드는 무시할 수 있습니다. 그러나 실제로는 관 마찰 등에 따른 에너지손실이 발생합니다.

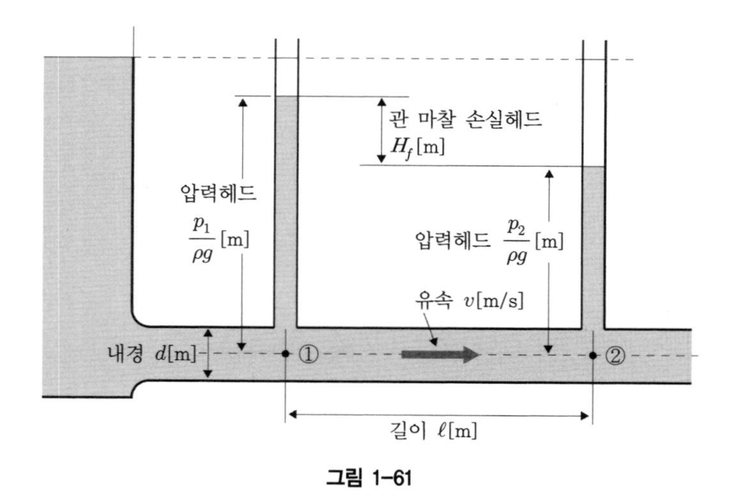

그림 1-61

이것을 관 마찰 손실헤드 H_f 라고 하며, 이 손실은 유체가 가진 운동에너지와 직관의 길이 ℓ[m]에 비례하는 것으로 알려져 있습니다. 이때 비(比) 에너지손실 e_f 와 관 마찰 손실헤드 H_f 의 사이에는 다음의 관계가 있습니다.

$$e_f = gH_f = \lambda \cdot \frac{\ell}{d} \cdot \frac{v^2}{2} \text{ [J/kg]}$$

그리고 $H_f = \lambda \cdot \frac{\ell}{d} \cdot \frac{v^2}{2g}$ [m]의 식을 **다르시 · 바이스바흐의 식***이라고 합니다.

여기에서 λ는 **관 마찰계수**라고 불리는 무차원의 수로, 관 벽의 재질이나 유체의 레이놀즈수 등에 따라 달라집니다. 강철관에서는 실용상 $\lambda = 0.03$이 사용됩니다.

예 1-16

그림 1-62와 같이 내경 50mm, 길이 100m의 강철관 안에 유속 3.0m/s의 물이 흐르고 있을 때, 이 관로의 관 마찰 손실헤드를 구하세요. 단, 강철관의 관 마찰계수는 0.03으로 합니다.

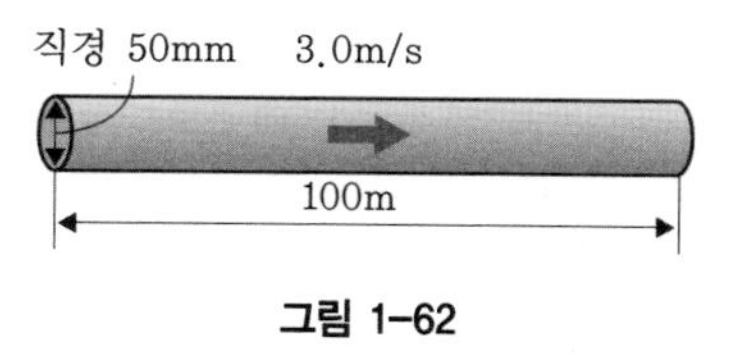

그림 1-62

* (역자 주) Darcy-Weisbach Equation.

[해답]
관 마찰 손실헤드의 식에 수치를 대입하면,

$$H_f = \lambda \cdot \frac{\ell}{d} \cdot \frac{v^2}{2g} \text{ [m]}$$
$$= 0.03 \times \frac{100}{0.05} \times \frac{3.0^2}{2 \times 9.8} = 27.6 \text{ [m]}$$

관로 형태에 따른 손실

일직선으로 된 관로뿐 아니라 도중에 휘어지는 부분이나 밸브 등의 장애물에서도 에너지손실 E_s[J]가 발생합니다. 이 손실의 비(比) 에너지손실 e_s[J/kg]은 유체의 비(比) 운동에너지에 비례한다고 할 수 있기 때문에, **손실계수** ζ(제타)를 다음의 식으로 나타낼 수 있습니다.

$$e_s = gH_s = \zeta \cdot \frac{v^2}{2} \text{ [J/kg]}$$

총손실헤드는 관 마찰 손실헤드 H_f[m]와 관로형태에 따른 손실헤드 H_s[m]의 조합으로 구할 수 있습니다.

$$H_\ell = H_f + H_s$$

또한 비(比) 에너지손실 e_ℓ[J/kg]은 다음의 식으로 나타낼 수 있습니다.

$$e_\ell = e_f + e_s = gH_f + gH_s = gH\ell \text{ [J/kg]}$$

표 1-2 관로의 주요 형상 및 관로계수

관로의 형상			손실계수 ζ	관로의 형상		손실계수 ζ
유입구	직각형		0.5	취출구		1.0
90° 굴절	엘보		1.0	급확대		$\left[1-\left(\frac{d_1}{d_2}\right)^2\right]^2$
	벤드		0.2~0.3	급축소		$\left(\frac{d_2}{d_1}\right)^2 = 0.1 \sim 0.9$ 일 때, 0.41~0.036
풋 밸브	스트레이너 포함		1.5(大)~2.0(小)			
역류방지 밸브 게이트 밸브	완전 개방 시		0.6(大)~1.5(小) 0.05(大)~0.17(小)	방류		1.0

예 1-17

그림 1-63과 같이 수조에서 관로를 통하여 물을 방류하고 있습니다. 관로의 총 길이는 1.2m이고 도중에 엘보 배관이 두 군데 있습니다. 관의 내경을 100mm, 유속을 4.0m/s라고 할 때 총손실헤드를 구하세요. 단, 관 마찰계수는 0.03으로 합니다.

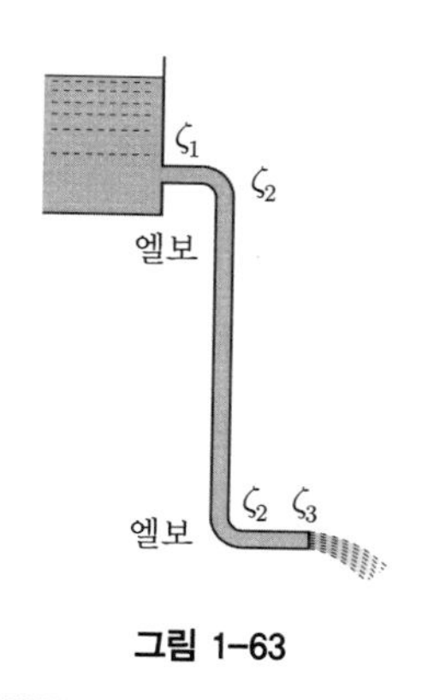

그림 1-63

[해답]
총손실헤드 H_ℓ = 마찰손실헤드 H_f + 관로형태에 따른 손실헤드 H_s 이므로,

$$H_\ell = \lambda \cdot \frac{\ell}{d} \cdot \frac{v^2}{2g} + \zeta \cdot \frac{v^2}{2g} \ [\text{m}]$$

또한 관로형태에 따른 손실계수는 아래와 같습니다.

$$\zeta = \zeta_1 + 2\zeta_2 + \zeta_3 = 0.5 + 2 \times 1.0 + 1.0 = 3.5$$

따라서

$$\begin{aligned} H_\ell &= \left(\lambda \cdot \frac{\ell}{d} + \zeta\right) \cdot \frac{v^2}{2g} \\ &= \left(0.03 \times \frac{12}{0.1} + 3.5\right) \times \frac{4.0^2}{2} \times 9.8 \\ &= (3.6 + 3.5) \times \frac{16}{19.6} = 5.8 \ [\text{m}] \end{aligned}$$

6. 운동량보존의 법칙

물체의 운동과 마찬가지로 유체의 운동도 다수의 질점*의 집합으로 간주하여 생각할 수 있습니다. 그렇기 때문에 유체의 운동에 관해서도 운동량보존의 법칙이 성립합니다. 여기에서 **운동량보존의 법칙**을 확인해보겠습니다.

운동량 P는 질점의 질량 m[kg]과 속도 v[m/s]의 곱으로 나타낼 수 있습니다.

* (역자 주) 질점(質點) : material point, 질량을 가지고 있으면서 부피가 없는 물체.

$$P = m \cdot v \ [\mathrm{kg \cdot m/s}]$$

물체가 운동을 하여 시간 t[s] 동안에 속도가 v_1[m/s]에서 v_2[m/s]로 변화했을 때의 가속도 a는 다음의 식으로 나타낼 수 있습니다.

$$a = \frac{v_2 - v_1}{t} \ [\mathrm{m/s^2}]$$

따라서 힘 $F = ma = m \cdot \dfrac{v_2 - v_1}{t} = \dfrac{m}{t}(v_2 - v_1)$ [N]

즉, $F \cdot t = m(v_2 - v_1)$ [N · s]

여기서 $F \cdot t$를 **충격량**이라고 합니다. 위의 식을 통하여 운동량의 변화는 충격량과 같으며, 운동량의 시간적인 변화는 물체에 작용하는 힘과 같다는 것을 알 수 있습니다.

유체가 물체에 끼치는 힘을 표현할 때에는 $\dfrac{m}{t}$[kg/s] 대신에 ρQ[kg/s]을 사용합니다.

$$F = \rho Q(v_2 - v_1) \ [\mathrm{N}]$$

펌프나 수차 등의 유체기기의 운동에서는 이 유체의 힘(토출류)이 날개차에 어떠한 방향이나 크기로 작용하는지 등을 검토할 필요가 있습니다. 다음으로 이 힘과 운동의 관계에 대하여 생각해보겠습니다.

■ 정지해 있는 물체에 작용하는 유체의 힘

(1) 유체가 평판에 직각으로 부딪힐 때

유체가 정지해 있는 평판에 충돌하여 직각 방향으로 평판을 따라 흐를 때, 마찰손실이 없어 충돌 전과 동일한 속도가 되었다고 합시다.

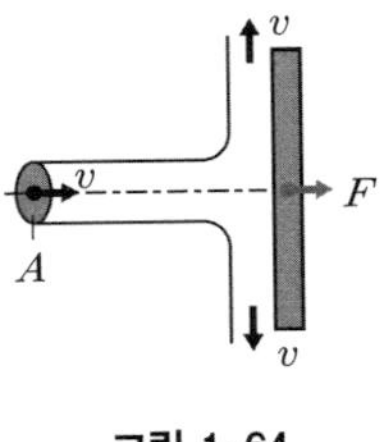

그림 1-64

충돌 전 토출류의 속도 v는 평판 방향으로는 v가 되고, 최초의 방향에 대한 속도는 0이 됩니다. 따라서 토출류가 평판에 끼치는 힘 F [N]는 아래와 같이 정의됩니다.

$$F = \rho Q(v - 0) = \rho Qv \ \text{[N]}$$

토출류의 단면적을 A라고 할 때, $Q = Av$를 위의 식에 대입하면 다음과 같이 정리할 수 있습니다.

$$F = \rho Av^2 \ \text{[N]}$$

(2) 유체가 경사진 평판에 부딪힐 때

충격력은 평판에 직각방향으로 작용하는 힘으로, 평판의 기울어진 방향으로는 힘을 미치지 않습니다. 충돌 전의 토출류에 있어서 평판에 직각방향의 속도는 $v_x = v\sin\theta$ 이며, 충돌 후 토출류가 갖는 평판에 직각방향으로의 속도는 0이 됩니다.

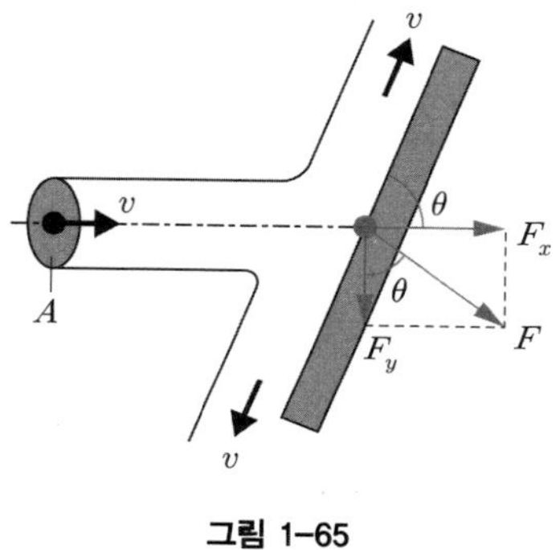

그림 1-65

$$F = \rho Q(v\sin\theta - 0) = \rho Qv\sin\theta \ \text{[N]}$$

또한 $Q = Av$ 이므로

$$F = \rho Av^2\sin\theta \ \text{[N]}$$

토출류에 의한 힘의 x, y 방향의 성분을 F_x, F_y 라고 할 때, 각각 다음의 식으로 나타낼 수 있습니다.

$$F_x = F\sin\theta = \rho Av^2\sin^2\theta \ \text{[N]}$$

$$F_y = F\cos\theta = \rho Av^2\sin\theta\cos\theta = \frac{\rho Av^2\sin 2\theta}{2} \ \text{[N]}$$

(3) 유체가 곡면에 부딪힐 때

충돌 후의 토출류에 있어서 충돌 전의 방향에 대한 속도는 $v_x = v\cos\theta$가 됩니다. 따라서 F_x, F_y는 각각 다음의 식으로 나타낼 수 있습니다.

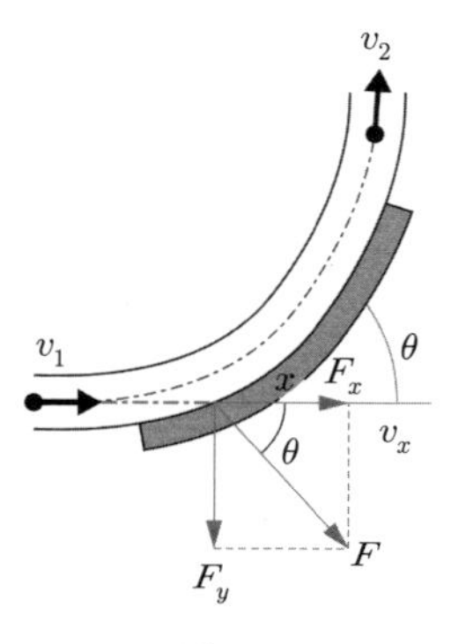

그림 1-66

$$F_x = \rho Q(v - v\cos\theta) = \rho Qv(1 - \cos\theta)$$
$$= \rho Av^2(1 - \cos\theta)$$
$$F_y = \rho Qv\sin\theta = \rho Av^2\sin\theta$$

예 1-18

그림 1-66에서 토출류의 직경이 30mm이고, 매분마다 1.2m^{3}의 물을 토출할 때, 곡면의 판에 작용하는 힘을 구하세요.

[해답]
유속 v를 구한 후에 힘을 구합니다.

$$v = \frac{Q}{A} = \frac{\left(\frac{1.2}{60}\right)}{\left(\frac{\pi}{4} \times 0.03^2\right)} = 28.3 \ [\text{m/s}]$$

$$F_x = \rho Q v(1-\cos\theta)$$
$$= 1{,}000 \times \frac{1.2}{60} \times 28.3 \times (1-\cos 30°) = 75.8 \text{ [N]}$$
$$F_y = \rho Q v \sin\theta$$
$$= 1{,}000 \times \frac{1.2}{60} \times 28.3 \times \sin 30° = 283 \text{ [N]}$$

x, y 방향의 벡터의 합을 구하면

$$F = \sqrt{F_x^2 + F_y^2} = \sqrt{75.8^2 + 283^2} = 293 \text{ [N]}$$

펌프나 수차 등 유체기기의 날개차를 설계할 때 이러한 내용을 고려하는 것이 중요합니다.

연습문제 유체의 동역학

1. ( ) 안에 알맞은 단어를 넣어 문장을 바르게 완성하세요.

(1) 유체의 각 입자가 규칙적으로 흐르는 흐름을 (①), 불규칙적으로 흐트러져 흐르는 흐름을 (②)(이)라고 합니다.

(2) 관로를 흐르는 유체의 상태는 (③)수로 정의되며, 층류에서 난류로 변화할 때의 수치는 약 (④)입니다. 이 수치를 특별히 (⑤)(이)라고 합니다.

(3) 유체가 관로를 흐르고 있을 때 임의의 단면에서의 단위시간당 흐르는 유체의 체적은 같습니다. 이것을 (⑥)(이)라고 합니다.

(4) 베르누이의 정리에서 총합이 보존되는 세 개의 에너지는 (⑦), (⑧), (⑨)입니다.

(5) 용기에서 취출되는 유체의 속도는 취출구에서 수면까지의 높이만으로 결정됩니다. 이것을 (⑩)(이)라고 합니다.

(6) 유체가 관로를 흐를 때 실제로는 유체와 관로의 마찰 등에 따라 (⑪)이/가 발생합니다.

(7) 유체가 물체에 끼치는 힘 F[N]에 대하여, 유체의 밀도 ρ[kg/m^3], 유량 Q[m^3/s], 속도 변화 $V_2 - V_1$[m/s]를 사용하여 나타내면 (⑫)[N]이/가 됩니다.

2. 유체의 토출에 따른 반동력

그림 1-67과 같이 수레 위에 수조를 놓고 직경 5.0cm의 작은 구멍으로 물을 토출시킬 때의 반동력을 구하세요. 단, 수면에서 구멍까지의 높이는 10m입니다.

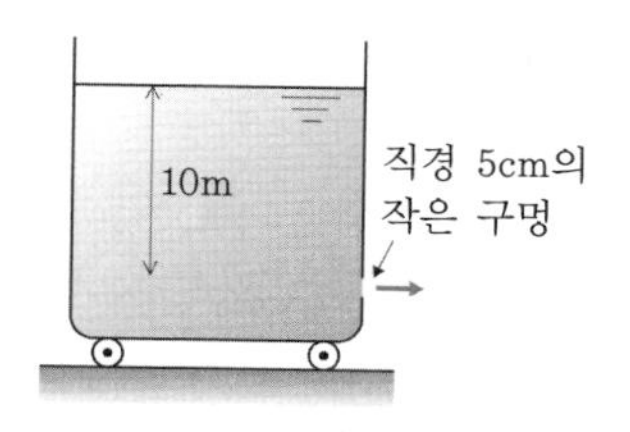

그림 1-67

| COLUMN | 밀크 크라운

밀크 크라운이란 용기에 넣은 우유의 윗면에 우유를 한 방울 떨어뜨릴 때 예쁜 왕관 모양이 나타나는 현상입니다. 이 현상은 예전부터 알려져 있었지만 최근 고속도 CCD 카메라나 고도의 영상처리기술 등의 향상에 따라 연속적인 영상을 얻을 수 있게 되었으며, 정량적인 실험도 가능해졌습니다.

밀크 크라운은 중심부에서의 파동의 전달과 불안정한 액체의 증폭이 원인이 되어 발생합니다. 성립 조건으로는 낙하하는 우유의 충돌 속도나 입자의 크기, 충돌하는 유체층의 깊이, 점성, 표면장력 등을 생각할 수 있습니다.

우유의 점도는 물의 약 2배입니다. 밀크 크라운은 우유에서뿐 아니라 어느 정도의 점도를 가진 액체에서 조건이 갖추어지면 발생합니다.

밀크 크라운의 연구는 잉크젯 프린터나, 미리 공기를 충전한 실린더 안에 직접 가솔린을 분사시킴으로써 초희박 완전연소*를 가능하게 한 GDI 엔진(GDI는 Gasoline Direct Injection의 약자) 등 공학적으로도 응용되고 있습니다.

그림 1-68

* (역자 주) 초희박 연소(ultra lean combustion) : 내연기관에서 연료와 공기의 혼합기체를 묽게(lean) 형성하여 연소시키는 것.

04 유체의 운동

1. 파 동

수면이 수평인 상태를 유지하고 있는 연못을 상상해봅시다. 이 수면에 작은 돌을 던지면 표면에 동심원 형태의 모양이 생깁니다. 이 모양은 수면에 생기는 요철(⎍⏝) 때문에 발생합니다.

이러한 모양처럼 어떤 점에 발생한 진동이 공간에 전달되는 현상을 **파동**(또는 **파**)이라고 합니다. 예로 든 연못의 경우, 진동을 전달하는 물질인 물을 파의 **매질**이라고 합니다. 그리고 작은 돌이 떨어진 곳은 파가 생겨난 장소로, 이를 **파원**이라고 합니다.

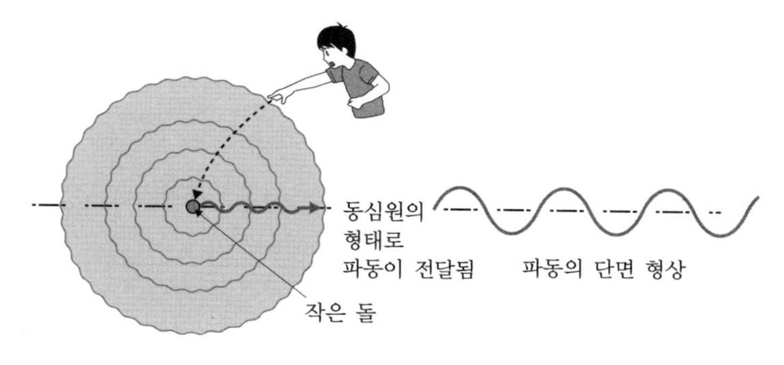

그림 1-69 수면파의 모습

수면의 요철은 외부의 힘에 의해 안정된 위치에서 움직여진 물이 원래대로 돌아가려고 하여 발생하는 복원력의 작용에 따라, 진동이 일어난 어떤 점의 상태가 물이 존재하는 공간에 전달되면서 발생하게 됩니다. 수면에 생겨난 파를 **수면파**라고 합니다.

2. 정현파

파를 수학적으로 취급하기 위해서는 **정현파**가 사용됩니다. 정현파는 단진동에 의해 파원이 매질에 전달되는 파입니다.

단진동에서는 시간 t[s]와 변위 y[m]의 단위가 다음의 식과 같이 정현곡선(사인곡선)으로 나타내집니다.

$$y = A\sin\frac{2\pi}{T}t \ \text{[m]}$$

여기에서 A[m]를 **진폭**이라고 하며, 진동의 중심에서부터 진동이 일어나는 폭을 나타냅니다. T[s]는 진동이 원래의 상태로 돌아올 때까지의 시간으로, 이를 **주기**라고 합니다.

또한 단진동을 등속원운동으로 바꿔서 생각할 때의 회전각인 $2\pi\frac{t}{T}$ [rad]를 위상이라고 합니다. 단진동의 모양은 다음과 같은 그래프로 나타낼 수 있습니다.

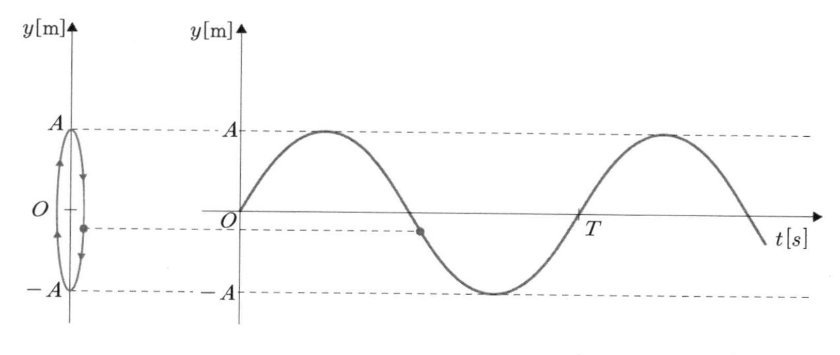

그림 1-70 단진동의 변위

파원의 진동이 매질에 전달되어가는 것을 생각해봅시다. 설명을 간단하게하기 위해 일직선상의 끈을 생각해봅시다.

원점 O가 시각 0_s부터 $y = A\sin\dfrac{2\pi}{T}t$ [m]로 진동하고 있다고 합시다.

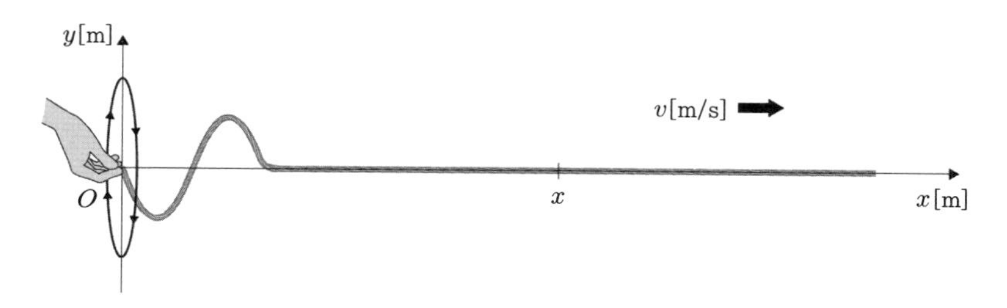

그림 1-71 끈을 진동시킴

이때 끈에 전달되는 파의 빠르기를 v[m/s]라고 하면, 위치 x[m]에서 진동이 시작되는 것은 $\dfrac{x}{v}$[s] 이후가 됩니다. 즉, 위치 x[m]는 원점에 대해 $\dfrac{x}{v}$[s]만큼 늦어져 같은 식으로 진동합니다. 시각 t[s]에서의 위치 x[m]의 변위 y[m]는 다음의 식으로 나타낼 수 있습니다.

$$y = A\sin\left\{\frac{2\pi}{T}\left(t - \frac{x}{v}\right)\right\}\ [\mathrm{m}]$$

끈의 마루부터 마루(또는 골부터 골까지)까지의 거리를 **파장**이라고 합니다. 파장은 매질이 한 번 진동하는 사이에 파가 얼마만큼 진행하는가를 나타내며, 파가 전달되는 속도 $v\,[\mathrm{m/s}]$와 파장 $\lambda\,[\mathrm{m}]$과의 관계는 다음과 같이 나타내어집니다.

$$v = \frac{\lambda}{T} = f\lambda\ [\mathrm{m/s}]$$

여기에서 $f = \dfrac{1}{T}[1/\mathrm{s}]$(또는 $[\mathrm{Hz}]$)은 주기의 역수로, **진동수**(또는 **주파수**)라고 합니다. 진동수는 단위시간당 매질이 몇 번 진동하는가를 나타냅니다. $v = \dfrac{\lambda}{T}$의 관계식을 사용하면 정현파의 식은 다음 식과 같이 나타낼 수 있습니다.

$$y = A\sin\left(\frac{2\pi}{T}t - \frac{2\pi}{\lambda}x\right)\ [\mathrm{m}]$$

3. 파동의 성질

■ 중첩의 원리

두 개의 파가 겹치면 매질은 어떤 식으로 변위할까요? 한쪽 파의 변위를 y_1, 다른 한쪽을 y_2라고 할 때 매질의 변위 $y\,[\mathrm{m}]$는 다음의 식으로 나타낼 수 있습니다.

$$y = y_1 + y_2 \text{ [m]}$$

이것을 **파의 중첩의 원리**라고 합니다.

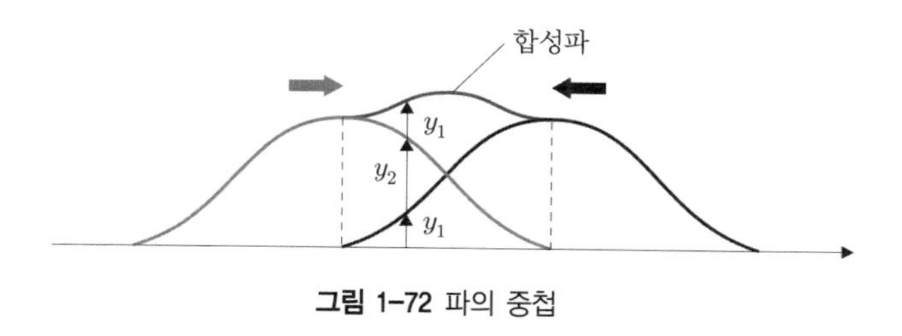

그림 1-72 파의 중첩

파면과 사선

공간에 있어서 파의 진동상태가 같은 점을 연결한 것을 **파면**이라고 합니다. 수면을 진동시켜 생긴 파면은 원이 되고, 공간에 전달되는 파면은 구면이 됩니다.

파의 진동방향으로 그어준 선을 **사선**(radial line)이라고 하며, 파면과 사선은 항상 직교합니다.

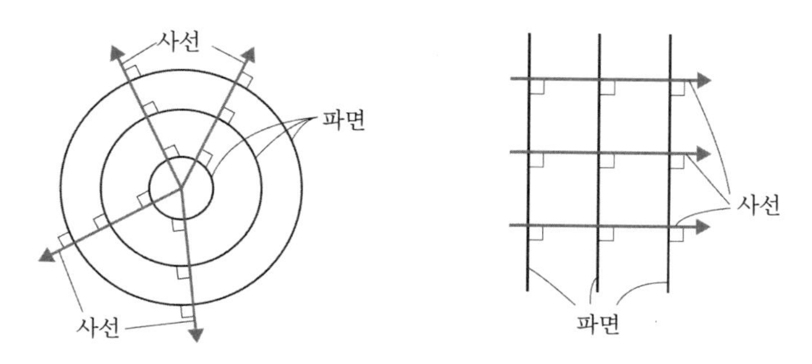

그림 1-73 파면과 사선

반사

매질의 경계에 닿으면 파는 **반사**합니다. 이때 입사점에서 경계면과의 법선방향에 대하여 입사선이 이루는 각 i를 입사각이라고 합니다.

또한 입사점에서 경계면과의 법선과 반사 후의 반사선이 이룬 각 j를 반사각이라고 합니다. 입사각 i와 반사각 j의 관계는 다음의 식으로 나타내며, 이를 **반사의 법칙**이라고 합니다.

＊ 반사의 법칙

$$i = j$$

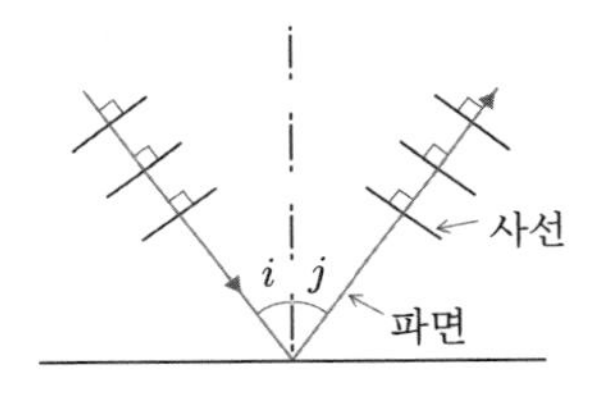

그림 1–74 반사의 법칙

굴절

어떤 매질 속을 진행하는 파가 다른 매질 안으로 들어가면 파의 진행속도가 변화합니다. 이렇게 속도가 달라짐에 따라 파의 진행방향이 변화하는 현상을 굴절이라고 합니다.

그림 1–75와 같이 입사각을 i, 굴절각을 r이라고 하면, i와 r의 관계는 다음의 식으로 나타낼 수 있습니다.

$$\frac{\sin i}{\sin r}=\frac{v_1}{v_2}=\frac{\lambda_1}{\lambda_2}=n(=\text{일정})$$

여기에서 n은 매질 I에 대한 매질 II의 굴절률이라고 하며, 파가 진행하는 속도의 비 또는 파장의 비로 구해집니다. 이것을 **굴절의 법칙**이라고 합니다.

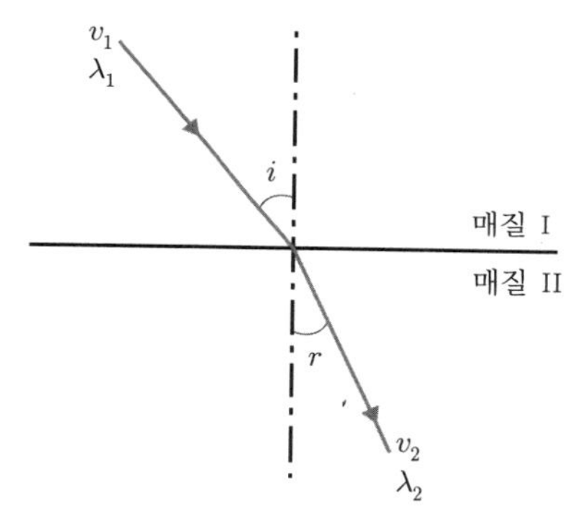

그림 1-75 굴절의 법칙

간섭

수면상의 두 위치 S_1, S_2를 파원으로 하여 같은 진폭, 같은 파장의 파가 발생하고 있는 경우를 생각해봅니다. 파원에서 동심원 형태로 퍼져가는 파는 서로 겹쳐지게 됩니다. 이때 두 개의 파는 어떻게 될까요?

어떤 지점에서 S_1에서 온 파가 마루일 때 S_2에서 온 파도 마루라면, 두 개의 파는 그 위치에서는 항상 진동의 상태가 동일하게 되어 중첩의 원리에 따라 진폭이 2배로 진동하게 됩니다.

또 다른 지점에서 S_1에서 온 파가 마루일 때 S_2에서 온 파가 골이라면,

두 개의 파는 그 위치에서는 중첩의 원리에 따라 거의 진동하지 않게 됩니다. 이렇게 두 개의 파가 겹쳐질 때 크게 진동하는 장소나 거의 진동하지 않는 장소가 생기는 것을 파의 **간섭**이라고 합니다.

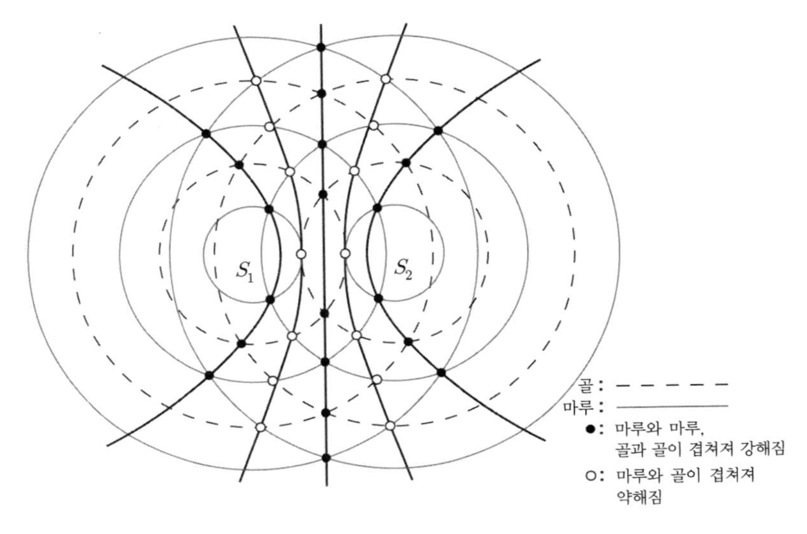

그림 1-76 간섭의 형태

회절

수면에 틈새가 생기도록 두 장의 판을 세우고 그 틈새를 향하여 평면파를 평행하게 보내면, 파는 틈을 통과하여 판의 뒷부분까지 돌아서 도달하게 됩니다. 이러한 현상을 파의 **회절**이라고 합니다. 파의 회절은 틈새의 간격이 파의 파장과 같거나 그보다 작을 때 현저해집니다.

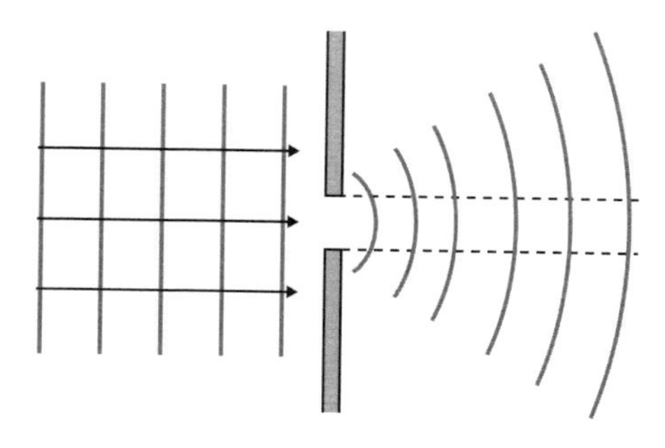

그림 1-77 파의 회절

4. 수면파

물의 표면에 생긴 파를 생각해봅시다. 수면파의 모양은 다음 그림 1-78과 같이 됩니다.

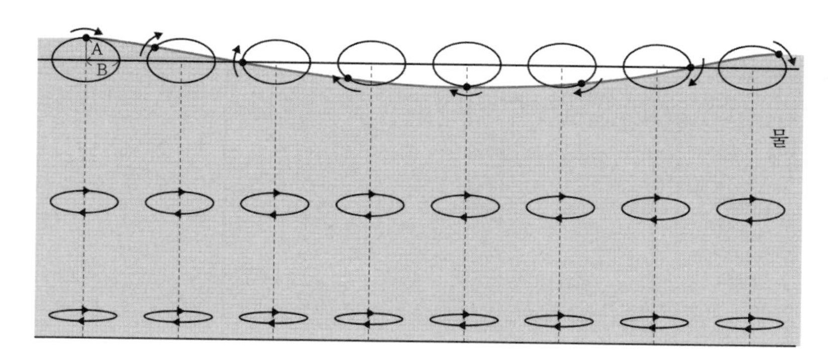

그림 1-78 수면파가 전달되는 모습

매질인 물은 타원운동을 하고 있습니다. 여기에서 수직방향의 타원운동의 반경을 A, 수평방향의 타원운동의 반경을 B라고 합시다.

$$y = A\sin\left(\frac{2\pi}{T}t - \frac{2\pi}{\lambda}x\right)$$

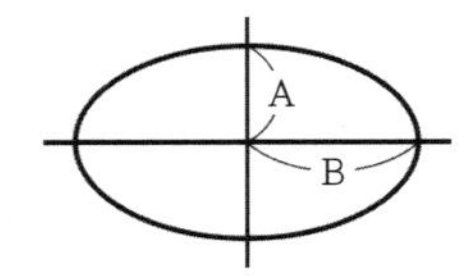

파의 식에서, 어떤 시각에서의 위치 x와 변위 y에 대해 생각해봅시다. 위치 및 변위에 대하여 아래와 같은 관계가 성립하는 파에서,

$$y = A\sin\frac{2\pi x}{Tv} = A\sin\frac{2\pi x}{\lambda}$$

y를 x로 미분하면 다음과 같이 됩니다.

$$\left(\frac{dy}{dx}\right)_x = \frac{2\pi A}{\lambda}\cos\frac{2\pi x}{\lambda}$$

이 수치는 위치 x에서 파의 수평면으로부터의 기울기를 나타냅니다.

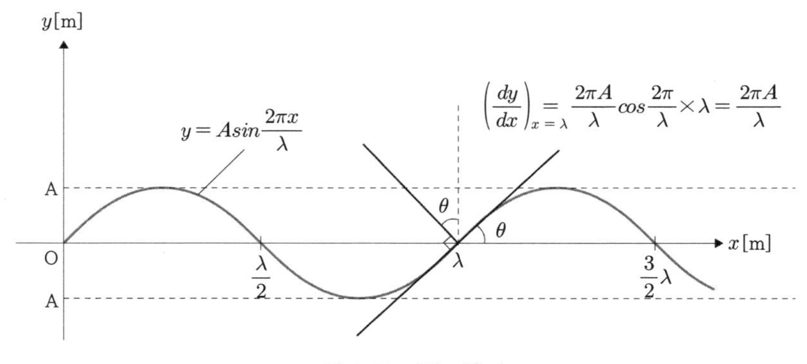

그림 1-79 파의 기울기

수평면의 기울기는 중력과 관성력에 의해 생겨나고, 수평방향의 가속도의 최대치를 a, 중력가속도를 g라고 하면 a와 g의 비 $\frac{a}{g}$는 다음과 같습니다.

$$\frac{a}{g} = \tan\theta = \frac{2\pi A}{\lambda}$$

따라서 수평방향의 가속도의 최대치는 다음의 식으로 나타낼 수 있습니다.

$$a = \frac{2\pi g A}{\lambda}$$

물의 타원운동의 수평방향의 진폭은 B이므로, 주기를 T라고 할 때 수평방향의 변위는 $B\sin\frac{2\pi}{T}t$가 되며, 가속도는 $-B\left(\frac{2\pi}{T}\right)^2\sin\left(\frac{2\pi}{T}t\right)$가 됩니다.

따라서 가속도의 최대치는 아래와 같습니다.

$$B\left(\frac{2\pi}{T}\right)^2 = \frac{2\pi g A}{\lambda}$$

이를 T에 관하여 정리하면 아래와 같이 나타낼 수 있습니다.

$$T = \sqrt{\frac{2B\pi\lambda}{Ag}}$$

파가 전해지는 빠르기 v는 $v=\dfrac{\lambda}{T}$에 의해 다음의 식으로 나타낼 수 있습니다.

$$v=\frac{\lambda}{\sqrt{\dfrac{2B\pi\lambda}{Ag}}}=\sqrt{\frac{Ag\lambda}{2\pi B}}\ \ [\text{m/s}]$$

따라서 물 분자는 표면에서 아래로 갈수록 타원운동의 수직방향의 반경이 급속하게 감소하게 됩니다.

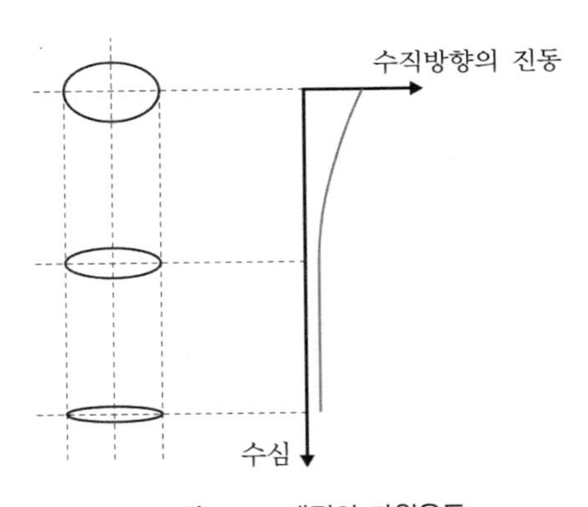

그림 1-80 매질의 타원운동

수심이 파장 λ에 비해 클 경우, $\dfrac{A}{B}$의 값은 1이 되고 파의 속도 v는 다음 식으로 나타낼 수 있습니다.

$$v=\sqrt{\frac{g\lambda}{2\pi}}\ \ [\text{m/s}]$$

이것은 파의 빠르기가 파장 λ에만 의존하고 있음을 나타냅니다.

수심이 파장 λ에 비해 매우 작을 경우, 수심을 H라고 할 때 $\frac{A}{B}$의 값은 $\frac{2\pi H}{\lambda}$가 되고, 파의 빠르기 v'는 다음 식으로 나타낼 수 있습니다.

$$v' = \sqrt{gH} \ \ [\mathrm{m/s}]$$

이것은 수심에 비해 파장이 긴 파의 빠르기는 수심 H에만 의존하는 것을 나타냅니다.

바다의 파도를 생각해보면 처음에는 굽은 모양이어도 해안으로 갈수록 해안선에 대해서 평행하게 밀려가게 되며, 파도의 간격 또한 먼 바다에 비해 좁아지면서 모양이 흐트러지게 됩니다.

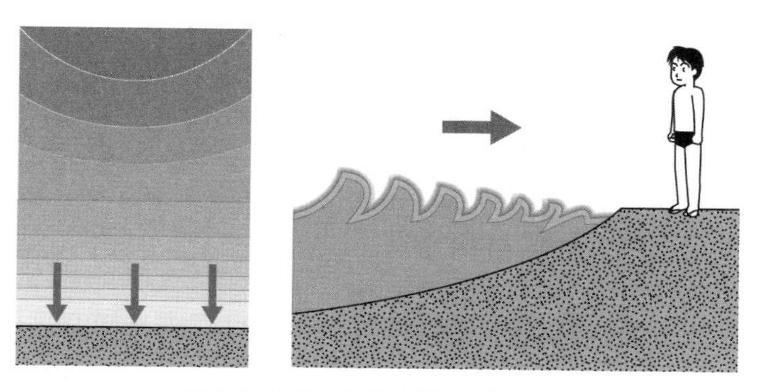

그림 1-81 파도가 해안에 부딪히는 모습

만에서는 해안에 가까워질수록 수심이 얕아지기 때문에, 해안에 가까워지면 파도의 빠르기는 늦어집니다. 빠른 속도의 파도가 돌아서 들어와 해안에 도달할 때 파도가 평행하게 밀려오는 것은 이러한 이유 때문입니다.

또한 파도의 속도가 늦어지면 파도의 간격(파장)도 좁아집니다. 게다가 파도의 마루와 골에서는 파의 빠르기가 다르며, 이는 수심이 클수록 빨라집니다. 그렇기 때문에 수심이 깊은 곳에서는 파의 형태가 흐트러지는 것입니다.

풀장 등에서 인공적으로 발생시키는 큰 파도의 경우 최종적으로는 작은 파도가 되도록 수심을 얕게 하고 있습니다.

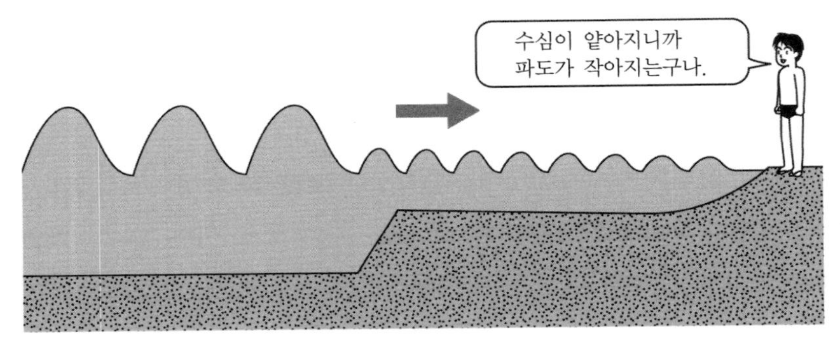

그림 1-82 수심과 파도의 크기

| COLUMN | 파도 풀장 만드는 방법

풀장에서 인공 파도를 만드는 방법에는 몇 가지 종류가 있습니다.

*** 플랩 방식**

판상을 움직이게 하는 **플랩 방식**은 작은 파도를 발생시킬 수 있습니다.

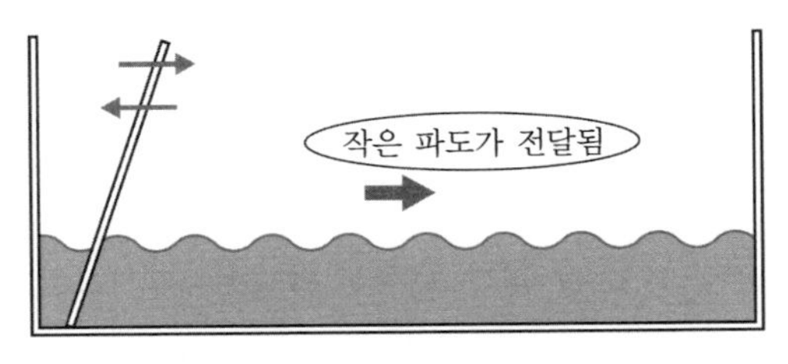

그림 1-83

*** 플런저 방식**

피스톤 모양을 움직이게 하는 **플런저 방식**은 느리지만 큰 파도를 발생시킬 수 있습니다.

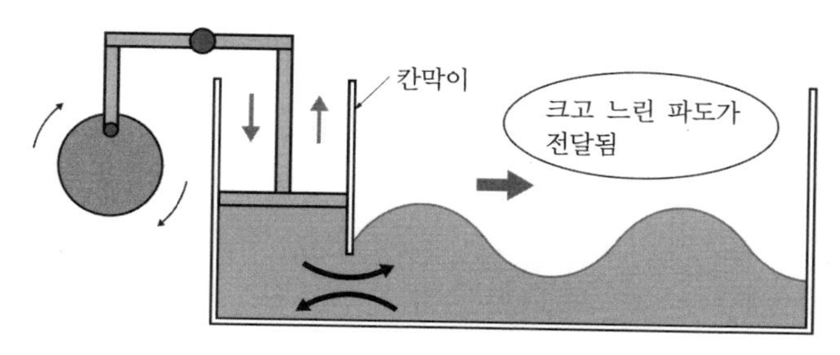

그림 1-84

*** 댐 브레이크 방식**

대량의 물을 한 번에 떨어뜨리는 **댐 브레이크 방식**은 물의 양에 따라 여러 가지 파도를 발생시킬 수 있습니다.

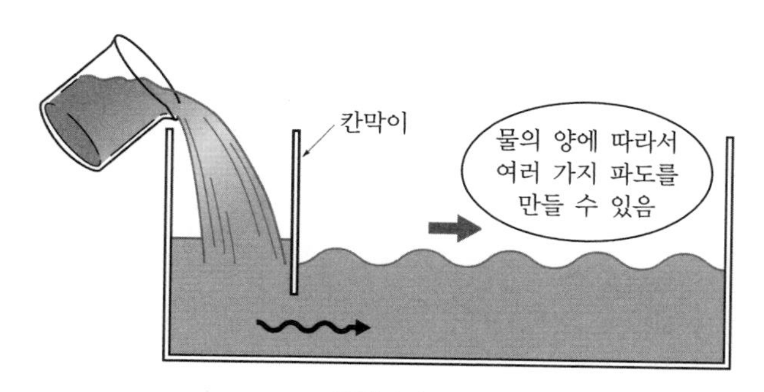

그림 1-85

연습문제 유체의 운동

1. x축의 방향으로 진행하는 파가 있습니다. 이때 매질의 위치 x[m], 시각 t[s]에서의 변위 y[m]는 $y = 0.15\sin\{4\pi(t-0.25x)\}$ [m]의 식으로 나타낼 수 있습니다. 그러면 아래의 질문에 대답하세요.

(1) 이 파의 진폭, 파장, 주기, 진동수, 파가 전달되는 속도를 각각 구하세요.

(2) $x = 0$[m]인 매질의 변위 y의 시간변화를 나타내는 식을 구하세요.

(3) $x = 0$[m]인 매질의 진동에서 시간 $t = 0$[s]와 $t = 0.25$[s]에서 위상의 차는 몇 [rad]인지 구하세요.

(4) $t = 0$[s]의 파형을 나타내는 식을 구하세요.

(5) $t = 0.50$[s]에서 파형의 그래프(가로축 x, 세로축 y)를 그리세요.

2. 수심이 파장에 비하여 매우 작을 경우, 수심을 H라고 하면 수면에 전달되는 파의 빠르기 v'는 $v' = \sqrt{gH}$로 구할 수 있습니다. 그림과 같이 바닥이 2단으로 되어 있는 얕은 수조에 물을 넣고 A에서 B의 방향으로 수면파를 보냅니다. 단 A의 수심이 h_A일 때 B의 수심 h_B는 $h_A = 2h_B$의 관계가 있습니다.

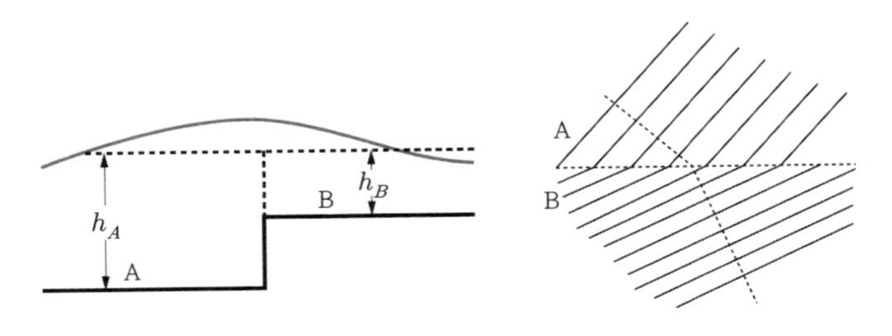

그림 1-86

(1) B에서의 파장은 A에서의 파장의 몇 배가 되는지 구하세요.

(2) A와 B의 경계면에서의 입사각이 45°일 경우, 굴절각은 몇 도가 되는지 구하세요.

3. 두 개의 파원 S_1, S_2에서 진폭과 파장이 같은 파를 같은 진동의 상태로 발생시켰습니다. 이때 공간에 전달되는 파가 점 P의 위치에서 강하게 부딪힐 조건을 아래의 식으로 구할 수 있음을 설명하세요.

$$|S_1P - S_2P| = \lambda \times (\text{정수})$$

CHAPTER 2
유 체 실 험

유체역학은 방정식뿐 아니라 실제로 물이나 공기를 만지면서 여러 가지 실험을 통해 배워야 보다 친근하게 느낄 수 있습니다.

'유체'라고 하는 물리량이 있는 것은 아니기 때문에, 유체실험에서는 압력, 유속, 유량 등의 물리량을 측정하게 됩니다. 유체를 배우기 위해서는 이러한 것들의 측정원리나 측정방법을 익히는 것이 중요합니다. 또한 유체현상은 방정식으로 정리하여 해석하는 것이 어렵기 때문에, '흐름의 가시화'라고 하는 유체실험(흐름을 정성적으로 다룸)도 많이 이루어지고 있습니다. 그러면 육안으로 확인하기 어려운 유체의 흐름을 어떤 식으로 관찰하는 걸까요?

최근 컴퓨터 기술의 발전으로 컴퓨터상에서 유체의 수치실험을 대신하는 수치유체역학(CFD : Computational Fluid Dynamics의 약자)도 많이 이루어지고 있습니다.

본 장에서는 초보자가 시도해볼 수 있는 것부터 첨단적인 실험까지 여러 가지 유체실험을 소개하도록 하겠습니다.

01 유체의 계측

1. 압력의 계측

압력계에는 측정원리에 따라 몇 가지 종류가 있습니다. 측정범위 등도 각기 다르기 때문에 적절한 것을 선택하여 사용해야 합니다.

(1) 액주압력계

액주압력계는 압력과 액주의 중력(무게)과의 균형을 통해 압력을 구하는 압력계로, 마노미터(manometer)라고도 부릅니다. 구조가 간단해서 많이 사용되고 있습니다.

측정 가능한 압력범위는 비교적 작으며(약 70kPa 이하의 압력 측정에 사용), 시간변동이 큰 압력 측정에는 적절하지 않습니다. 또한 측정 가능한 압력은 통상 게이지 압력입니다.

U자관 압력계

[측정원리]

관 내부압력이 대기압 p_0와 같으면, A와 A′의 압력은 모두 p_0가 됩니다. 관 내부 압력이 p_0에서 p[Pa]까지 상승하면 U자관 내부압력을 나타내는 물질이 이동하며, 이때 $p_b = p_b'$가 성립합니다. ρ, ρ'는 압력을 나타내는 물질의 밀도입니다.

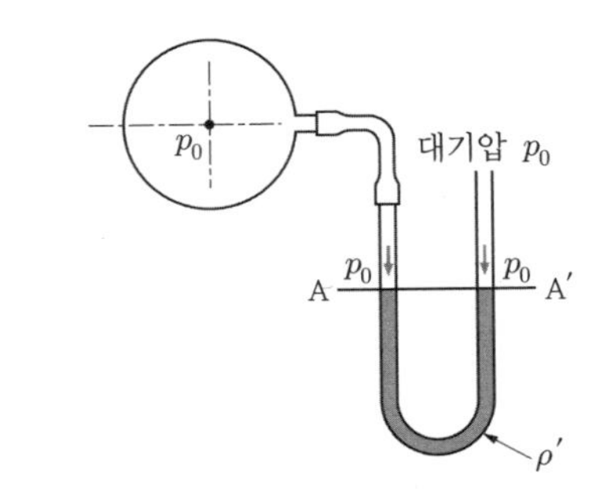

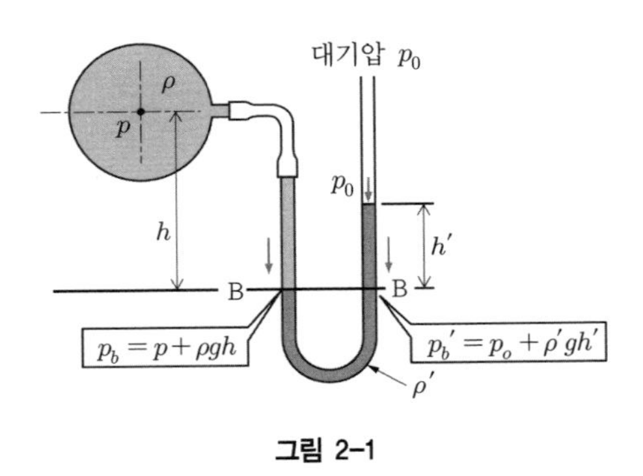

그림 2-1

여기서, 압력과 물질의 밀도의 관계는 다음과 같습니다.

$$p_b = p + \rho gh$$

$$p_b' = p_0 + \rho' gh'$$

따라서 $p + \rho gh = p_0 + \rho' gh'$

$$p = p_0 + (\rho' h' - \rho h)g$$

관 내부압력 p[Pa]를 게이지 압력 p_g[Pa]로 나타내면,
$p_g = p - p_0$의 관계가 있으므로 다음의 식을 얻을 수 있습니다.

$$p_g = (\rho' h' - \rho h)g \ \ [\text{Pa}]$$

즉, 밀도 ρ, ρ'[kg/m³] 및 액주의 높이 h, h'[m]를 알면 관 내부의 압력을 측정하는 것이 가능하게 됩니다.

경사 압력계

U자관 압력계를 기울인 것이 **경사 압력계**입니다. 수위의 변화를 확대하여 측정할 수 있기 때문에, 측정의 정확도를 높일 수 있습니다.

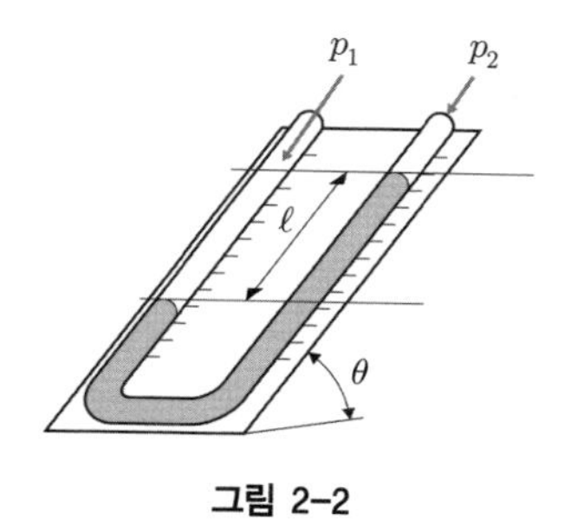

그림 2-2

수직방향 높이가 h인 액주를 각도 θ 기울였을 때에 수위는 ℓ이 됩니다. 이 관계를 식으로 나타내면 다음과 같습니다.

$$\ell = \frac{h}{\sin\theta}$$

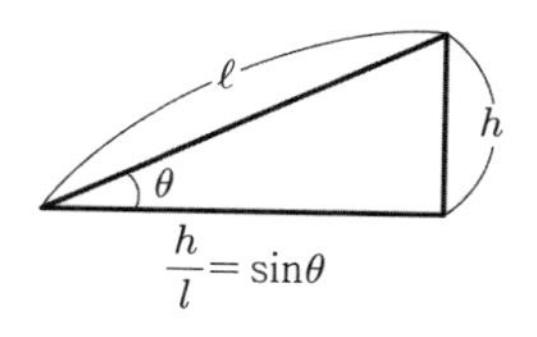

여기서, $\dfrac{1}{\sin\theta}$을 **확대율**이라고 합니다.

예 2-1

수직방향으로 50mm의 수위를 나타내는 측압기의 각도를 60도 기울이면, 마노미터의 수위는 몇 mm로 확대되겠습니까?

[해답]

$\ell = \dfrac{h}{\sin\theta}$의 관계로부터 측압기의 수위는, $\ell = \dfrac{50}{0.866} = 57.7[\mathrm{mm}]$로 확대됩니다.

상자형 압력계

U자관 압력계의 한쪽 액면을 크게 만든 것이 **상자형 압력계**입니다. U자관 압력계가 양쪽 액면을 측정해야 하는 것에 비해, 한쪽 액면만을 측정하면 된다는 특징이 있습니다.

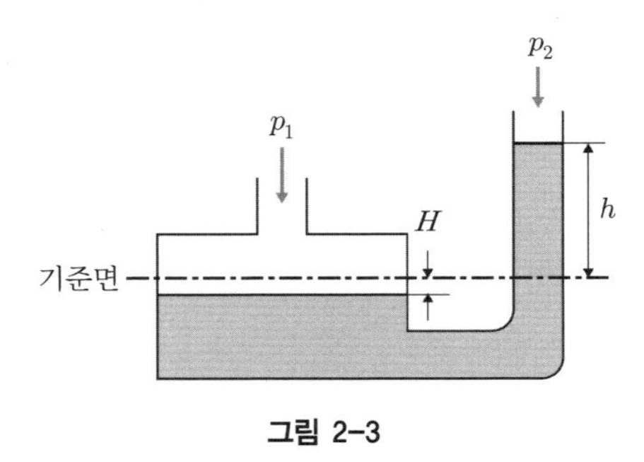

그림 2-3

상자 안의 압력 p_1에 의해 액면이 H만큼 하강했을 때 유리관의 액면이 h만큼 상승하고 압력이 p_2가 되었다고 합시다. 이때 유체의 밀도를 ρ, 중력가속도를 g라고 하면 기준면 위에서의 압력은 같기 때문에 다음의 식이 성립합니다.

$$p_1 - p_2 = (H + h)\rho g$$

또한 상자에서 유리관으로 이동한 유체의 체적은 같기 때문에, 상자의 단면적을 A, 유리관의 단면적을 a라고 하면, 다음의 관계도 성립합니다.

$$ah = AH$$

따라서 $H = \dfrac{ah}{A}$를 위의 식에 대입하면

$$p_1 - p_2 = \left(1 + \frac{a}{A}\right)\rho g h \ \text{[Pa]}$$

즉, 유리관의 액면 높이 h를 측정하는 것으로 압력변화를 측정할 수 있는 것입니다.

예 2-2

상자형 압력계에 공기가 흘러들어가 유리관 수면의 높이가 8.0cm가 되었을 때, 압력 변화는 몇 Pa입니까? 단 용기의 단면적을 0.03m^2, 유리관의 단면적을 $1.2\times10^{-3}\text{m}^2$, 물의 밀도를 $1{,}000\text{kg/m}^3$으로 합니다.

[해답]
압력변화를 구하는 식에 $\rho=1{,}000\text{kg/m}^3$, $g=9.8\text{m/s}^2$, $h=0.08\text{m}$, $a=1.2\times10^{-3}\text{m}^2$, $A=0.03\text{m}^2$를 대입합니다.

$$\begin{aligned} p_1 - p_2 &= \left(1 + \frac{a}{A}\right)\rho g h \\ &= \left(1 + \frac{1.2\times10^{-3}}{0.03}\right)\times 1{,}000 \times 9.8 \times 0.08 = 815 \ \text{[Pa]} \end{aligned}$$

액주 압력계의 액체로는 대부분의 경우 물이 사용됩니다. 그리고 같은 액주 높이의 변화로 보다 큰 압력을 측정하기 위해 상온에서 유일하게 액체 상태의 금속인 수은을 사용하는 경우도 있지만, 수은의 취급에는 충분히 주의할 필요가 있습니다.

(2) 탄성식 압력계

탄성식 압력계는 유체의 압력과 탄성체의 탄성변형에 의한 응력의 균형을 이용해 측정하는 장치입니다. 원리의 차이에 따라 세 종류로 분류할 수 있습니다. 액주식 압력계보다 큰 압력을 측정할 수 있기 때문에 공업용으로도 폭넓게 사용되고 있습니다.

부어든 관 압력계

부어든 관(Bourdon tube) 압력계는 타원형의 부어든 관을 원호 형태로 굽혀 한쪽 끝을 고정시키고, 유체를 흘려 넣을 때 곡관의 곡률반경을 나타내는 것으로 압력을 측정하는 압력계입니다.

공업용으로 용접용 가스 봄베 등 각종 고압용기 등에 폭넓게 사용되고 있으며, 측정범위는 진공에서부터 약 200MPa의 고압까지 폭넓은 범위를 가지고 있습니다. 또한 부어든 관의 재료로는 내식성이 있는 황동이나 청동 등이 사용되고 있습니다.

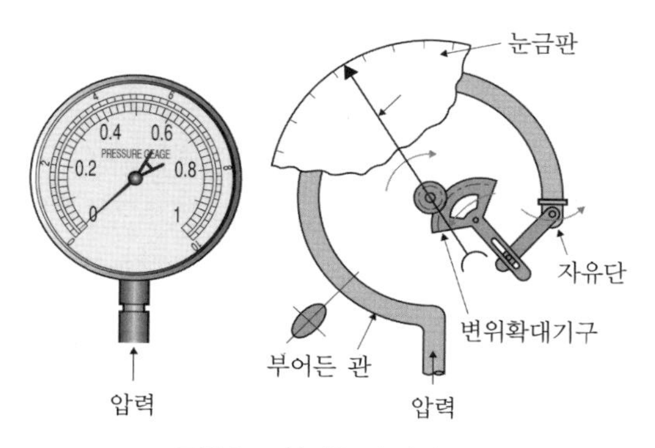

그림 2-4 부어든 관 압력계

다이어프램 압력계

다이어프램 압력계는 얇은 금속판의 주위를 밀착시키고, 판의 앞뒤에 압력을 가하여 다이어프램을 변형시켜 압력을 측정하는 압력계입니다. 사용 범위는 약 3MPa로 부어든 관 압력계보다 작지만, 고점도 유체의 압력 측정용으로 적절합니다.

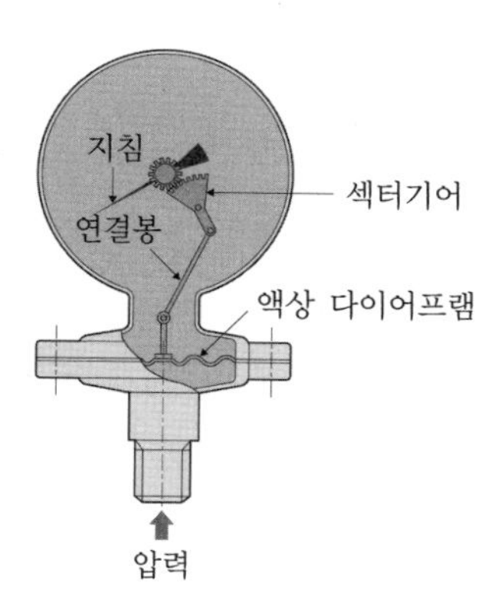

그림 2-5 다이어프램 압력계

벨로우즈 압력계

벨로우즈 압력계는 얇은 금속을 초롱과 같은 파형으로 만들고, 그 속에 압력을 가하여 벨로우즈를 변형시킴으로써 압력을 측정하는 압력계입니다. 벨로우즈는 우리말로 주름상자*라고 불리기도 합니다.

사용범위는 약 1MPa로 부어든 관 압력계보다 작지만, 신축성, 기밀성 등이 우수합니다. 또한 벨로우즈의 재질에 따라 내열성, 내식성, 내해수성 등의 성질을 향상시킬 수 있습니다.

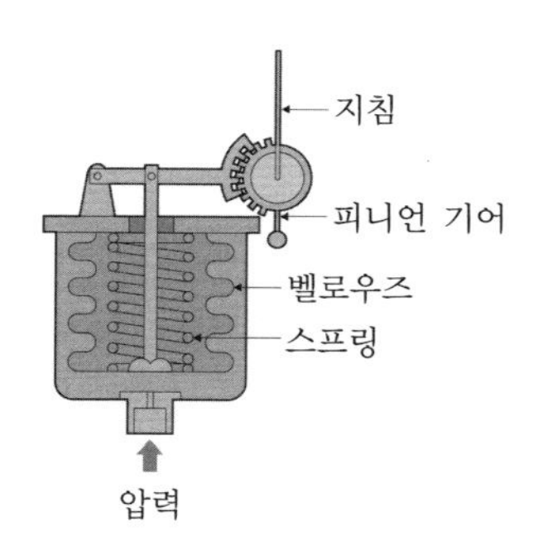

그림 2-6 벨로우즈 압력계

(3) 비틀림 게이지에 의한 압력 측정

센서로 압력계를 사용하기 위해 계측 시스템에 집어넣기 위해서는 압력 값을 전기신호로 변환할 필요가 있습니다. **비틀림 게이지**는 힘이나 변형량을 전기량으로 변환할 수 있는 역학적 센서로, 다양한 계측에 사용되고 있습니다.

압력의 계측에 비틀림 게이지를 사용하기 위해서는 다이어프램이나 벨로우즈 등에 붙여서 사용해야 합니다. 측정 대상에 하중이 가해져서 변형이 일어나면 비틀림 게이지도 같은 비율로 변형하게 됩니다.

비틀림 게이지의 가느다란 금속 저항체가 늘어남에 따라 단면적이 감소

* (역자 주) 주름상자 : 원문에는 '쟈바라'로 표현되어 있음.

함과 동시에 길이가 길어지게 되는데, 그 결과 저항치가 증가하는 것을 측정에 이용하는 것입니다. 이러한 저항의 변화는 매우 미세하기 때문에 검출을 위해 브리지 회로가 사용됩니다. 보통 스트레인 앰프라고 불리는 브리지 회로와 전류 증폭기를 갖춘 기기와 조합하여 측정이 이루어집니다.

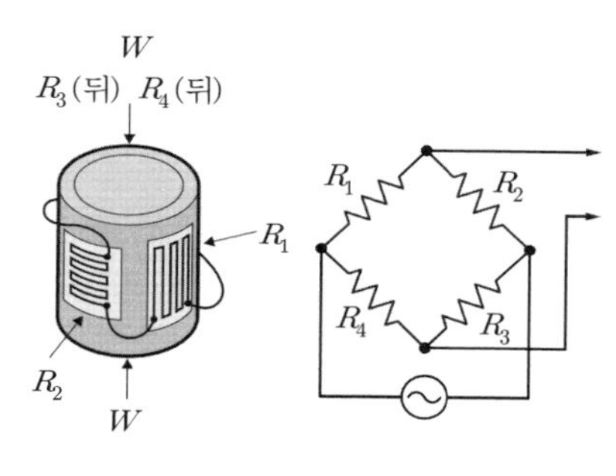

그림 2-7

비틀림에 대한 저항의 변화율의 비율을 **게이지율**이라고 하며, 기호 K_s로 나타냅니다. 게이지율은 저항체 고유의 값으로, 게이지의 재료로 통상 사용되는 어드밴스 선(Cu 54%, Ni 45%, Mn 1%)의 경우 비틀림 5%의 범위 내에서는 거의 일정하게 약 2.0입니다.

| COLUMN | 혈압의 측정

혈압이란 심장의 펌프작용에 의해 전신으로 혈액이 보내질 때, 혈관 벽에 가해지는 압력입니다.
심장이 혈액을 내보내기 위해 수축되었을 때의 혈압을 최고 혈압, 심장이 혈액을 받아들이기 위해 확장되었을 때의 혈압을 최저 혈압이라고 합니다. 최고 혈압이 100~140mmHg, 최저 혈압이 60~90mmHg까지가 일반적으로 정상으로 여겨지고, 최대 혈압에서 140mmHg 이상, 또는 최저 혈압이 90mmHg 이상 유지되는 경우 고혈압으로 진단됩니다.

혈압에는 심장의 펌프작용의 변화나 강약, 말초혈관에서의 저항의 정도, 전신의 혈관 내의 혈액량, 혈액의 점도, 혈관 벽의 탄력성 등의 원인이 작용합니다. 그렇기 때문에 혈압의 측정에는 크게 나누어 다음의 두 가지 방법이 사용됩니다.

(1) Riva Rocci·Korotkoff **측정법**은 혈액이 흐를 때 발생하는 혈류의 변화음인 Korotkoff음을 측정하는 방법입니다. 의사는 환자의 팔에 완대(커프)를 둘러 상완동맥의 혈류를 멈추게 하고, 서서히 압력을 약하게 하여 혈액이 흐르기 시작할 때의 최고 혈압과 Korotkoff음이 완전히 사라질 때의 최저 혈압을 측정하게 됩니다.

(2) Oscillometric **측정법**은 완대(커프)를 가압한 후 감압하는 단계에서, 심장의 박동에 동조가 이루어진 혈관벽의 진동이 커프에 전달되는 압력변동(압맥파)을 측정하여 혈압을 판단합니다. 일반적으로는 압맥파가 급속히 커질 때의 커프 압력을 최고 혈압, 급속히 작아질 때의 커프 압력을 최저 혈압이라고 합니다. 현재 가정에서 자주 사용되는 전자혈압계는 이 측정법에 의한 제품이 많습니다.

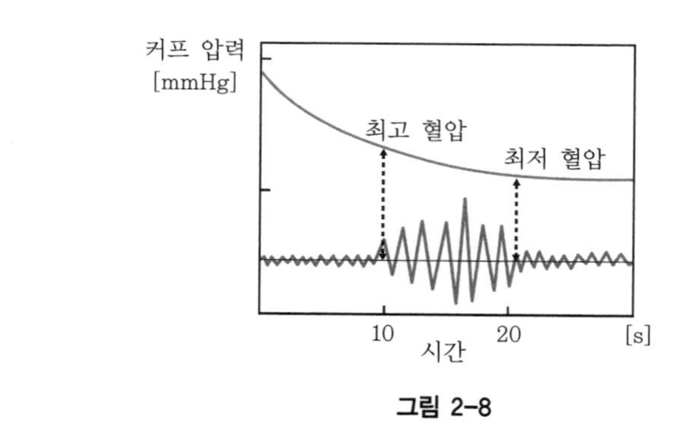

그림 2-8

2. 유속의 계측

유속계에는 계측원리에 따라 몇 가지의 종류가 있습니다. 계측범위 등도 다르기 때문에 적절한 것을 선정하여 사용합니다.

(1) 피토관

피토관은 항공기의 속도계로도 널리 사용되고 있는 대표적인 유속계입니다. 우선 유체의 에너지가 보존된다고 하는 베르누이의 정리로부터 피토관의 측정원리를 유도해보겠습니다.

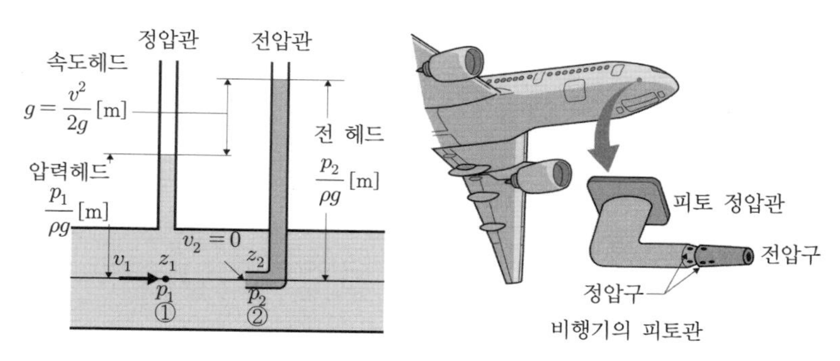

그림 2-9 피토관의 원리

위의 그림과 같이 유체가 왼쪽에서 오른쪽으로 흐르는 수평의 관로에 **정압관**과 **전압관**이 놓여 있습니다. 전압관의 입구(②)에서는 흐름이 막혀서 정지해있기 때문에 이 점을 정체점이라고 합니다. 여기에서 정압관의 입구인 점 ①과 전압관의 하부인 점 ②에 대해서 베르누이의 정리를 헤드식을 이용해 적용하겠습니다.

$$z_1 + \frac{v_1^2}{2g} + \frac{p_1}{\rho g} = z_2 + \frac{v_2^2}{2g} + \frac{p_2}{\rho g} \ \ [\mathrm{m}]$$

높이의 변화가 없기 때문에 $z_1 = z_2$이며, 점 ②는 정체점이기 때문에 $v_2 = 0$로 놓을 수 있습니다.

따라서 $\frac{v_1^2}{2g} + \frac{p_1}{\rho g} = \frac{p_2}{\rho g}$ [m]

여기에서, $\frac{v_1^2}{2g} = \frac{p_2 - p_1}{\rho g} = h$가 되며, h는 **속도헤드**입니다.

따라서 $v_1 = \sqrt{\frac{2(p_2 - p_1)}{\rho}} = \sqrt{2gh}$

위의 식에 의해 전압관과 정압관의 압력차인 속도 헤드를 측정함으로써 유속을 구할 수 있습니다. 그리고 여기에서 p_1[Pa]을 **정압**, p_2[Pa]를 **전압**, 속도헤드인 $(p_2 - p_1)$을 **동압**이라고 합니다.

한편, 실제로는 피토관의 구조나 정밀도에 의한 피토관 계수 c를 사용하여 위의 식을 보정할 필요가 있습니다.

$$v = c\sqrt{\frac{2(p_2 - p_1)}{\rho}} = c\sqrt{2gh}$$

예 2-3

피토관으로 풍동실험장치의 풍속을 측정한 결과, 압력계에서 40[Pa]의 동압을 읽을 수 있었습니다. 이때의 유속은 몇 [m/s]가 되겠습니까? 단, 공기의 밀도 ρ = 1.3[kg/m^3], 피토관 계수 c = 0.99로 합니다.

[해답]

유속을 구하는 식에 동압 $p_2 - p_1 = 40$[Pa], $\rho = 1.3$[kg/m^3]을 대입하면,

$$v_1 = c\sqrt{\frac{2(p_2 - p_1)}{\rho}}$$

$$= 0.99 \times \sqrt{\frac{2 \times 40}{1.3}} = 7.77 \text{ [m/s]}$$

(2) 프로펠러식 유속계

프로펠러식 유속계는 프로펠러의 회전을 펄스로 변환하여 유속으로 환산하는 유속계입니다. 물의 흐름을 측정하는 유속계나 대기의 흐름을 측정하는 풍속계 등에 사용되고 있습니다.

프로펠러의 구조상, 너무 큰 유속이나 수 cm/s~수 mm/s 등 작은 풍속을 정밀하게 측정하는 용도로는 사용하기 어렵습니다.

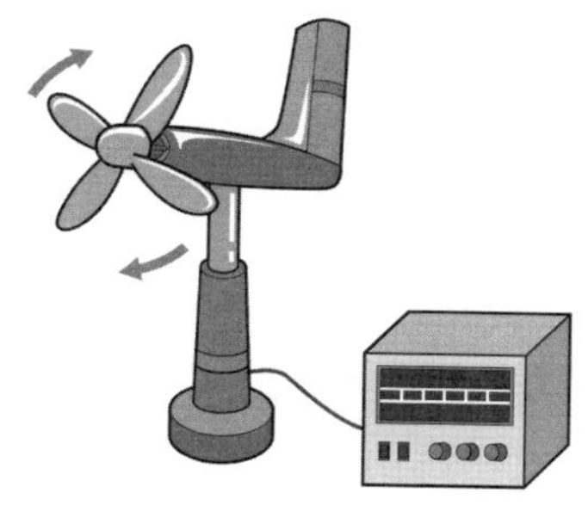

그림 2-10

(3) 전자유속계

전자유속계는 패러데이의 전자기유도의 법칙을 이용한 유속계입니다. 자기장이 생성되어 있는 측정관에 물 등의 전도성 유체를 흐르게 하면 평균유속에 비례하여 기전력이 발생합니다. 이 기전력을 증폭·연산함으로써 유체의 유속을 측정하는 것이 가능하게 됩니다.

검출기가 소형경량이어서 취급하기 간단하기 때문에, 작게는 수조부터 하천이나 해양에서의 유속 측정 등에 폭넓게 사용되고 있습니다. 기기의 특성상, 자기장을 생성하기 어려운 수면 부근이나 강바닥 부근의 측정은 할 수 없습니다.

그림 2-11

COLUMN 육상경기와 바람

육상경기에서는 바람의 영향이 기록을 좌우합니다. 선수의 뒤에서 부는 바람인 순풍은 등을 밀어주는 형태가 되어, 좋은 기록을 내는 요소 중의 하나가 됩니다.

한편 주자의 정면에서 불어오는 바람인 역풍에서는 일반적으로 기록을 내기 어렵다고 판단됩니다. 100m, 200m 이하의 단거리 종목이나 멀리뛰기에서는 2.0m/s 이상의 순풍이 계측될 경우 공식기록이 아닌, 참고기록으로 처리됩니다. 2.0m/s 이상의 순풍이 불어오게 되면 100분의 1초로 기록을 다투는 단거리 달리기의 기록에 영향을 미치기 때문입니다.

육상경기의 바람은 프로펠러식 풍속계나 초음파를 이용한 풍속계로 계측됩니다. 풍속계는 트랙의 안에 설치하고, 통상 주자가 달리고 있는 중에 일정시간 동안 풍속을 측정합니다.

그런데 포환던지기나 창던지기, 원반던지기 등의 던지기 종목에서는 바람의 영향을 어떻게 받게 될까요? 포환던지기에 사용하는 포환은 질량이 7.257kg이나 되므로 그다지 공기저항의 영향을 받지 않지만, 창이나 원반에서는 그 영향을 무시할 수 없다고 합니다.

그러나 달리기 종목과는 달리 던지기 종목에서는 순풍이 오히려 기록을 늘리지 못한다고 알려져 있습니다. 위쪽을 향해 던져진 물체의 운동에서는 바람이 속도를 떨어뜨리는 형태로 작용하기 때문입니다. 참고로, 던지기 종목에서 역풍 시의 참고기록이라는 것은 없습니다. 상공에서의 풍속을 측정하는 것이 어렵기 때문인지도 모르겠습니다.

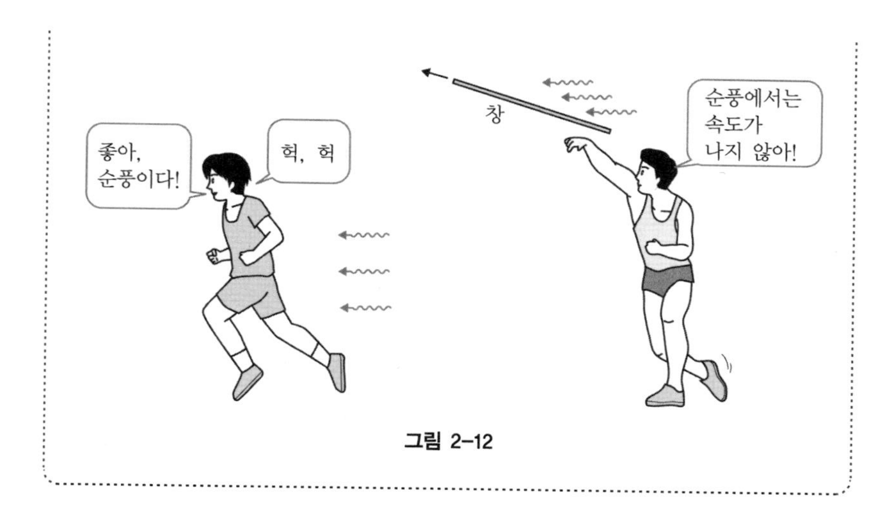

그림 2-12

3. 유량의 계측

유량계에는 측정원리에 따라 몇 가지의 종류가 있습니다. 측정범위 등도 다르기 때문에 적절한 것을 선정하여 사용합니다.

(1) 벤추리계

벤추리계는 관 내의 압력차로부터 유량을 구하는 대표적인 유량계입니다. 우선 베르누이 정리의 헤드식에서 벤추리계의 측정 원리를 유도해보겠습니다.

$$z_1 + \frac{v_1^2}{2g} + \frac{p_1}{\rho g} = z_2 + \frac{v_2^2}{2g} + \frac{p_2}{\rho g}$$

관로는 수평으로 놓여 있기 때문에, $z_1 = z_2$가 됩니다.

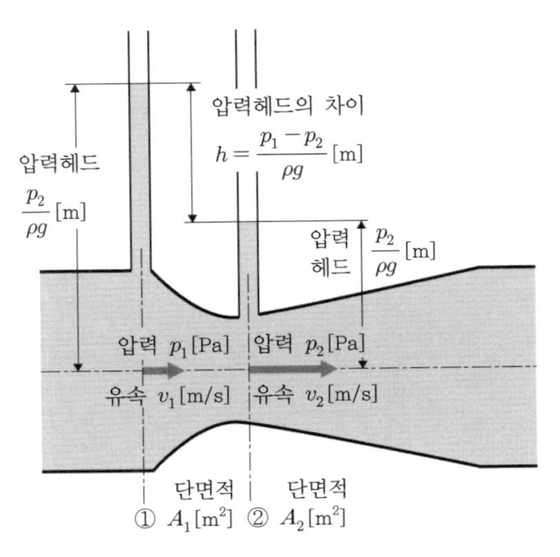

그림 2-13 벤추리계

$$\frac{{v_2}^2-{v_1}^2}{2g}=\frac{p_1-p_2}{\rho g}=h \qquad ①$$

연속의 식$(Q=A_1v_1=A_1v_2)$에서 $v_1=\frac{A_2}{A_1}\cdot v_2$ [m/s] ②

식 ②를 식 ①에 대입하면

$$v_2^2-\left(\frac{A_2}{A_1}\cdot v_2\right)^2=\frac{2(p_1-p_2)}{\rho}$$

$$\left\{1-\left(\frac{A_2}{A_1}\right)^2\right\}{v_2}^2=\frac{2(p_1-p_2)}{\rho}$$

$$v_2=\frac{1}{\sqrt{\left(1-\frac{A_2}{A_1}\right)^2}}\cdot\sqrt{\frac{2(p_1-p_2)}{\rho}}=\frac{1}{\sqrt{\left(1-\frac{A_2}{A_1}\right)^2}}\cdot\sqrt{2gh}$$

유속 Q는 아래와 같이 정리할 수 있습니다.

$$Q = A_2 \cdot v_2 = \frac{A}{\sqrt{1-m^2}} \cdot \sqrt{\frac{2(p_1 - p_2)}{\rho}}$$

$$= \frac{A_2}{\sqrt{1-m^2}} \cdot \sqrt{2gh} \ [\mathrm{m^3/s}]$$

여기에서 $m = \frac{A_2}{A_1}$로, **개구율**이라고 합니다.

한편, 실제의 유량은 관로에서의 마찰이나 저항 등의 손실에 의해 위의 식으로 얻은 유량 Q보다 작게 됩니다. 그 때문에 **유량계수** c를 이용하여 보정하여 **실유량** Q_a를 구합니다. 일반적으로 벤추리계의 유량계수 c는 0.96~0.99입니다.

실류량 $Q_a = cQ \ [\mathrm{m^3/s}]$

예 2-4

물이 흐르는 내경 60mm의 관에 입구측 내경이 40mm인 벤추리계를 붙였더니 수은주가 30mmHg의 압력차를 나타내었습니다. 유량계수를 C=0.98이라고 할 때, 실유량[$\mathrm{m^3/s}$]을 구해보세요.

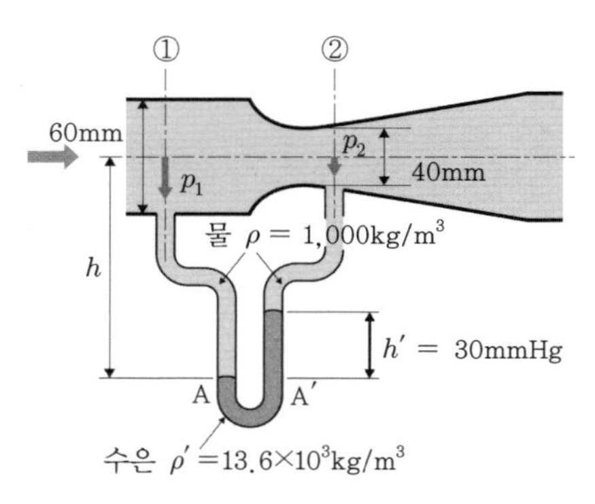

그림 2-14

[해답]
마노메타에서 점 A의 압력 $p_a = p_1 + \rho gh$, 점 A'의 압력 $p_a{}' = p_2 + \rho g(h-h')\rho' gh'$과 같습니다. 이때, 점 $A-A'$는 동일 수평면에 있으므로, $p_a = p_a{}'$가 성립하기 때문에 아래와 같이 정리할 수 있습니다.

$$p_1 + \rho gh = p_2 + \rho g(h-h') + \rho' gh'$$
$$p_1 = p_2 + \rho' gh' - \rho gh'$$

따라서 $p_1 - p_2 = \left(\frac{\rho'}{\rho}\right)gh'$가 성립합니다.
위에서 압력차 $p_1 - p_2$를 압력헤드의 차 h[m]로 나타내면,

$$h = \frac{p_1 - p_2}{\rho g} = \left(\frac{\rho'}{\rho} - 1\right)h'$$
$$= \left(\frac{13,600}{1,000 - 1}\right) \times 30 \times 10^{-3} = 0.378 \text{ [m]}$$

$$\text{개구율 } m = \frac{A_2}{A_1} = \frac{\frac{\pi d_2^2}{4}}{\frac{\pi d_1^2}{4}} = \left(\frac{d_2}{d_1}\right)^2 = \left(\frac{40}{60}\right)^2 = 0.44$$

따라서 벤추리계의 실제의 유량 Q_a는 다음과 같습니다.

$$Q_a = cQ = c \cdot \frac{A_2}{\sqrt{1-m^2}} \cdot \sqrt{2gh}$$
$$= 0.98 \times \frac{3.14 \times (40 \times 10^{-3})^2}{4} \times \frac{\sqrt{2 \times 9.8 \times 0.378}}{\sqrt{1-0.44^2}} = 3.73 \times 10^{-3} \ [\mathrm{m^3/s}]$$

(2) 노즐

노즐은 흐름에 의해 생기는 압력차에서 유량을 구하는 장치입니다. 흐름에서의 에너지손실이 크지 않은 특징이 있고, 고온고속의 유체측정에 적절합니다. 또한 다소의 고형물이 포함되어 있는 유체에도 사용할 수 있습니다.

계산식 $Q_a = cA\sqrt{2gh} \ [\mathrm{m^3/s}]$

유량계수 $c = 0.94 \sim 0.99$

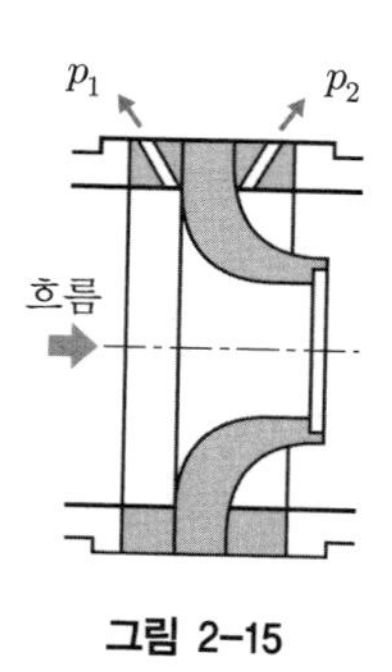

그림 2-15

음속 노즐은 기체 흐름의 음속역(임계류)의 성질을 이용한 유량계입니다. 그 정확도와 탁월한 재현성은 이미 입증된 바 있으며, 일정한 유량을 발생하는 특징이 있어 각종 시험기기 등에 많이 이용되고 있습니다.

캘리브레이션을 통해 음속 노즐의 유출계수를 구하면, 음속 노즐 상류측의 압력 및 온도의 측정값을 이용하여 해당 기체의 질량 유량이 정확하게 구해지게 됩니다.

공기 중에서의 음속(340m/s)은 항공기 등에 사용되는 대기와의 상대속도의 기준(마하)이 됩니다. 1.0기압 하에서 음속의 계산 방법은 $331.5+0.6t$ [m/s](t는 섭씨온도)입니다.

(3) 오리피스

오리피스는 흐름을 막은 판에 개구부(구멍)를 만들고, 구멍으로 유체를 유출시켰을 때의 압력차로 유량을 구하는 것입니다. 압력 손실은 크지만 개구부의 구조가 간단하고 조작이 용이하며 가공오차가 작아, 비교적 정확도 높게 측정할 수 있는데다 가격이 싸다는 특징이 있습니다.

계산식 $Q_a = cA\sqrt{2gh}$ [m^3/s]

유량계수 $c = 0.592 \sim 0.68$

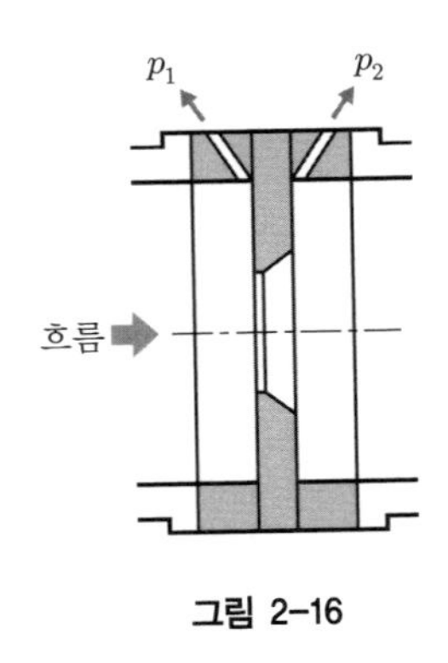

그림 2-16

(4) 면적 유량계

면적 유량계는 개구면적의 차이에 의해 발생한 차압이 일정하게 유지되도록 개구면적을 변화시키고, 그 면적으로부터 유량을 구하는 것입니다. 수직으로 세워진 테이퍼 관 하부를 통해 들어온 유체가 플로우트(부레)를 들어 올리게 되며, 플로우트와 관 내벽의 틈새를 통하여 다시 상부로 흘러 나갑니다. 유량이 일정하면 플로우트는 일정한 높이에서 정지합니다. 이 때 균형을 이루고 있는 힘은 아래로 향하는 플로우트의 중력과 위를 향하는 부력, 그리고 플로우트 상하의 압력차에 따른 힘입니다.

이 유량계의 특징으로는 구조가 간단하여 조작이 편하다는 것을 들 수 있습니다. 그리고 차압 유량계에 비하여 압력손실이 작고 작은 유량도 측정이 가능합니다.

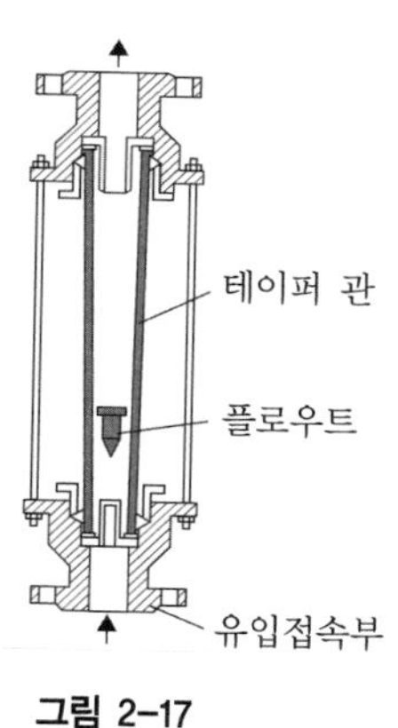

그림 2-17

(5) 날개차형 유량계

날개차형 유량계는 날개차의 안에 유체를 흘려서 회전시킴으로써 유량을 구하는 장치입니다. 유량이 작을 때에는 날개차가 회전하지 않지만, 어떤 유량에 도달하면 날개차가 유속에 비례하여 회전하기 때문에, 회전축에 톱니바퀴와 눈금을 달아 회전수를 표시하도록 합니다. 이 유량계는 수도계량기 등에 사용되고 있습니다.

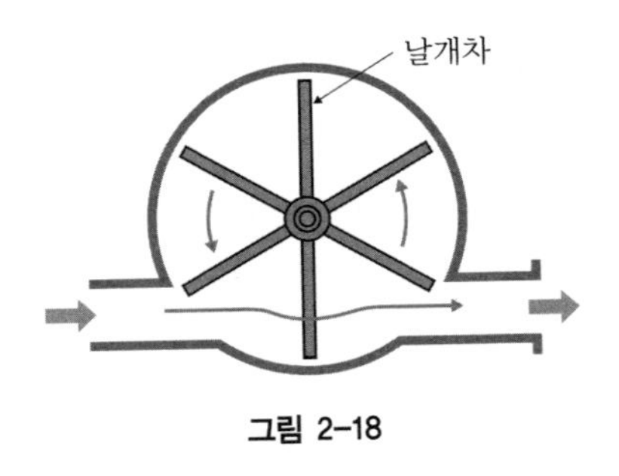

그림 2-18

4. 액면의 계측

유체의 위치를 검출하는 액면의 계측은 실험장치뿐 아니라 탱크 내부의 액면 등 플랜트의 자동화 라인 등에서도 꼭 필요한 사항입니다.

(1) 후크 게이지

후크 게이지는 J자 모양을 한 후크의 끝단이 액면과 접하도록 조정하여 정밀 눈금자의 눈금을 읽어 내는 것입니다. 주로 실험용 수조 등에 사용되며, 측정범위가 수십 cm로 그다지 크지는 않습니다.

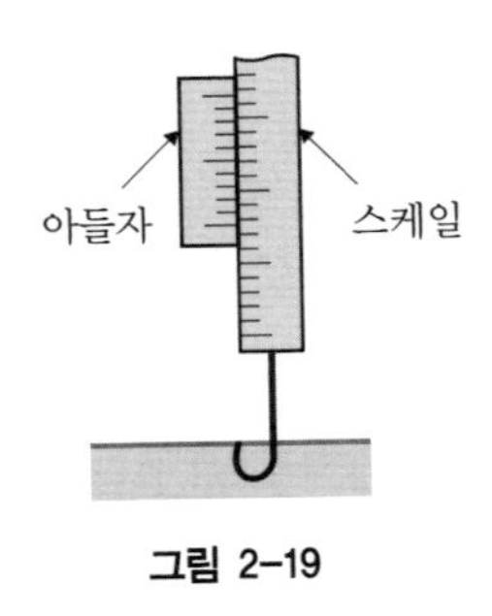

그림 2-19

(2) 플로우트 액면계

플로우트 액면계는 액면에 플로우트(부레)를 띄우고 그 상하 움직임을 측정하여 액면의 위치를 구하는 장치입니다. 플로우트와 접속하고 있는 도르래의 회전각을 지침으로 변환하여 액면을 측정하게 되며, 측정범위는 약 2~40m입니다.

또한 플로우트의 상하운동에 따라 변압기를 오르내리게 하는 차동변압기에 의해 전기신호를 송출하는 방법도 있습니다.

이 액면계는 가스탱크나 저수조, 저수지 등의 큰 측정범위를 측정하기 위해 사용되고 있습니다.

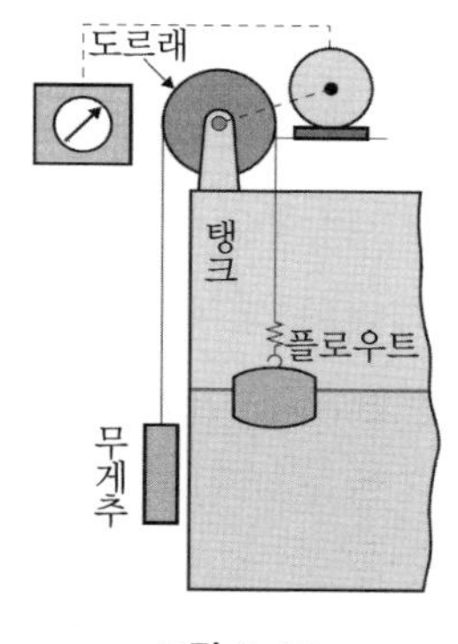

그림 2-20

5. 점도의 계측

점도에 대한 정의 등은 제1장에서 설명한 바 있습니다. 유체실험에 있어서 유체의 끈적임을 알기위한 점도의 측정은 매우 중요한 항목입니다.

뉴턴 유체란 전단속도와 전단응력과의 관계가 원점을 통과하는 직선이 되는 유체입니다. 이것을 점성에 관한 뉴턴 법칙을 따르는 유체라고 합니다.

반면에 **비(非)뉴턴 유체**란 전단속도와 전단응력과의 관계가 직선적이 아닌 유체를 말합니다. 수지나 페인트 등 비교적 고점도의 유체가 이에 해당됩니다.

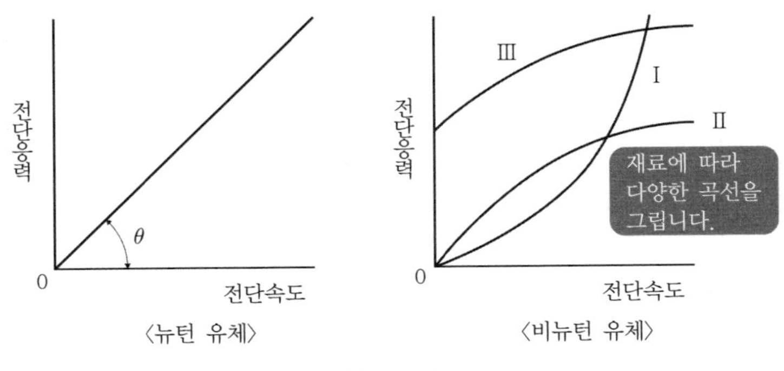

그림 2-21

우리의 주변에는 고체인지 유체인지 명확하게 구별할 수 없는 것들이 있습니다. 고체라고 생각되어도 큰 응력을 주고 오랫동안 관찰하면 변형 유동하여 유체의 성질을 보인다거나, 유체라고 생각되어도 고체처럼 탄성적 성질을 보인다던가 하는 것입니다. 이러한 성질을 **점탄성**이라고 하는데, 온도 변화에 큰 영향을 받는 특징이 있습니다.

껌(chewing gum)은 상온에서는 끈적임이 없지만 입안에 들어가면 온기에 의해 끈적임을 갖게 됩니다.

점탄성은 플라스틱 등의 고분자 재료, 텔레비전이나 모니터에 사용되는 액정재료 등과 관련한 공학연구의 주요 주제이기도 합니다.

(1) 모세관에 의한 점도 계측

모세관에 따른 점도측정은 모세관을 통과한 유체를 유출공으로 유출시키면서 일정량이 유출되는 데 걸리는 시간(초수)을 측정하여 점도의 크기를 구하는 방법입니다.

일본공업규격(JIS) K2283(원유나 석유제품의 동점도 시험방법 및 석유제품 점도지수 산출방법)에는 점도 측정에 관한 규정이 있습니다.

모세관을 이용한 점도측정과 관련하여, 영국에서는 **레드우드 점도계**, 미국에서는 **세이보울트 점도계**가 많이 사용되고 있습니다.

레드우드 점도계

레드우드 점도계는 영국의 석유규격으로 규정된 점도의 측정방법입니다. 일정 온도에서 액체 50cc가 유출되는 데 걸리는 시간(초수)으로 점도를 나타내며, 이것을 **레드우드 초**라고 합니다.

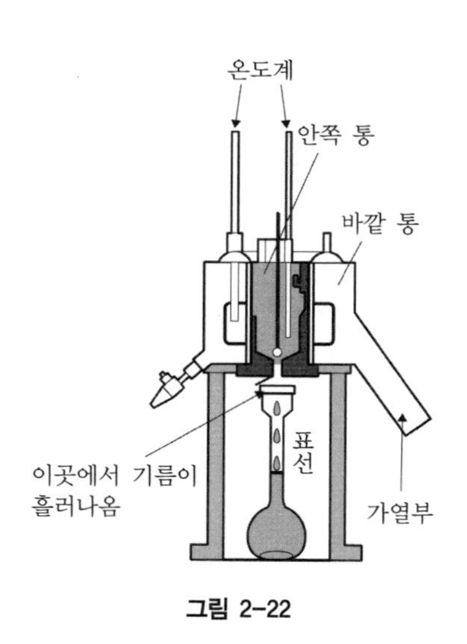

그림 2-22

세이보울트 점도계

세이보울트 점도계는 미국의 재료시험규격에 의해 규정된 점도의 측정방법입니다. 윤활유용과 연료유용이 있는데, 일정온도에서 시료 60ml가 유출되는 시간(초수)으로 점도를 나타냅니다. 이것을 **세이보울트 초**라고 합니다.

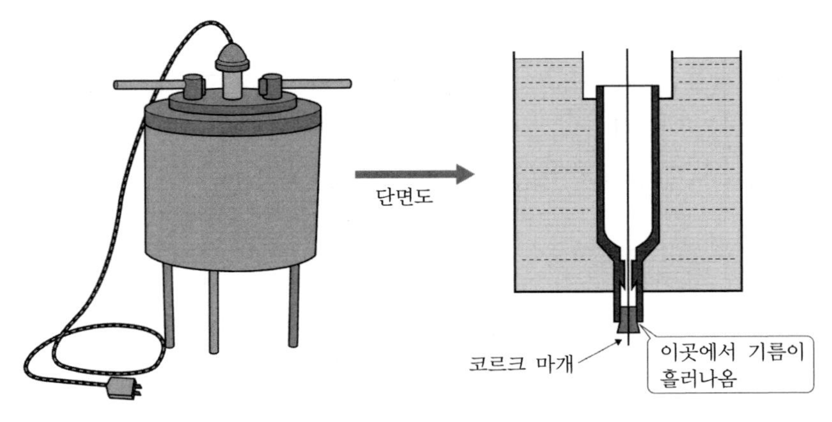

그림 2-23

표 2-1 세이보울트 초와 레드우드 초의 관계

동점도 [cSt]	세이보울트 초		레드우드 초		동점도 [cSt]	세이보울트 초		레드우드 초	
	37.8°C	89.8°C	30°C	100°C		37.8°C	89.8°C	30°C	100°C
2	32.6	32.9	30.5	31.2	12	66.0	66.5	58.1	59.1
2.5	34.4	34.7	31.8	32.5	13	69.8	70.3	61.2	62.3
3	36.0	36.3	33.0	33.7	14	73.6	74.1	64.6	65.6
3.5	37.6	37.9	34.3	35.1	15	77.4	77.9	67.9	69.1
4	39.1	39.4	35.6	36.5	16	81.3	81.9	71.3	72.6
4.5	40.8	41.0	36.9	37.8	17	85.3	85.9	74.7	76.1
5	42.2	42.7	38.2	39.1	18	89.4	90.1	78.3	79.7
5.5	44.0	44.3	39.5	40.4	19	93.6	94.2	81.8	83.6
6	45.6	45.9	40.8	41.7	20	97.8	98.5	85.4	87.4
6.5	47.2	47.5	42.1	43.0	21	102	103	89.1	91.3
7	48.8	49.1	43.4	44.3	22	106	107	82.9	95.1
7.5	50.4	50.8	44.8	45.8	23	111	111	96.6	98.9
8	52.1	52.5	46.2	47.2	24	115	116	100	103
8.5	53.8	54.2	47.6	48.6	25	119	120	104	107
9	55.5	55.9	49.0	50.0	26	124	125	108	111
9.5	57.2	57.6	50.5	51.4	27	128	129	112	115
10	58.9	59.3	51.9	52.9	28	133	133	116	119
11	62.4	62.9	55.0	56.0	29	137	138	120	123

(2) 회전원통 점도계

회전원통 점도계는 안쪽 통과 바깥 통의 사이에 유체를 채우고, 바깥 통을 일정한 회전수로 회전시킬 때 작용하는 회전력이 점성에 따라 달라지는 것을 이용한 점도계입니다.

유체의 점성에 의해 안쪽 통에 회전력이 발생하여 스프링이 비틀리다가 회전력과 스프링의 반발력에 균형이 이루어졌을 때 정지하게 됩니다. 이때 안쪽 통의 회전각도로 점도를 구합니다.

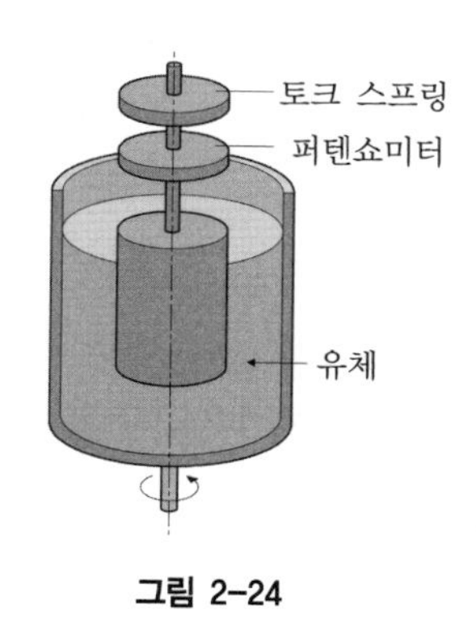

그림 2-24

| COLUMN | 증기분출사고

2004년 8월, 간사이 전력의 미하마(美浜) 원자력발전소에서 증기분출사고가 일어났습니다.
원인은 증기류에 의해 발생한 소용돌이나 기포(캐비테이션) 등이 응축환수관 내부를 물결형태로 마모시키면서 발생한 국소박막화에 의한 가능성이 높다고 판단되고 있습니다.
배관의 마모가 컸던 부분은 증기류의 유량을 측정하기 위해 설치되어 있는 오리피스 출구의 위쪽 부근이었습니다. 오리피스를 통과하면서 소용돌이와 기포가 발생하게 되었고, 기포가 떠서 부딪히는 쪽으로 마모가 진행되었다고 보입니다.

즉, 배관의 하부는 그다지 마모가 진행되지 않았지만, 상부는 흐름의 방향을 따라 오리피스의 뒤쪽으로 길이 약 2m에 걸쳐 박막화가 이루어졌다는 것입니다.

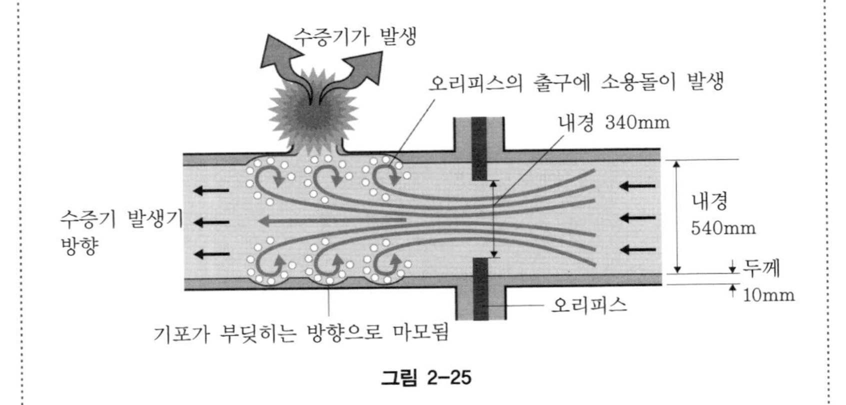

그림 2-25

원래 10mm 두께였던 응축환수관이 가장 얇은 곳에서는 0.4mm밖에 남지 않게 된 것입니다. 이를 통해 배관 두께에 대한 정기검사를 하게 되었습니다. 한편, 캐비테이션에 관해서는 유체기기 부분에서 더 자세하게 설명하겠습니다.

6. 풍동실험

풍동실험은 항공기나 자동차 등의 탈것이나 건축물 · 교량 등의 주변 공기의 흐름을 알기 위해 실시합니다. 실물보다 작은 모형(스케일 모델)을 제작하고 인공적인 바람을 보내어 실제상황을 재연함으로써 실물을 만들 때에 참고할 수 있는 데이터를 수집합니다.

실험에 의한 데이터를 수집하여 분석하는 방법이기 때문에 직접 실물을 제작하는 것보다 경제적이며, 보다 안전한 검토가 가능하게 됩니다.

근래에는 컴퓨터 화면상에서 유체의 흐름을 재연하는 **수치유체공학**

(CFD : Computational Fluid Dynamics)의 연구도 많이 수행되고 있습니다. CFD는 여러 방정식을 푼 결과를 그래픽 화면으로 표시하는 것입니다. 그러한 방정식의 신뢰도에 따라 다르겠지만, 실물의 현상을 재연하는 풍동실험으로만 알아낼 수 있는 것들도 많이 있습니다.

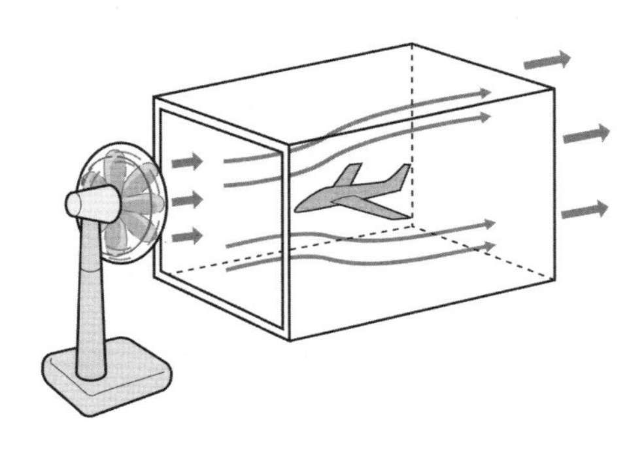

그림 2-26 풍동실험

통상 항공기의 경우 풍동실험에서 약 10분의 1에서 50분의 1인 모형을 사용합니다. 자동차의 경우는 최종적인 형태를 결정하기까지 실제보다 작은 스케일 모델이 사용되고, 최종적으로는 실물의 풍동실험이 가능합니다.

실험을 진행함에 있어 중요한 것은 풍동에서 유체의 흐름과 모형의 축척이 실제 현상과 일치하는지 여부입니다. 이것은 수조 실험에서도 마찬가지입니다. 아무리 실물에 충실한 모양으로 모형이 만들어져도, 바람이 너무 약하거나 강하여 실제 현상을 재연하지 못하면 의미가 없습니다.

현상을 유사하게 재연하기 위해서는 제1장에서 소개했던 **레이놀즈수**를 일치시키는 것이 필요합니다. 전술한 식에서는 d가 관의 직경을 나타내지만, 모형실험에서 사용하는 경우에는 이를 대신하여 흐름 방향의 모형 길이 ℓ을 적용시킵니다. 한편, ρ는 밀도, v는 유속, μ는 동점성계수입니다.

$$R_e = \frac{\rho v d}{\mu} = \frac{\rho v \ell}{\mu}$$

따라서 예를 들어 30분의 1인 모형을 사용했을 때에는 레이놀즈수를 일치시키기 위해서 유속 v를 실제 현상의 30배로 할 필요가 있습니다.

또한 물결과 같이 중력의 영향을 크게 받는 현상의 경우에는 **프라우드수**가 사용됩니다. 프라우드수 F_r을 구하는 식은 다음과 같습니다. 여기에서 U는 유체의 대표속도, L은 모형의 대표길이, g는 중력가속도입니다.

$$F_r = \frac{U}{\sqrt{gL}}$$

항공기 등은 실제 속도가 음속(15°C에서 약 340m/s)에 도달하거나 그 이상까지 빨라지는 경우가 있습니다. 그러한 경우에는 레이놀즈수 이외에도 여러 가지 매개변수를 고려할 필요가 생깁니다. 그런 특수한 풍동은 국가나 기업의 연구소 등에 설치되어 있으며, 그 수도 제한되어 있습니다. 통상 마하 0.3 이하에서 실시하는 실험을 저속풍동실험이라고 합니다.

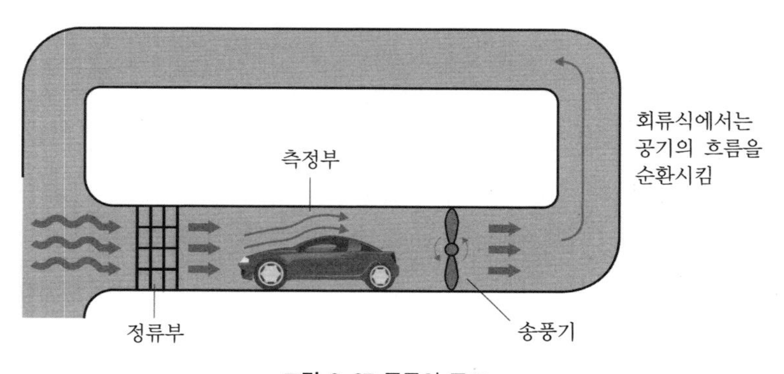

그림 2-27 풍동의 구조

풍동은 기류를 보내는 송풍기, 기류의 흐트러짐을 정돈하는 정류부, 실험데이터를 수집하는 측정부로 이루어져 있습니다. 기류는 모형을 향해 내뿜는 방식과 빨아들이는 방식으로 나누어집니다. 또한 직선으로 흘러나가는 방식과 모형을 통과한 기류를 회전시켜 다시 보내는 회류식이 있습니다. 내뿜은 에너지는 그대로 손실되기 때문에 대형 풍동에는 회류식이 사용되고 있습니다.

실험 2-1 날개 주위의 압력분포 측정

이번에는 풍동실험에 의해 날개모형 주위의 압력분포를 조사하는 실험을 소개하겠습니다. 사용하는 풍동실험장치는 다음과 같습니다.

그림 2-28 풍동실험장치

압력 측정은 측정부에 설치된 물기둥 마노미터를 이용합니다. 이것은 모형 각 부분에 있는 측정점과 연결되어 있어, 기준 수위의 위나 아래에 형성되는 마노미터의 수위로부터 각 점의 압력분포를 구합니다.
이 측정원리는 빨대로 물을 마시는 것에 비유할 수 있습니다. 빨대로 물을 마시는 경우에는 숨을 들이쉬는 것으로 압력이 낮은 부분을 만들고 그때의 압력차로 물을 빨아올리는 것입니다. 빨대로 물을 마실 때 숨을 내쉬는 사람은 없겠지만, 숨을 내쉬면 빨대의 수위는 내려갑니다.

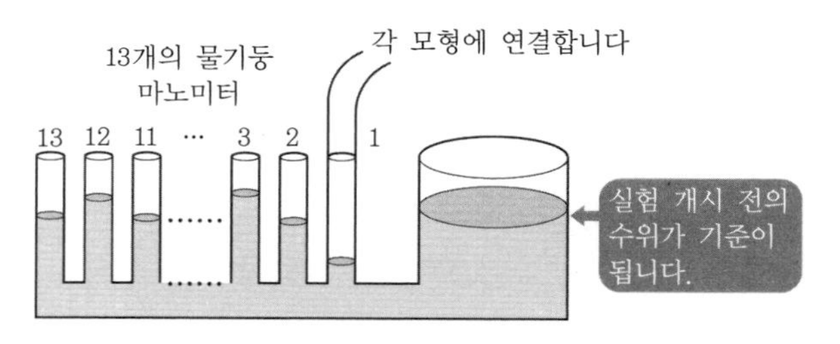

그림 2-29 물기둥 마노미터의 원리

실험결과의 예를 나타내겠습니다. 첫째 줄의 데이터는 각 부분의 측정치, 둘째 줄의 데이터는 물기둥 마노미터와 기준 수위와의 차이입니다. 그리고 13군데의 측정점은 날개 주위의 각 위치를 나타냅니다. 참고로 기준 수위는 150mm였습니다.

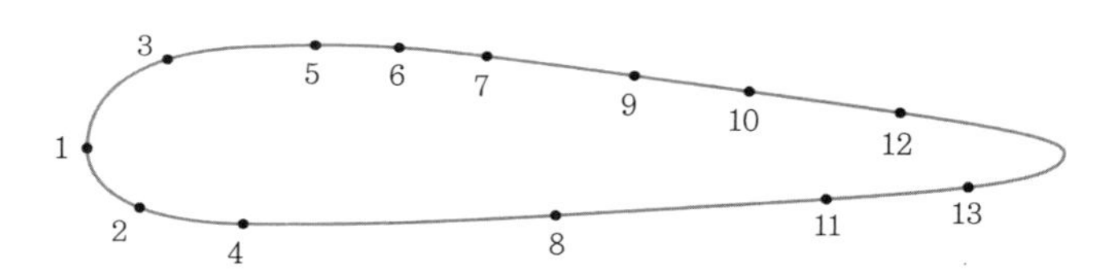

그림 2-30 날개 모형의 단면도

표 2-2 날개 주위의 압력분포 측정결과[mm]

	1	2	3	4	5	6	7	8	9	10	11	12	13
측정치	53	144	162	146	176	179	178	145	160	158	145	157	146
압력차	−97	−6	12	−4	26	29	28	−5	10	8	−5	7	−4

다음으로 둘째 줄의 데이터를 시각화하기 위해, 날개의 단면도에 화살표를 기입해 보았습니다. 기준(150mm)과 비교하여 수치가 플러스인 경우에는 면에 대해 수직의 바깥쪽으로, 마이너스인 경우에는 면에 대해 수직의 안쪽으로 화살표를 기입합니다. 화살표의 길이는 수치에 비례한 것으로 합니다. 이 화살표는 압력의 방향과 크기를 의미하는 벡터양이 됩니다.

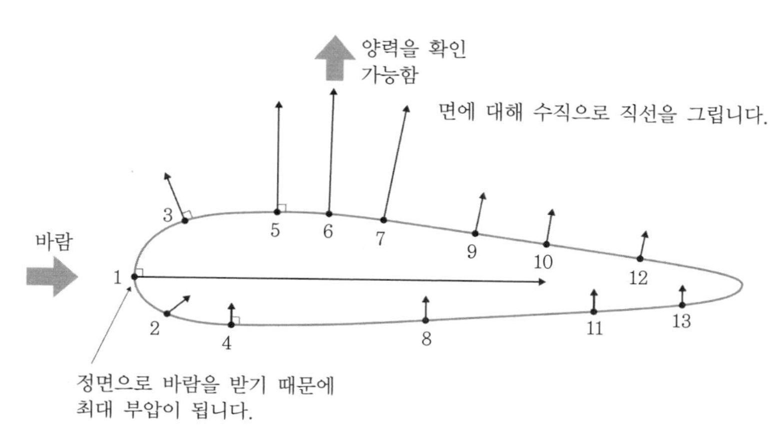

그림 2-31 실험 데이터의 정리

위의 그림과 같이 화살표를 기입해보면, 압력이 위를 향하고 있다는 것을 알 수 있습니다. 이것이 날개에 작용하는 **양력**(lift force)입니다.

양력 발생의 메커니즘

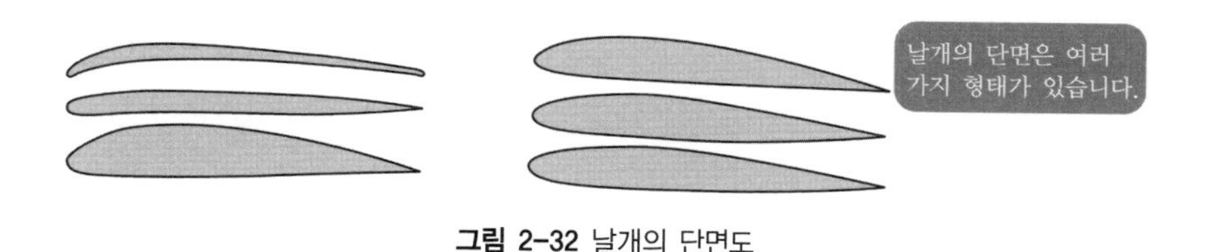

그림 2-32 날개의 단면도

항공기 날개의 단면도를 보면 위쪽이 조금 부풀어져 있습니다. 이런 형태를 하고 있는 단면의 앞에서부터 바람을 맞으면 날개에는 어떤 현상이 일어나 양력이 작용하는 것일까요?

① 날개 앞쪽에서 나누어진 공기는 어떤 식으로 이동하는 것일까?

날개 앞쪽에서 나누어진 공기가 그 이후에도 같은 속도로 진행한다면,

아랫면을 흐르는 공기가 먼저 날개의 뒤쪽에 도달하게 됩니다. 그러나 실제로는 그렇게 되지 않고 날개의 윗면을 흐르는 공기가 아랫면을 흐르는 공기보다 점차 빨라져, 날개 윗면과 아랫면에 속도차가 발생합니다. (이때 윗면과 아랫면을 흐르는 공기가 동시에 뒤쪽에서 합류하는지에 대해서는 여러 의견이 있습니다.)

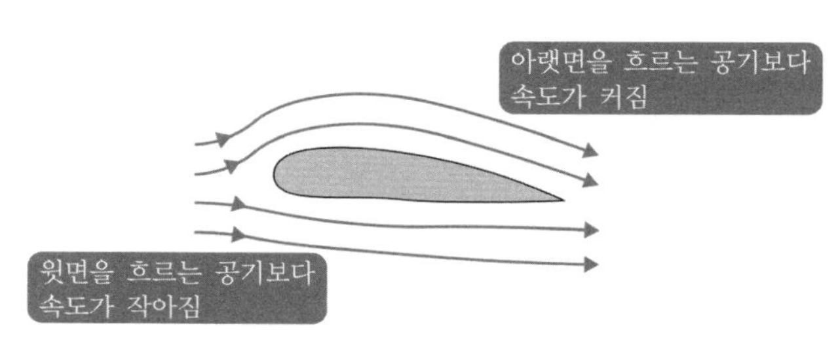

그림 2-33 날개의 윗면과 아랫면에 속도차가 발생함

② 속도차가 압력차가 된다는 것은?

'날개의 윗면과 아랫면에서 흐르는 공기는 속도차가 생기기 때문에 양력이 작용한다'는 것으로는 아직 설명이 부족합니다. 여기서 등장하는 것이 '유체의 속도가 커지면 압력이 작아진다'는 베르누이의 정리입니다. 이 정리에 의하면 속도가 큰 날개 윗면의 압력은 아랫면의 압력보다 작아지게 됩니다. 즉, 날개의 윗면과 아랫면에서 압력차가 발생하는 것입니다.

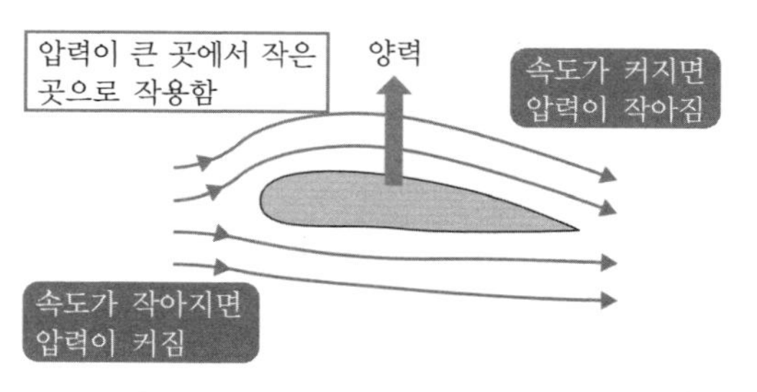

그림 2-34 날개의 윗면과 아랫면에 압력차가 발생함

③ 양력의 발생

'압력은 큰 곳에서 작은 곳으로 작용한다'는 것은 앞서 설명하였습니다. 따라서 날개에는 아랫면에서 윗면으로 힘이 작용하는 것이 됩니다. 이것이 양력이라는 것입니다. 물론 날개 주위에 공기가 흐르기 위해서는 항공기 자체가 어느 정도의 속도로 움직이지 않으면 안 됩니다. 이를 위해 프로펠러나 제트엔진 등으로 추진력을 발생시킬 필요가 있습니다.

라이트 형제가 인류 최초로 동력비행에 성공한 것은 1903년의 일이었습니다. 자전거 제조업을 운영하고 있던 라이트 형제가 탁월한 비행기의 설계기술과 조종기술로 만들어낸 플라이어 호는 59초에 260m의 기록을 남겼습니다.

라이트 형제는 정밀한 풍동실험 등도 실시하였지만, 왜 양력이 발생하는가에 대해서는 아직 설명하지 못했습니다. 이론보다 기술이 선행하는 경우도 있는 것입니다. 근대 공기역학의 아버지라 불리는 독일의 프란틀이 날개이론을 내놓은 것은 1911년에 발표한 논문 이후였습니다.

그림 2-35 라이트 형제의 비행기의 날개 단면도

신칸센 Nose의 공기 특성

신칸센은 시속 약 100km로 주행하는 보통의 철도차량과는 달리, 시속 약 300km로 주행합니다. 인간이 달릴 때 바람의 저항을 받는 것과 같이 철도차량도 주행할 때 전방에서 큰 공기저항을 받게 됩니다. 공기저항은 시속 약 100km에서는 그다지 큰 문제가 되지 않지만, 시속 약 300km에서는 큰 저항으로 작용합니다. 인간이 물속을 걷는 것이 어려운 것처럼, 스피드를 올리면 공기 중에서도 움직이기 어렵게 되는 것입니다.

공기저항이 크다는 것은 차량을 주행시키는 것보다 큰 에너지(신칸센에서는 전기에너지)가 필요합니다. 그 때문에 공기저항을 조금이라도 감소시킴으로써 차량을 주행시키기 위한 에너지를 절약할 수 있는 것입니다. 지금까지의 신칸센의 변천을 Nose의 형태를 중심으로 정리해보았습니다.

▷ 0계 : 1964년에 최고 시속 210km의 영업운전을 개시

최초의 신칸센인 0계는 전체적으로 둥그스름합니다. 개업 시에는 도쿄~신오사카 사이를 3시간 10분에 주행하였습니다. 이 신칸센의 형태는 전투기를 설계하던 엔지니어에 의해 고안되었습니다. 그 때문에 전투기의 형태와 많이 닮아 있습니다.

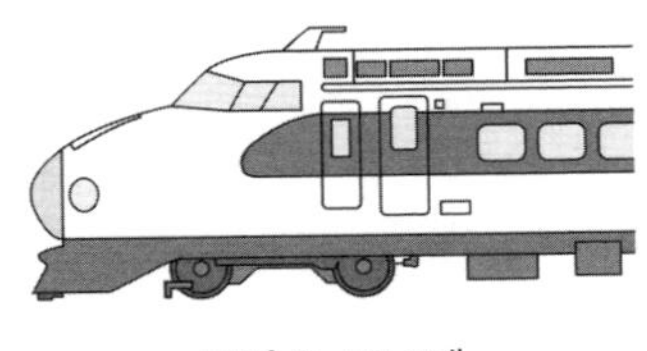

그림 2-36 0계

▷ 100계 : 1985년에 최고 시속 270km까지 스피드 업

100계는 0계보다 앞부분을 1m나 길게 하여 전체적으로 날렵한 형태가 되었습니다. 유리창의 단차를 줄이는 등의 조치도 보입니다. 이 신칸센에는 2층의 차량이 2~3량 연결되어 있습니다.

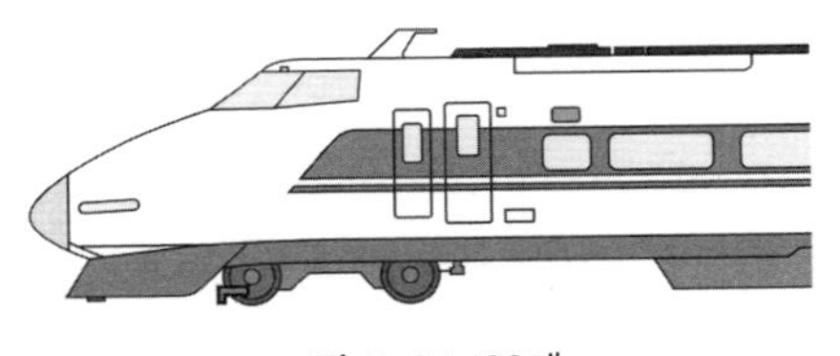

그림 2-37 100계

▷ 300계 : 1992년에 풀 모델 체인지

300계는 그 전까지 앞쪽에 돌출되어 있던 철판이나 유리창의 단차를 없애 전체적으로 쐐기 모양이 되도록 디자인했습니다. 이것은 신칸센이 항공기와는 달리 선로 위를 주행한다는 것이나, 열차끼리 스쳐 지나가는 경우 등을 고려하여 공기를 가능한 한 자연스럽게 윗부분으로 보내기 위한 조치였습니다. 이 신칸센은 제1대 노조미 호로 도쿄~신오사카 사이를 2시간 30분, 도쿄~하카타 사이를 5시간 4분, 영업최고 시속 270km로 주행하였습니다.

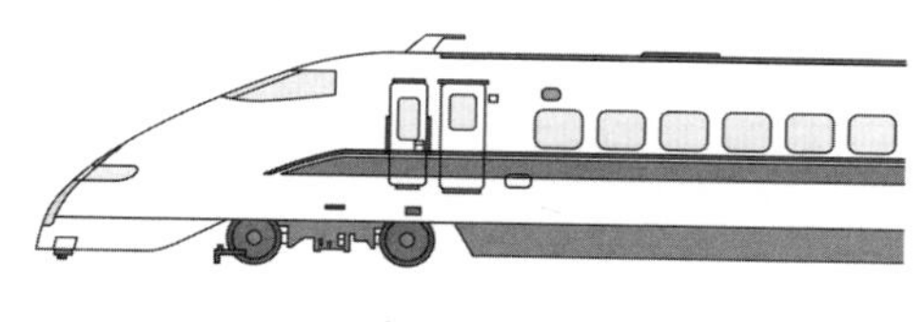

그림 2-38 300계

▷ 500계 : 1997년에 최고 시속 300km의 영업운전을 개시

500계는 여객기처럼 Nose 부분이 가늘고 길어지고, 단면은 보다 원통형에 가깝게 바뀌었습니다. 그 때문에 보다 스마트한 인상을 줍니다.

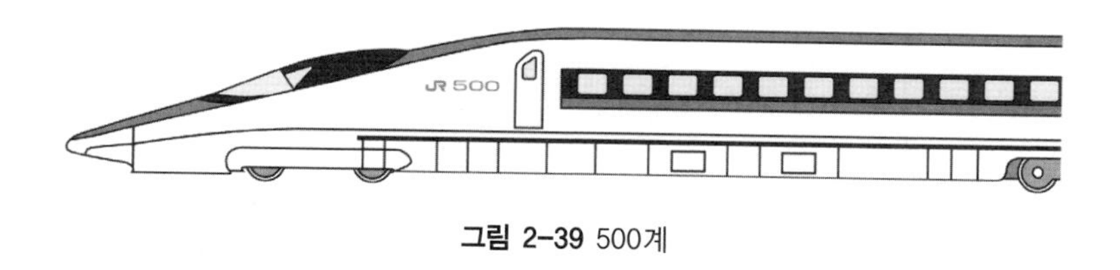

그림 2-39 500계

▷ 700계 : 1999년 영업 개시

700계는 Nose 부분을 가늘고 길게 하면서 선단부를 크게 부풀린 형상입니다. 이것은 에어로 스트림형이라 불리며, 터널 돌입 시 발생하는 압력파의 저감이나 차량소음의 억제뿐 아니라 선두 부분의 길이를 500계보다 짧게 하여 좌석 수를 더욱 확보하였습니다. 최고 속도는 500계보다는 못한 시속 285km입니다.

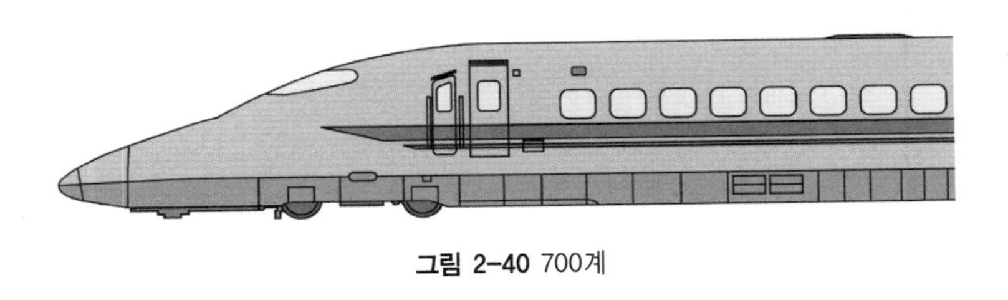

그림 2-40 700계

▷ E4계 : 1997년 운전 개시

E4는 수중생물을 떠올리게 하는 독특한 형태를 하고 있습니다. 이 차량은 모두 2층이고 8+8로 16량 편성이 가능합니다. 16량 편성 시 정원은 1,634명으로, 이는 단일 열차의 착석정원으로는 최대입니다.

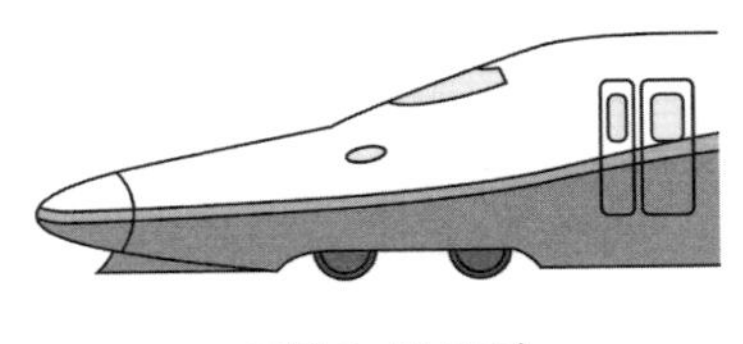

그림 2-41 E4계

실험 2-2 신칸센 Nose의 압력분포 측정

이번에는 풍동실험을 이용해 신칸센 Nose의 공기역학 특성을 알아보는 실험을 소개하겠습니다. 여기에서 사용하는 풍동은 실험 2-1과 동일한 것입니다.

그림 2-42 신칸센의 모형

실험을 위한 모형은 현재까지 개발된 몇 가지 신칸센에 대하여 발포스티로폼 판을 붙인 후에 평면도에 따라 30분의 1 축척으로 제작하였습니다. 전체적인 형태는 열선 커터(전열선으로 스티로폼을 녹여 절단하는 장치)를 사용하고, 디테일한 부분은 사포를 이용합니다.

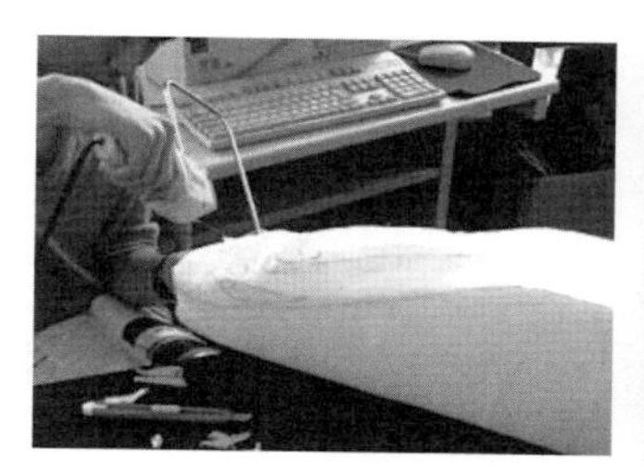

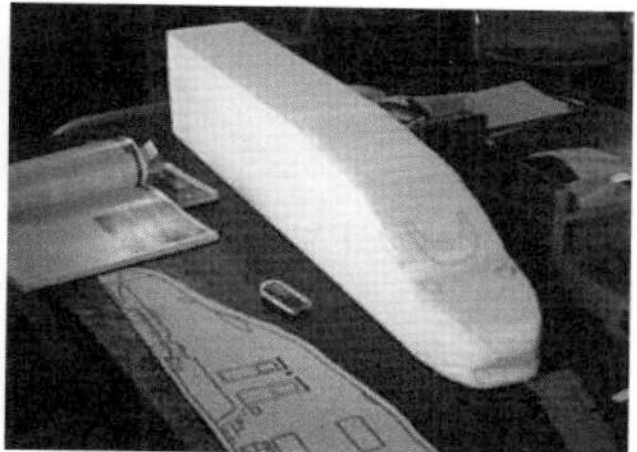

그림 2-43 모형을 제작하는 모습

날개 주위의 압력분포를 측정한 결과에서는 화살표가 전체적으로 위를 향하고 있으면 양력이 작용함을 확인할 수 있었습니다. 신칸센의 경우는 어떠한 결과가 나오면 좋은 것일까요?

*** 실험결과(100계의 사례)**

그림 2-44 입면도

공기저항이 작은 것이 좋으므로 화살표의 길이가 짧을수록 좋겠지만, 어떤 부분에서도 완전히 제로로 하는 것은 불가능합니다. 따라서 최대한 매끈하게 공기가 흘러가게 하는 것을 목표로 하여 연구가 계속되고 있습니다.
0계와 300계의 경우는 이러한 풍동실험을 통해 공기역학 특성의 차이를 알아내기가 쉽지만, 보다 복잡한 3차원형태를 하고 있는 700계나 E4 등의 공기역학 특성은 이러한 실험의 결과만으로는 평가하기가 어렵습니다.
최근 신칸센의 설계에 고도의 컴퓨터 시뮬레이션이 이용되고 있습니다. 물론 풍동실험을 하지 않는 것은 아니지만, 모형의 형태가 복잡해질수록 공기역학 특성의 평가도 복잡해질 수밖에 없습니다. 또한 열차끼리 스쳐 지나가는 경우나 터널 출입구에서의 진동이나 소음 등도 고려해야만 하기 때문입니다.
한편, 최근 등장한 새로운 신칸센의 형태는 새의 부리나 수중생물 등 자연계에 존재하는 것과 닮아가는 것처럼 느껴집니다. 500계의 집전기에서 나는 소음을 줄이기 위해서 조용히 나는 올빼미의 날개가 연구대상이 되기도 하였습니다. 이렇게 수많은 실험을 반복하여 나온 결과가 이미 세상에 존재하는 생물의 형태와 닮아간다는 것이 신기하게 느껴지기도 합니다. 앞으로 또 어떤 얼굴을 한 신칸센이 나타날지 기대가 됩니다.

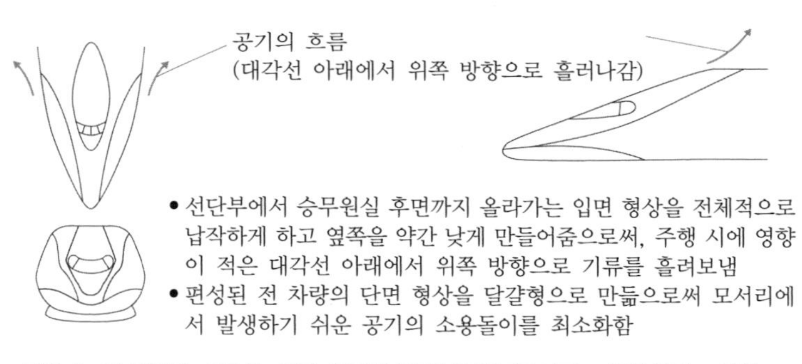

그림 2-45 미래의 신칸센 : 기존 차량의 풍동실험결과로부터 고등학생이 고안함

COLUMN | F1 카의 공기역학 특성

자동차도 신칸센과 같이 공기를 가르며 나아가기 때문에 공기저항을 받게 됩니다. 공기저항은 최고속도나 조종성능, 연비 등 주행에 관한 여러 부분에 영향을 미치기 때문에 가능한 한 줄이는 것이 좋습니다.

자동차의 공기저항을 줄이기 위해서는 차체형태의 전면은 둥글게, 후면은 완만한 경사를 주어 점차 가늘어지게 할 필요가 있습니다. 이번에는 F1 카의 공기역학적 특성을 살펴보겠습니다.
초기의 레이싱 카는 전방에서 받은 공기를 매끄럽게 후방으로 흘려보내기 위해, 유선형이면서 원통형의 모양이었습니다. 이것은 보통 시가(cigar)형이라고도 불립니다.

그림 2-46 원통형의 레이싱 카

이후 후면에 윙을 단 레이싱 카가 등장하였습니다. 윙은 항공기의 날개를 뒤집어서 장착한 것으로, 아래 방향으로 작용하는 down force를 발생시킬 수 있습니다. 이로 인해 타이어의 그립을 높여 안정된 주행이 가능하게 되었습니다. 그러나 높은 위치에 있는 윙이 후방에 난류를 만들어내면서 후방을 주행하는 레이싱 카가 충돌하는 사고나 윙이 꺾어지는 사고가 발생했기 때문에, 윙의 높이나 폭을 엄격히 제한하고 있습니다.

그림 2-47 윙이 있는 레이싱 카

다음으로 레이싱 카의 하면을 통과하는 공기의 흐름을 이용해 압력을 저하시켜 down force를 얻으려는 것이 등장했습니다. 또한 팬을 달아 강제적으로 하면에 있는 공기를 밀어내는 것도 등장했습니다. 그러나 조종이 어려워지고 사고로도 이어지기 때문에 이것도 제한을 받게 되었습니다. 이때 규정된 것이 전륜과 후륜 사이는 평평하게 하지 않으면 안 된다는 플랫 보텀이라는 것입니다.

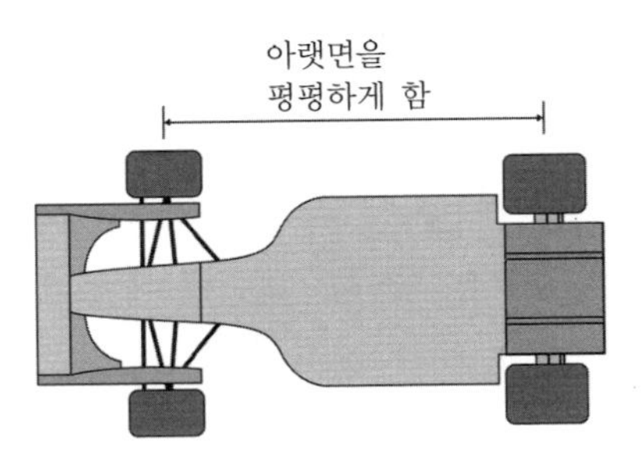

그림 2-48 플랫 보텀 규정

이 외에도 F1 카의 공기역학 특성과 관련한 여러 가지 기술적 조치들을 찾아볼 수 있습니다. 다만, 안전성 확보 등의 측면에서 여러 규제가 더해져, 수많은 기술이 없어지기도 합니다. 그러나 규제를 극복하여 새로운 기술이 생겨나는 일도 있고, 또 그렇게 생겨난 기술들이 일반 승용차에 적용되기도 합니다.

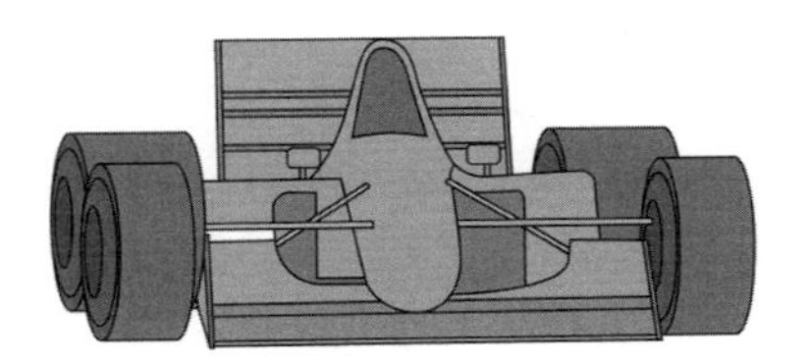

그림 2-49 규제를 기술로 극복하는 F1 카

실험 2-3 커브볼의 공기역학 특성

이번에는 풍동실험을 이용해 커브볼의 공기역학 특성을 알아보는 실험을 소개하겠습니다. 여기에서 사용하는 풍동은 실험 2-1과 동일한 것입니다.

우선 왜 공의 궤적이 변화하는가에 대해 간단히 설명하겠습니다. 공을 회전시키지 않고 던질 수 있다면, 공 자체가 시속 150km로 이동하고 있을 때에는 공의 모든 부분이 시속 150km로 이동하고 있는 것이 됩니다.

그러나 투수가 던지는 공은 직구라도 회전하면서 이동합니다. 변화구의 경우는 투수가 공을 던지는 순간 회전을 더하는 것입니다. 공은 회전운동을 하면서 전체적으로 직선적인 운동을 합니다. 회전운동의 부분을 주목해보면 진행방향에 대해 회전하는 정도만큼 속도가 커지는 부분과 작아지는 부분이 생기게 됩니다. 속도가 커진

부분의 압력은 작아진다고 베르누이의 정리에 관한 부분에서 설명하였습니다. 간단히 말하면, 유체가 계속 움직일 때 유체의 속도가 증가하면 증가하는 만큼 압력은 작아진다는 것입니다.

그림 2-50 투수

또한 변화구를 생각할 때에는 **마그누스 효과**를 이해할 필요가 있습니다. 마그누스 효과는 일정한 유체의 흐름 중에 있는 원주나 구체에 회전을 가하면, 모든 유체가 가지고 있는 점성에 의해 유체가 끌려가기 때문에 유선이 모이는 곳은 유속이 커진다는 것입니다.

알기 쉽게 말해 공이 회전하면서 날아갈 때 공의 회전에 유체가 끌려가기 때문에, 끌려간 공기가 흘러들어 가는 쪽의 유체의 속도는 커진다는 것입니다.

이것을 그림으로 설명하겠습니다. 그림 오른쪽을 향해 우회전하며 진행하는 공을 위에서 본다고 합시다.

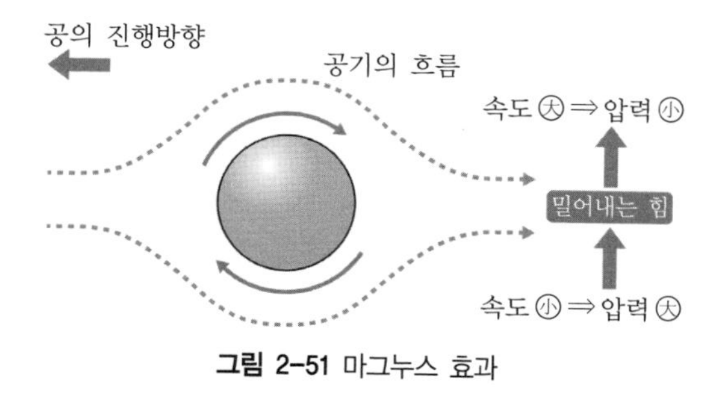

그림 2-51 마그누스 효과

공기에도 점성이 있기 때문에 공 표면의 공기가 회전에 의해 끌려가게 됩니다. 공기의 흐름과 같은 방향으로 회전하는 측에는 유속이 증가하고, 이 부분의 압력은 내려갑니다. 그렇기 때문에 마그누스 효과나 베르누이의 정리에 의해 압력이 높은 측의 공기가 공을 밀어내기 때문에 공이 휘어져서 날아가는 것입니다.

이 실험에서는 다음과 같은 장치를 만들어 풍동실험장치에 설치했습니다.

*** 실험방법**

① 모터에서 연장한 회전축의 끝에 스티로폼 공을 연결하여 풍동 안에 넣는다.
② 모터에 가해지는 전압을 변화시켜가며 공의 회전수를 변화시키고, 그때 공의 흔들림 각을 각도기로 측정한다. 각도기의 90도에 축을 맞추었을 때의 힘을 용수철저울로 측정한다. 회전수의 측정에는 스트로보 스코프(strobo scope)를 사용한다.
③ 딤플(dimple)이 있는 공과, 표면이 매끈한 공을 사용하여 회전수와 힘의 관계를 비교한다.

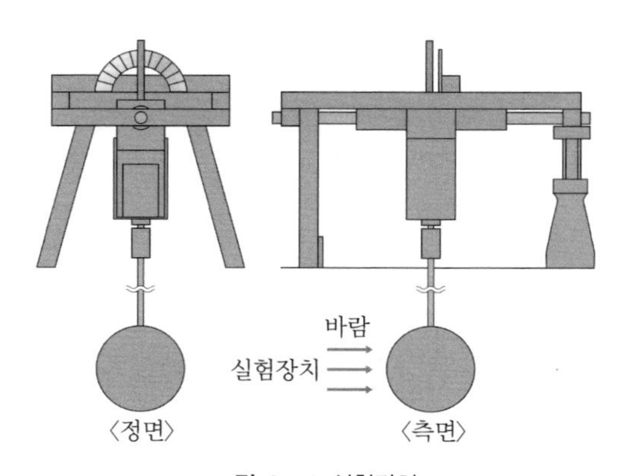

그림 2-52 실험장치

*** 실험결과**

1. 풍속을 일정하게 하고 회전수를 증가시켰을 때, 양력은 거의 회전수에 비례하여 증가하였다.
2. 딤플이 있는 공에서 딤플이 없는 공보다 큰 양력이 발생하였다.

이번 실험에서는 실제 야구공을 사용할 수는 없었지만 크기는 거의 비슷하였다. 공이 휘어지는 현상도 확인할 수 있었다. 풍동은 시속 약 150km이기 때문에 현상의 규모 면에서는 재현하였다고 볼 수 있다. 또한 딤플의 유무에 따른 실험의 결과는, 골프공에서 딤플로 인해 양력이 증가하거나 공기저항을 감소시켜 비거리를 늘리는 것과도 일치한다.

COLUMN | 골프공의 신비

공의 표면에 있는 무수히 많은 딤플은 날개의 역할을 하여 비행능력을 향상시킵니다. 일반적으로는 딤플이 크면 클수록 양력을 약화시키고, 얕은 딤플은 보다 강한 양력을 생성시킵니다. 골프공의 경우, 공을 칠 때 강한 역회전이 걸려 상하 공기층에 압력차가 생겨나고 위로 끌어올리는 양력이 발생합니다. 그러나 그 작용은 복잡해서 개발자들 간에는 '딤플의 작용을 완전히 해석할 수 있다면, 노벨상감'이라고 말할 정도입니다.

그림 2-53

공의 비거리는 공을 칠 때의 초기속도, 각도, 회전이라는 3요소에 크게 좌우됩니다. 이러한 것에는 공을 치는 순간에 비틀어지는 방향이나 반발력이 영향을 주게 되며, 내부의 구조나 소재도 중요하게 작용합니다. 다층구조와 실감개의 두 종류가 있지만, 현재는 주로 다층구조를 사용합니다. 제조사는 복수의 소재를 조합하는 등 개량을 계속하고 있습니다.

발전연구

커브볼의 경우에는 공의 진행방향에서 좌우로 휘어진 각을 측정했습니다.

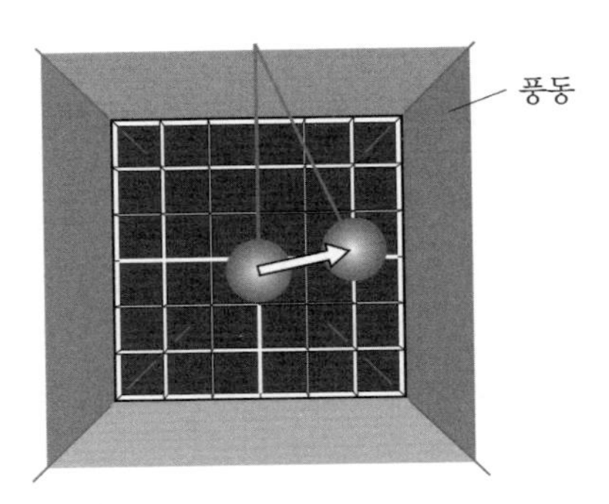

그림 2-54 커브볼의 휘어짐 각도 측정

다음으로는 포크볼이 공의 진행방향보다 아래로 떨어지는 각도를 측정하는 장치를 고안해보았으면 합니다. 측정방법에 대해서 한 가지만 소개하겠습니다.
이 장치는 공의 진행방향에 대해 수직방향으로 고무줄을 통과시켜 회전시키는 방식입니다. 이 장치를 사용하여 회전방향의 아래쪽으로 힘이 작용했을 때 공이 떨어지는 정도를 측정할 수 있을 것으로 생각했지만, 고무줄이 비틀려서 좀처럼 측정이 잘 되지 않았습니다. 관심이 있는 분은 이 장치를 참고로 하여 개량에 도전해 주세요.

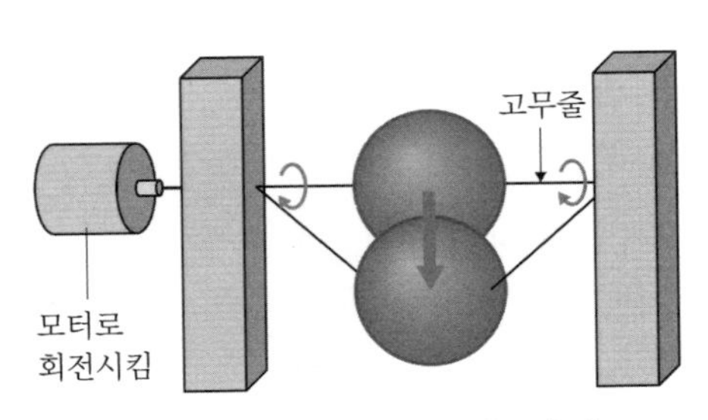

그림 2-55 포크볼의 떨어짐 각도 측정

실험 2-4 페트병 로켓

페트병에 공기나 물을 넣어 로켓처럼 날려봅시다.

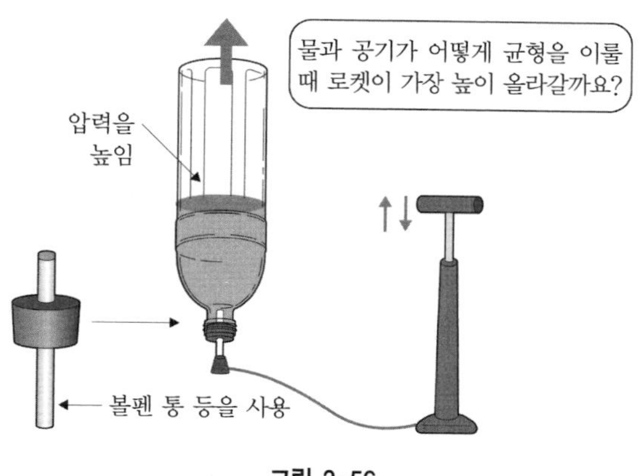

그림 2-56

*** 실험장치의 작성**

고무마개에 구멍을 뚫고 볼펜의 축을 꽂아 공기주입기와 연결합니다.

*** 실험**

(1) 페트병 안에 공기만 넣어 날린다.
(2) 페트병 안에 물을 가득 채워 날린다.
(3) 페트병 안에 넣은 물의 양을 변화시켜 날린다.

*** 결과**

페트병에 1/4~1/3 정도의 물을 넣었을 때 로켓이 가장 높이 올라갑니다.

*** 고찰**

로켓을 높이 날리는 것이 가능하다면, 왜 물이 그 양일 때 잘 날아오르는가를 생각해봅시다. 로켓을 높이 날리기 위해서는 큰 추진력이 필요합니다. 로켓은 갇혀 있는 공기의 압축력과 분출하는 물의 질량으로 운동량을 만들어냅니다. 이때 공기만 들어 있으면 질량이 부족하고, 물만 들어 있으면 압축력이 부족하게 되는 것입니다. 공기의 압축력과 물의 질량의 균형을 여러 가지로 바꿔가며 실험하는 것으로, 그 결과를 수식으로 나타내는 것에도 도전해봅시다.

COLUMN 마이크로 버블

마이크로 버블이란 직경이 수십 μm(1μm는 1,000분의 1mm) 이하인 작은 기포를 말합니다. 이 기포는 수축부와 확대부에서 생기는 벤추리관 내부의 흐름(캐비테이션)으로 인해 만들어집니다. 한편으로는, 만들어진 마이크로 버블이 물속에서 용해되는 효과를 상승시키기 위한 조치도 행해지고 있습니다.

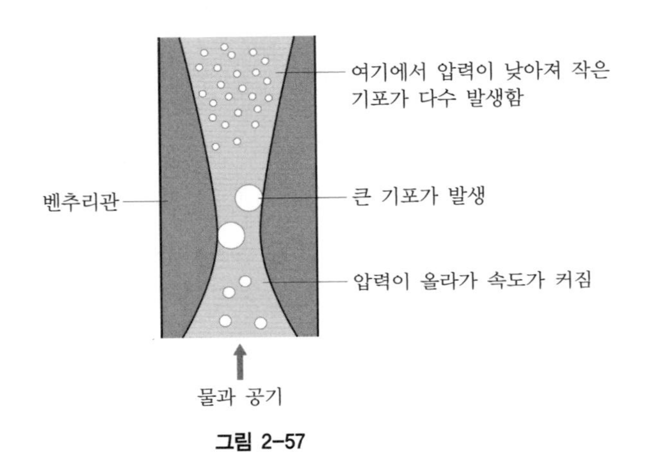

그림 2-57

마이크로 버블은 체적당 표면적이 크고 흐름에 대한 추종성이 좋기 때문에, 기체(기포)를 액체 중에 용해시키기가 매우 쉽습니다. 마이크로 버블의 특징으로는 기포끼리의 합체나 흡수가 일어나지 않고, 기체인 채로 수중에 장시간 머무르고 그 수명이 비교적 긴 것 등이 있습니다. 또한 부상 속도가 매 시간 2~3m로 매우 늦기 때문에, 수평방향으로의 확산성이 우수하다는 등의 성질도 알려져 있습니다.

이 기술을 활용한 실증시험이 다양하게 진행되고 있으며, 하천, 호수, 늪, 만 등 폐쇄성 수역의 수질정화나 양식 어패류, 수경재배 야채류의 성장촉진 등과 관련하여 주목받고 있습니다.

연습문제 유체의 계측

1. ( ) 안에 알맞은 말을 넣어 문장을 바르게 완성시키세요.

(1) 압력계에는 압력을 액주의 중력의 균형을 이용하는 원리의 (①) 압력계, 유체의 압력과 탄성체의 변형에 의한 응력의 균형을 이용하는 원리의 (②) 압력계 등이 있습니다.

(2) 유속의 계측에는 동압을 측정하는 (③)이/가 자주 사용되고 있습니다.

(3) 유량의 계측에는 관 내의 압력차를 이용하는 (④)이/가 자주 사용됩니다.

(4) 액면의 계측에는 후크의 끝부분을 액면과 접촉시켜 측정하는 (⑤)이/가 자주 사용됩니다.

(5) 점도의 계측에는 일정 온도에서 액체가 유출할 때의 (⑥)을/를 측정하는 것이 있습니다.

(6) 풍동실험에서 현상을 유사하게 재연시키기 위해서는 (⑦)수를 일치시킬 필요가 있습니다.

2. 풍동실험의 장점과 단점을 서술하세요.

02 흐름의 가시화

1. 흐름의 가시화란

인간의 눈으로 볼 수 없는 기체나 액체의 흐름을 직접 볼 수 있게 하는 방법을 **흐름의 가시화**라고 합니다. 이를 통해 흐름 전체의 모양을 볼 수 있게 되어 흐름의 기본적인 성질을 직관적으로 파악할 수 있습니다. 왜 흐름의 가시화에 의해 유체현상을 종합적으로 파악하는 것이 중요한 것일까요? 그 이유를 설명해드리겠습니다.

유체현상을 과학적으로 분석하기 위해서는 그 현상을 방정식을 통해 재현할 수 있는 형태로 만드는 것이 중요합니다. 그러나 유체현상은 복잡한 것이 많기 때문에 그 현상을 방정식으로 나타내는 것은 쉬운 일이 아닙니다. 만약 방정식을 세울 수 있어도, 이번에는 그 방정식이 비선형의 편미분 방정식과 같은 형태가 되어 풀이하는 것이 난해해집니다. 그래서 이러한 방정식의 풀이는 근사적으로 구하게 됩니다. 최근에는 컴퓨터로 유체의 거동을 계산하여 구하는 수치유체역학이 성행하고 있지만, 어떤 흐름이든지 컴퓨터로 해석할 수 있는 것은 아닙니다.

그 때문에 가시화 실험으로 실제의 복잡한 흐름을 공간적, 정량적으로 취급하는 것이 가능해지면 수치해석을 효율적으로 구하는 것으로도 이어질 수 있습니다. 문제가 있는 곳을 시각적으로 즉시 알 수 있는 것도 가시화의 장점입니다. 영상처리기술이 향상되어 가시화 실험으로 얻어진 영상을 컴퓨터에 입력하여 해석하는 방법도 시도되고 있습니다.

어떤 실험이든 가시화에 의해 얻어진 흐름의 모양이 유체의 속도, 압력, 밀도, 온도 등 무엇을 나타내고 있는지를 확실하게 파악하여 이해할 필요가 있습니다. 그리고 경우에 따라서는 유속계 등을 병용하여 부분적으로 정량적 계측을 실시하는 것도 필요합니다. 실험목적에 가장 적합한 방법으로 실험을 진행하도록 유념합시다.

흐름의 가시화 실험에는 다양한 종류가 있으므로, 대표적인 몇 가지를 소개하겠습니다.

2. 흐름의 가시화 방법

(1) 트레이서 법

트레이서(tracer) 법은 유체의 흐름 속에 트레이서라고 불리는 미립자를 혼입하여 이를 추적하는 방법으로, 주로 액체 흐름의 가시화에 사용됩니다. 트레이서의 종류에는 알루미늄 가루나 유리구슬, 폴리에틸렌 입자 등이 사용됩니다.

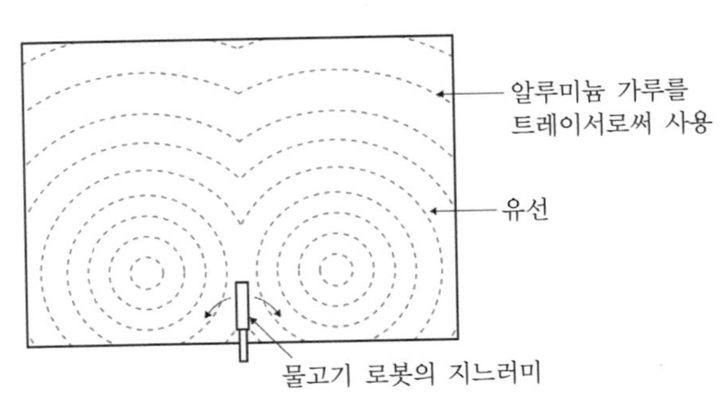

그림 2-58 트레이서 법에 의한 물고기 로봇의 지느러미 움직임의 가시화

유체의 모양은 트레이서의 움직임을 비디오카메라 등으로 촬영하여 관찰함으로써 알 수 있습니다. 정상류의 경우 트레이서의 궤적은 그 점에서의 흐름의 속도방향을 나타내며, 이것을 **유선**(流線)이라고 합니다. 유선으로 흐름 전체의 속도 분포를 알 수 있는 것입니다.

(2) 터프트 법

터프트(tuft) 법은 유체의 흐름 안에 나부끼기 쉬운 실의 한 부분을 고정하여 그 움직임을 관찰하는 방법입니다. 그리고 격자망의 각 부분에 터프트를 붙여 단면의 흐름을 관찰하는 방법도 있습니다. 어떤 방법이든 터프트가 흔들리는 부분에서는 흐름이 흐트러진다는 것을 알 수 있습니다. 터프트의 소재로는 가능한 가벼우면서 변형이 쉬운 것이 좋고, 촬영을 고려한다면 색깔이 있는 편이 좋겠습니다.

터프트 법은 액체의 흐름, 기체의 흐름, 여러 가지로 상용할 수 있지만 주로 공기의 흐름에 사용되고 있습니다.

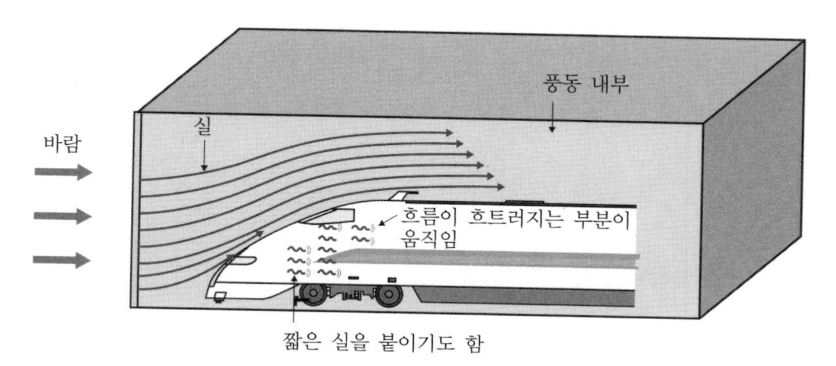

그림 2-59 터프트 법에 의한 신칸센 Nose에서의 흐름의 가시화

(3) 표면 피막법

표면 피막법은 흐름 안에 있는 물체의 표면에 특수한 얇은 피막을 만들어 그 부분에 나타나는 무늬를 관찰하는 방법입니다. 터프트 법에 비해 표면에서의 흐름의 모양을 자세히 관찰할 수 있지만, 일정 시간이 경과한 시점의 효과밖에 보이지 않는다는 단점이 있습니다.

(4) 연기 주입법

연기 주입법은 여러 가지 연기를 흐름 안에 넣어, 흐름의 모양을 관찰하는 방법입니다. 비교적 저속 기류의 관찰에 적합하며, 사용되는 연기로는 모기향이나 담배연기 등이 있습니다.

(5) 스모크와이어 법

스모크와이어 법은 **유동 파라핀**을 전열선 등으로 가열했을 때 발생하는 흰 연기를 풍동 내부로 유도하여 흐름을 관찰하는 방법입니다. 전열선에 가해지는 전기를 이용해 흐름의 상태를 제어할 수 있기 때문에 연기 주입법보다 흐름의 모양을 자세히 관찰할 수 있습니다.

다음으로 학교 실험실 등에서도 비교적 간단히 해볼 수 있는 흐름의 가시화 실험을 몇 가지 소개하겠습니다.

실험 2-5 공기포

1. 실험방법
골판지 등으로 만든 상자에 둥근 구멍(약 15cm)을 뚫고 안에 모기향의 연기를 넣습니다. 연기가 가득 채워질 때까지는 구멍을 막고 있다가 채워지면 뚜껑을 엽니다. 그리고 상자 양쪽 면을 손으로 쳐서 구멍으로 **고리 모양**의 연기를 발생시킵니다. 모기향의 연기로 흐름의 가시화가 가능해진 것입니다.

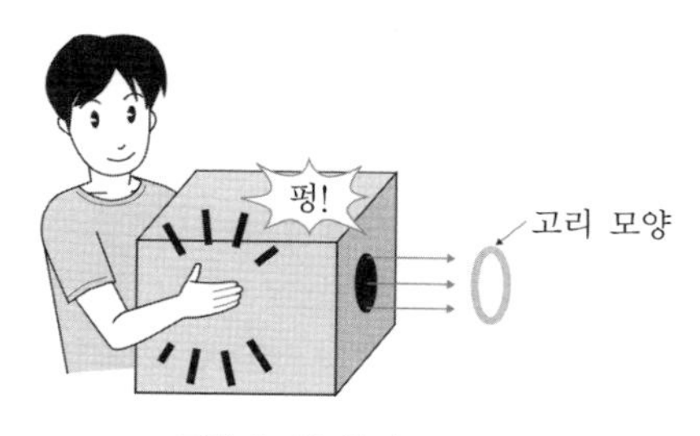

그림 2-60 공기포

2. 실험결과의 정리방법

상자를 치는 방법에 따른 고리 모양의 차이, 구멍의 크기나 형태를 변화시켰을 때의 고리 모양의 차이 등을 고찰합니다. 그리고 큰 상자를 준비하여 어느 정도까지 큰 연기 고리를 만들 수 있는가에 도전해보는 것도 재미있겠지요.

3. 고찰(연기 고리의 원리 등)

우선 종이상자를 누르는 행동으로 공간이 좁아져 밀려나게 된 공기가 밖으로 튀어나옵니다. 튀어나온 공기의 뒤쪽에 소용돌이가 생깁니다.
연기 고리를 잘 살펴보면 내측에서 외측을 향해 빙글빙글 회전하는 소용돌이가 생긴 것을 알 수 있습니다. 밖으로 밀려나온 공기는 뒤쪽으로 돌아가려는 성질이 있어서 이런 현상이 일어나는 것입니다.

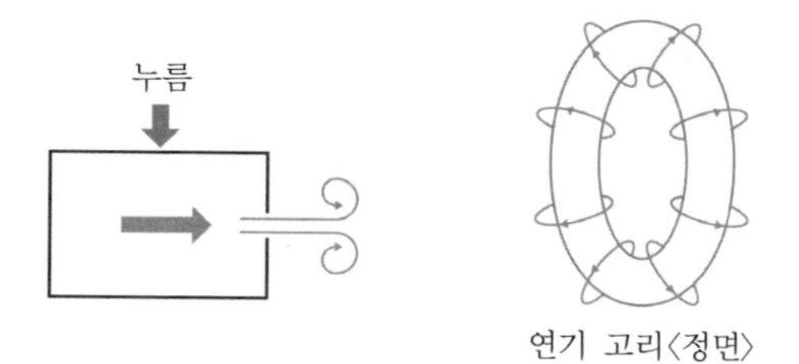

그림 2-61

* 개량 버전

상자가 아닌 페트병을 이용하여 공기포를 만드는 것도 가능합니다. 페트병의 밑부분을 잘라내고 고무풍선을 잘라서 끼운 후에 고무줄 등으로 고정시키고, 고무풍선 부분을 당겼다가 놓으면 페트병 입구에서 연기 고리가 발생합니다.

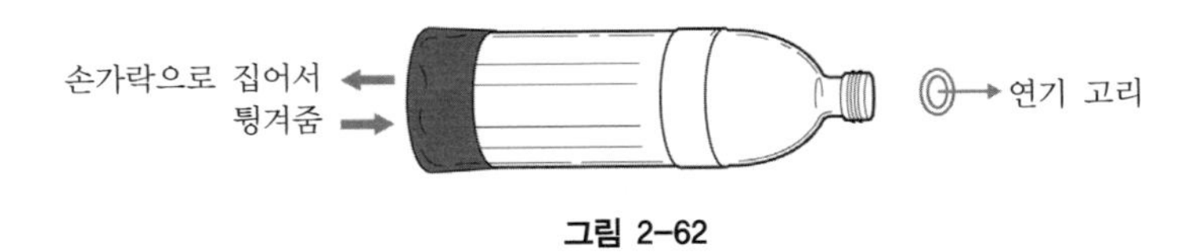

그림 2-62

실험 2-6 인공 용오름

1. 실험방법

그림과 같이 복수의 아크릴 판을 원형으로 세워 회전시키면 주변의 공기를 빨아들여 용오름(소용돌이)이 발생하게 됩니다. 이번 실험의 목적은 이 실험장치의 중앙부에 드라이아이스를 넣고 청소기로 그 소용돌이를 빨아올려 인공 용오름의 상태가 눈에 보이도록 하는 것입니다.

2. 실험장치

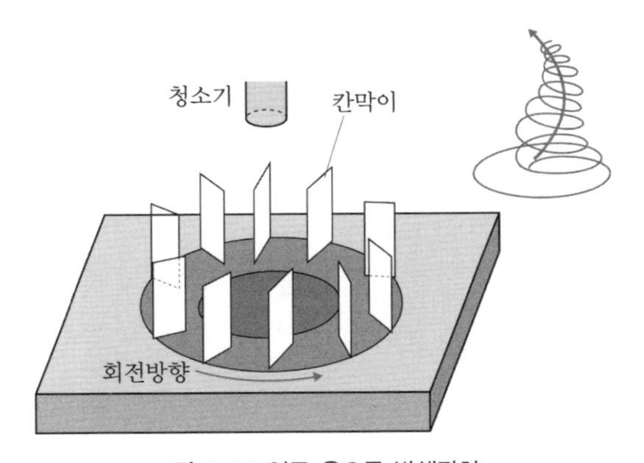

그림 2-63 인공 용오름 발생장치

3. 실험결과의 정리방법

아크릴 판의 수나 각도를 바꿔가며 실험을 행하고 용오름의 발생조건을 고찰합니다. 이번 실험에서는 아크릴 판을 30장, 각도를 45도로 했을 때 가장 크고 예쁜 용오름을 만들 수 있었습니다. 청소기의 흡인력을 조정할 수 있다면, 상승기류를 변화시키는 것이 가능하므로 보다 최적의 조건을 검토할 수 있을 것입니다.

4. 고찰(용오름의 원인 등)

기상학적으로도 그 발생 메커니즘이 해명되지 못한 용오름이지만, 상승기류와 소용돌이 운동을 조합하여 나선형의 기류를 발생시킴으로써 재현하는 것이 가능했습니다. 이렇게 만들어진 용오름이 실제와 다른 점은 실제 용오름의 경우 상승기류를 발산하는 것에 비해 인공 용오름은 청소기로 상승기류를 만들었기 때문에 형태가 반대로 되었다는 점입니다.

인공 용오름은 실내에서 담배연기를 빨아들이는 분연장치에 이용하거나, 청소기 안에서 발생시켜 흡인력을 높인다거나 하는 공학적인 응용도 이루어지고 있습니다.

*** 개량 버전**

드라이아이스는 공기보다 무거워서 상승기류를 발생시키기 위해서는 청소기로 빨아올릴 필요가 있었습니다. 또한 실험장치 중앙에 넣은 드라이아이스의 양이 한정되어 있고 도중에 공급하는 것도 어렵기 때문에 연속하여 인공 용오름을 발생시키는 것은 어려웠습니다. 따라서 개량 버전에서는 실험장치의 중앙부에 물을 넣은 접시를 두고 이것을 전열기로 가열시켜 발생하는 수증기로 인공 용오름을 만들기로 했습니다.

실험결과, 실제 용오름과 같은 형상의 인공 용오름을 만들 수 있었습니다. 그리고 물이 모두 없어질 때까지 연속적으로 수증기를 발생시키는 것에도 성공하였습니다. 그러나 모기향의 연기를 넣어보았음에도 수증기의 특성상 가시화에 있어서는 드라이아이스보다 확인하기 어려웠습니다.

그림 2-64 실제의 용오름의 형상

| COLUMN | 풍동을 만들어봅시다

정밀한 측정을 실시하는 것에는 한계가 있겠지만, 선풍기를 송풍기로 사용하여 간단한 풍동을 만들 수 있습니다.
일반적인 선풍기로 일으킬 수 있는 최대 풍속은 약 3m/s입니다. 그림과 같이 공기를 흘려보내는 측정부는 투명한 아크릴 판으로 만듭니다.
잊어서는 안 되는 것은 기류의 흐트러짐을 조정하는 정류부분입니다. 정류격자를 설치하는 것으로 공기의 흐름을 조정할 수 있습니다. 무엇을 측정하느냐에 따라 다르지만, 이 설치는 정량적인 측정보다는 정성적인 측정에 가깝다고 할 수 있습니다.

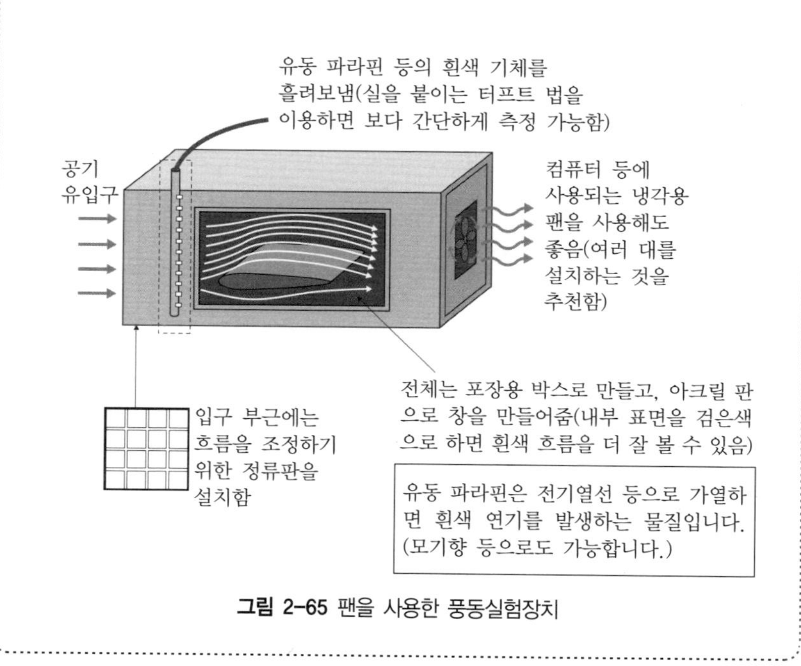

그림 2-65 팬을 사용한 풍동실험장치

연습문제 흐름의 가시화

1. ( ) 안에 알맞은 말을 넣어 문장을 바르게 완성하세요.

(1) 유체의 흐름 속에 알루미늄 가루나 유리구슬 등의 미립자를 혼입하여 그 움직임을 추적하는 방법을 (①)(이)라고 합니다.

(2) 유체의 흐름 안에 나부끼기 쉬운 실 끝을 고정시키고 그 움직임을 관찰하는 방법을 (②)(이)라고 합니다.

(3) 유체의 흐름 안에 있는 물체의 표면에 특수한 얇은 피막을 만들어 그 부분의 무늬를 관찰하는 방법을 (③)(이)라고 합니다.

(4) 유체의 흐름 안에 모기향의 연기를 넣어 그 움직임을 관찰하는 방법을 (④)(이)라고 합니다.

(5) 스모크와이어 법은 (⑤)을/를 전열선 등으로 가열시켰을 때 발생하는 흰 연기를 풍동 안으로 유도하여 그 흐름을 관찰하는 방법입니다.

수치유체역학

1. 수치유체역학이란

유체의 운동을 수치계산으로 분석하는 학문을 **수치유체역학**(CFD : Computational Fluid Dynamics)이라고 합니다.

유체현상을 과학적으로 분석하기 위해서는 그 현상을 방정식을 통해 재현할 수 있는 형태로 만드는 것이 중요합니다. 그러나 유체현상은 복잡한 것이 많기 때문에 그 현상을 방정식으로 나타내는 것은 쉬운 일이 아닙니다. 만약 방정식을 세울 수 있어도, 이번에는 그 방정식이 비선형의 편미분 방정식과 같은 형태가 되어 풀이하는 것이 난해해집니다. 그래서 이러한 방정식의 풀이는 근사적으로 구하게 됩니다.

수치유체역학은 컴퓨터 기술의 향상과 함께 앞으로 계속해서 발전할 분야로 기대되고 있습니다. 흐름의 가시화 등과 함께 유체실험에 있어서 중요한 역할을 할 것입니다.

여기에서 수치유체역학을 상세히 설명할 수는 없지만, 수치계산의 개요를 설명하도록 하겠습니다.

2. 수치계산의 방법

뉴턴의 운동방정식

우리는 물리학의 성과로 인해 어떤 물체에 힘이 작용했을 때의 물체의 운동을 예측할 수 있습니다.

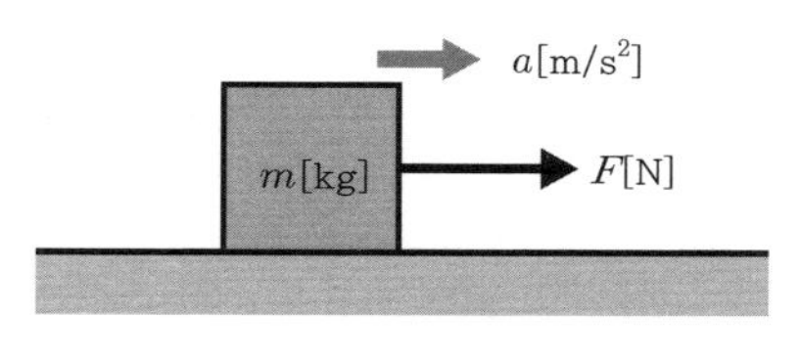

그림 2-66 물체의 운동

질량 m[kg]인 물체가 매끄러운 수평면 위에 놓여 힘 F[N]를 받고 있을 때, **뉴턴의 운동방정식**은 다음 식으로 나타낼 수 있습니다.

$$ma = F$$

가속도 a는 속도 v를 미분하면 얻어지기 때문에, 여기에서 a를 미분기호를 이용하여 나타내면 아래와 같습니다.

$$a = \frac{dv}{dt} = \lim_{\Delta t \to 0} \frac{\Delta v}{\Delta t}$$

위의 운동방정식의 a에 이를 대입하면 다음의 식으로 나타낼 수 있습니다.

$$m\frac{dv}{dt} = F$$

낙하운동

예를 들어 중력에 의한 낙하운동을 생각해봅니다. 질량 m[kg]의 물체에 작용하는 중력의 크기는 mg[N]이기 때문에, 이때의 운동방정식은 다음의 식으로 나타낼 수 있습니다.

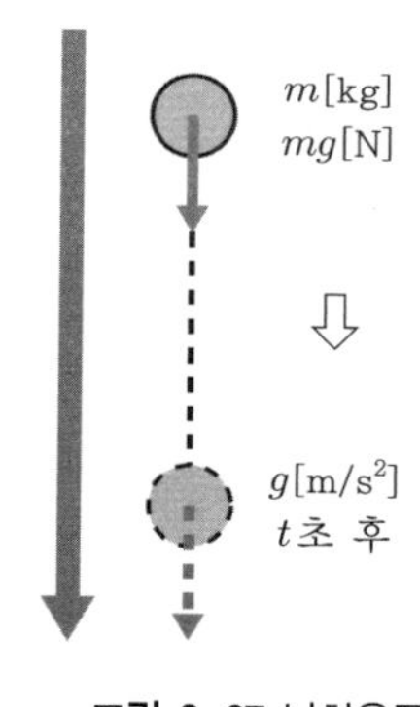

그림 2-67 낙하운동

$$m\frac{dv}{dt} = mg$$

위 식의 양변을 m으로 나누면 아래와 같습니다.

$$\frac{dv}{dt} = g$$

이 식의 양 변을 시간 $0 \sim t$까지 적분하면 낙하운동의 식이 얻어집니다.

$$\int_0^t \frac{dv}{dt}dt = \int_0^t gdt$$

$$[v]_0^t = [gt]_0^t$$

$$v_t - v_0 = gt$$

$$v_t = v_0 + gt \cdots \text{(낙하운동의 식)}$$

이 식에서 초기 조건($t=0$일 때의 속도 v_0)이 주어지면 임의의 시각 t에서의 속도를 구할 수 있습니다. 이것이 미분방정식을 해석적으로 푸는 방법입니다.

차분에 따른 근사

한 가지 예를 더 들어보겠습니다.

질량 m[kg]인 물체에 F[N]의 힘이 작용할 때 운동방정식은 다음과 같이 나타낼 수 있습니다.

$$m\frac{dv}{dt} = F$$

여기에서 미분 $\frac{dv}{dt}$에 극한을 고려하지 않고 **차분**이라는 것으로 근사치를 구해보겠습니다.

차분이란 dt가 한없이 0에 가까워진다고 하는 극한을 취하지 않고, 어느 정도 시간의 폭을 갖는 Δt를 고려하는 방법입니다. 운동방정식을 차분의 형태로 쓰면 다음과 같이 나타낼 수 있습니다.

$$m\frac{\Delta v}{\Delta t} = F$$

$\frac{\Delta t}{m}$를 양변에 곱하면,

$$\Delta v = \frac{F}{m}\Delta t$$

이 식으로 어떤 시각 t에서의 속도 v를 알고 있을 때 Δt초 후의 속도, 즉 시각 $t+\Delta t$에서의 속도 $v' = v + \Delta v$를 알아낼 수 있습니다.

그리고 $t+\Delta t+\Delta t$초 후, $t+\Delta t+\Delta t+\Delta t$초 후, …와 같이 각 시각에서의 물리량을 파악할 수 있습니다.

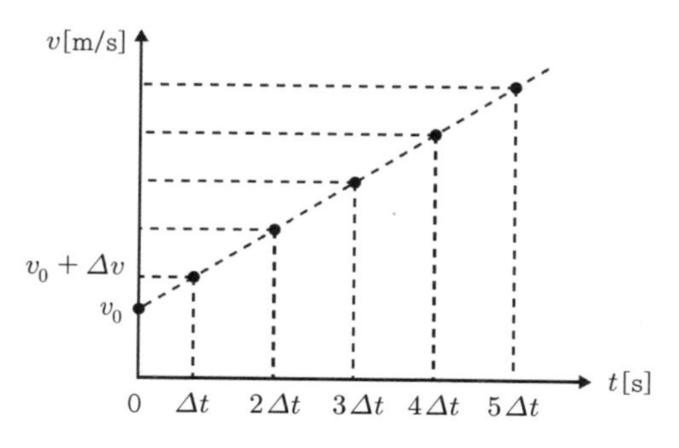

그림 2-68 연속치와 이산치의 그래프

컴퓨터는 차분과 같이 단순한 계산을 반복하여 방정식의 거동을 찾아내는 것에 매우 유용합니다. 여기에서는 직선적인 운동을 예로 설명하였으나 보다 복잡한 운동방정식도 차분에서는 마찬가지 방식으로 수치계산을 실시하게 됩니다.

수치계산에 따른 오차

수치계산에는 반드시 오차가 생긴다고 알려져 있습니다. 오차는 어떠한 경우에 발생하는 것일까요?

우선 수치계산을 행하기 위해 모델화한 방정식에서 생기는 오차가 있습니다. 어떤 자연현상에 대해 그 현상을 나타내는 방정식을 세우지만, 방정식 안에 자연현상에 대한 모든 요인을 넣는다는 것은 현실로는 불가능합니다. 따라서 모델화한 방정식은 자연현상을 정확하게 재현하지 못할 가능성이 있고, 이것이 실제와의 오차를 발생시키게 됩니다.

수치계산을 행하기 위해서는 우선 운동을 지배하는 방정식을 작성하는 것에서부터 시작합니다. 예를 들어 어떤 물체의 운동을 나타내는 운동방정식이 다음 식으로 나타내졌다고 합시다.

$$\frac{dv}{dt} = f(t)$$

이 방정식을 다음과 같이 차분방정식으로 바꿉니다.

$$\frac{\Delta v}{\Delta t} = f(t)$$

이 차분방정식을 계산할 때, 함수 $f(t)$의 변화에 대해 적절한 시간간격 Δt를 선택하지 않으면 안 됩니다. 그림처럼 함수 $f(t)$의 변화가 극심한 곳에서는 시간간격 Δt만큼 변화했을 때의 v의 값을 정확히 구할 수 없습니다.

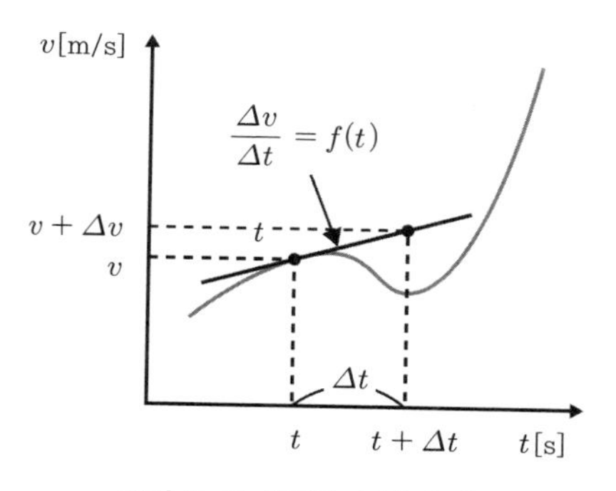

그림 2-69 차분에 의한 오차

보다 상세하게 알고 싶은 시간이나 공간의 간격을 단순히 작아지게 하면 계산횟수가 막대하게 증가하기 때문에 컴퓨터의 계산시간이 증가하게 됩니다. 따라서 알고 싶은 부분을 명확하게 하고, 그 부분만 상세하게 계산하는 테크닉이 필요합니다. 이 테크닉은 수학적인 수법에 따라 얻어질 수 있지만, 유체의 거동 등 물리현상을 계산할 때에는 항상 무엇을 계산하고 있는지를 잊지 말고 계산을 위한 계산을 하지 않도록 유념할 필요가 있습니다.

그 밖에 컴퓨터에서의 계산에서는 무리수를 취급하기 어렵기 때문에 원주율 π나 자연대수 e, $\sqrt{\ }$ 등은 유리수로 근사치를 적용하여 계산합니다. 따라서 누적이 되다보면 큰 오차가 되어버립니다. 이렇게 숫자를 유한한 자릿수로 생략하는 것에 의해 발생한 오차를 **반올림 오차**라고 합니다.

이런 설명을 하면 수치계산이 정말로 만능인지 아닌지 의심스럽다고 생각할지도 모릅니다. 그러나 실제로 장치를 만들어 실험을 하는 것보다 확연히 간단하고, 게다가 유체의 속도나 압력 등의 계산조건을 변화시키는데 용이하다는 것이 큰 장점입니다.

앞으로 모든 유체실험이 수치계산으로 바뀌지는 않겠지만, 큰 역할을 하게 될 것입니다.

3. 유체의 운동방정식

점성을 고려하지 않는 이상유체의 이론은 뉴턴의 운동방정식에 기초하여 18세기부터 오일러나 베르누이에 의해 발전해왔습니다. **오일러의 운동방정식**은 다음과 같이 나타낼 수 있습니다.

$$\frac{\partial v}{\partial t}+v\frac{\partial v}{\partial s}=K-\frac{1}{\rho}\frac{\partial p}{\partial s}$$

v : 속도, t : 시간, s : v를 따르는 좌표, K : 외력, ρ : 밀도, p : 압력

위 식에서 좌변은 가속도, 우변은 외력과 압력경사력을 의미합니다. 또한 정상운동을 하는 오일러의 운동방정식을 속도 v에 따른 좌표 S로 적분하면 베르누이의 정리가 얻어집니다.

오일러의 운동방정식에 점성을 고려한 항을 추가한 실제 유체의 역학은 나비에나 스토크스 등에 의해 각각 연구되어 왔습니다. 그 성과인 **나비에 · 스토크스(Navier−Stokes)의 방정식**은 다음과 같이 나타낼 수 있습니다.

$$\frac{\partial v}{\partial t}+(v\cdot\nabla)v=K-\frac{1}{\rho}\nabla p+\frac{\mu}{\rho}\Delta v$$

v : 속도, t : 시간, K : 외력, ρ : 밀도, p : 압력, μ : 점성계수

여기에서 우변의 μ가 점성계수로, 점성력을 고려하고 있음을 의미합니다.

나비에 · 스토크스의 방정식은 일반적으로 비선형의 미분방정식이 되어, 극히 제한된 조건하에서만 풀 수 있습니다. 따라서 이 복잡한 방정식을 근

사적인 수치계산으로 풀게 됩니다. 구체적으로는 **유한차분법, 유한요소법, 유한체적법** 등이 있습니다.

이러한 해석법은 유체해석뿐 아니라 구조해석이나 전자기해석 등에서도 폭넓게 활용됩니다.

| COLUMN | 수족관의 기술

메이지시대 문명 개화기에는 물고기 엿보기라고 불렸던 수족관이 인기관광지로 각지에 생겨났습니다. 여기에서는 유체와도 큰 관계가 있는 수족관의 기술을 소개하겠습니다.

하부에 작은 창이 나 있어서 그 창으로 손을 넣어 물고기를 만질 수 있는 수조가 있습니다. 어째서 작은 창에서 물이 넘치지 않는지 신기하지요.

U자형 마노메타를 생각하면 이해하기 쉽습니다만, 각각의 수면에 압력차가 있으면 수위를 바꾸는 것이 가능합니다.

이 수조에서는 밀폐된 수조 상부의 공기를 진공 펌프로 빼내어 공기의 압력이 낮아지게 합니다. 이로써 대기의 압력과 수조 상부의 압력에 차가 생겨 수조 안의 물을 위쪽으로 당겨 올리는 것입니다. 이러한 원리로 작은 창에서 물이 넘치지 않으며, 물고기들이 관광객으로부터 먹이를 얻어먹는 것이 가능해집니다.

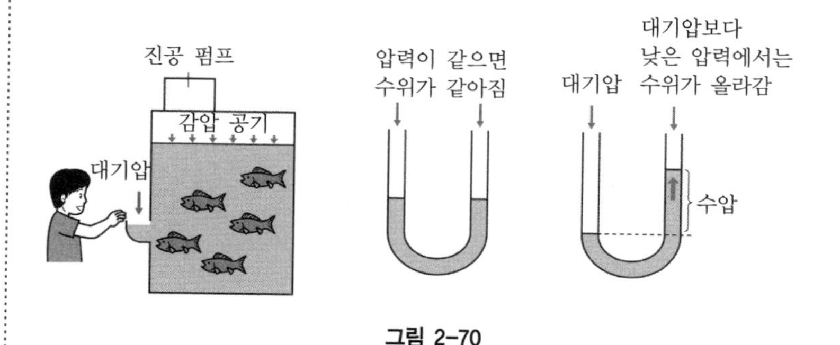

그림 2-70

그런데 수족관의 수조는 어떤 재질로 만들어졌는지 알고 계십니까? 거의 대부분의 대형 수조는 유리가 아닌 아크릴계의 수지가 사용됩니다. 대형 수조는 큰 수압을 받기 때문에 그 두께가 수십 cm나 됩니다. 수조의 소재로는 강도는 물론, 우수한 투명성이 요구됩니다. 아크릴계 수지의 경우 판상의 수지를 접착제로 겹겹이 쌓아 두껍게 가공하게 되는데, 이렇게 해도 투명도가 떨어지지 않습니다. 한편 유리는 내부의 불순물 때문에 몇 장만 겹쳐도 투명도가 떨어져버립니다. 아크릴계 수지는 곡선적인 가공도 가능하기 때문에 곡면이 있는 수조에 적합하다는 장점이 있습니다.

그림 2-71

연습문제 수치유체역학

1. ( ) 안에 알맞은 말을 넣어 문장을 바르게 완성하세요.

(1) 유체의 운동을 (①)에 따라 분석하는 학문을 수치유체역학이라고 하며, 시간을 어떤 유한한 간격으로 나누어 계산하는 (②)(이)라는 근사를 행합니다.

(2) 컴퓨터에 따른 계산은 시간이나 공간을 나눈 간격이 작아지면 (③)이/가 길어집니다. 또한 무리수를 그대로 취급하는 것이 어렵기 때문에 유리수로 근사하여 계산하므로 (④)이/가 발생하는 것에 주의할 필요가 있습니다.

(3) 유체의 운동방정식은 뉴턴의 운동방정식을 유체에 적용한 (⑤)의 운동방정식이나, 점성의 항목까지 고려한 (⑥)의 방정식 등이 있습니다. 어떤 것도 엄밀히 해를 구하는 것은 어렵기 때문에 수치계산에 따라 근사적으로 해를 구하게 됩니다.

CHAPTER 3
유 체 기 계

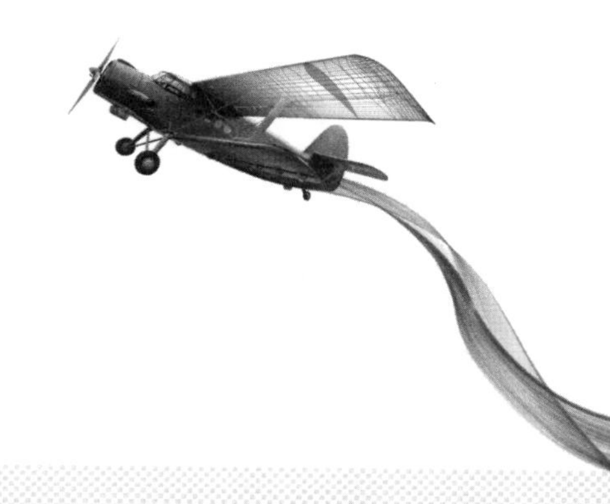

유체기계는 물이나 공기, 기름 등의 유체를 작동유체로 취급하여 에너지변환을 행하는 기계입니다.

유체기계는 크게 두 가지로 나뉩니다.

기계적 에너지를 유체에너지로 변환하는 것으로는 펌프, 송풍기, 압축기 등의 피동기가 있습니다. 또 다른 하나는 유체가 갖는 에너지로부터 기계적 에너지를 도출하는 것으로, 수차나 풍차 등의 원동기가 있습니다.

이 장에서는 이러한 펌프나 수차, 풍차 등 유체기계의 원리와 구조에 대해 배워봅시다.

01 펌 프

1. 펌프란

펌프는 전기 모터 등의 원동기에서 기계적 에너지를 받아 유체에 에너지를 전해주는 대표적인 유체기계입니다. 이렇게 에너지를 전달받은 유체는 높은 장소나 먼 곳으로 옮겨집니다.

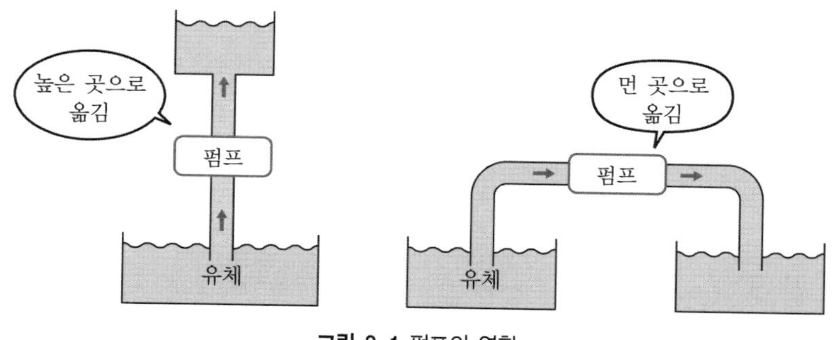

그림 3-1 펌프의 역할

구체적으로는 건물 내의 수도나 화장실로 물을 보낸다든지, 농지의 관개용으로 펌프가 사용되고 있습니다. 자동차 안에는 윤활유를 보내기 위한 오일 펌프가 있고, 인공심장도 혈액을 보내기 위한 펌프인 것입니다.

같은 펌프라는 이름으로 불려도 그 쓰임새나 작동원리, 크기는 다양합니다. 여기에서는 원시적 펌프에서 최첨단 펌프까지 대표적인 종류와 원리를 소개하겠습니다.

아르키메데스의 스크류 펌프

펌프는 역사가 깊어, 기원전부터 사용되었다고 알려져 있습니다. 오래 전부터 알려진 대표적인 펌프는 아르키메데스가 B.C. 250년경에 고안했다고 하는 스크류 펌프입니다.

이 펌프는 나선형의 축이 회전하면 물이 나선계단을 오르는 것처럼 낮은 곳에서 높은 곳으로 끌어올려집니다. 실제로 나일 강 관개용 펌프로 사용되었으며, 일본에서도 에도시대에 사도 금광에서 배수용으로 사용되었습니다.

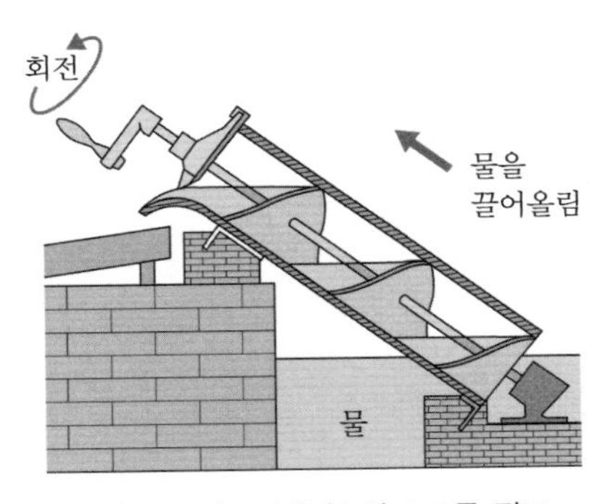

그림 3-2 아르키메데스의 스크류 펌프

그 후 16세기로 들어서면 증기기관을 동력원으로 하는 근대 양수설비가 각지에서 만들어졌으며, 17세기에는 현재에도 많이 사용되는 와류 펌프를 미국에서 완성하였습니다.

일본에서는 1904년에 이노구치아리야가 와류 펌프의 이론을 발표하고, 이듬해인 1905년에는 시바우라 제작소에서 와류 펌프를 제작하였습니다.

유체기계의 대표적인 제조사인 에바라 제작소의 전신은 1912년에 창립되었던 이노구치 기계사무실입니다. 당시 소장은 하타케야마 이치키요였고, 그 스승인 이노구치 아리야는 주임을 맡고 있었습니다. 그 후 1920년에 근대적인 펌프 전문 공장인 에바라 제작소가 에바라 군 시나가와 마을에서 창립되었습니다.

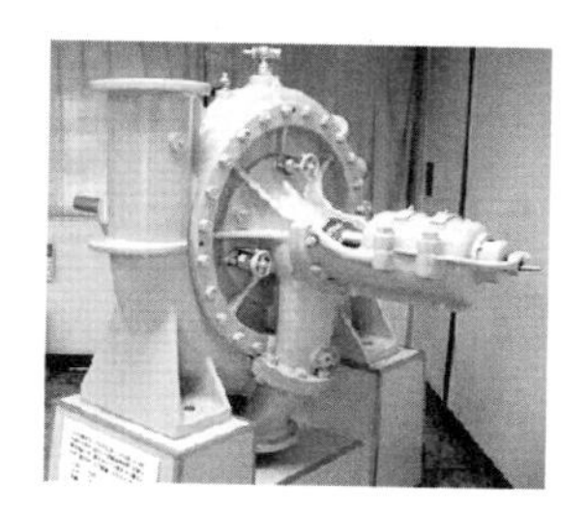

그림 3-3 실험용 이노구치 펌프(1913년 제조)

현재 도쿄시 오오타구의 본사 정원에 전시된 대형 와류 펌프는 1916년에 제작되어 1921년부터 1963년까지 42년 동안 도쿄 아사쿠사 펌프장에서 사용된 것입니다. 크기는 구경 1,140mm, 유량 130m^3/min, 양정 1.8m입니다. 이 펌프는 산업고고학회의 추천 산업유산으로도 지정되어 있습니다.

그림 3-4 대형 와류 펌프

2. 펌프의 성능

(1) 펌프의 양정

모든 펌프들의 공통점은 아래쪽에 있는 액체를 위쪽으로 이동시키는 것입니다. 펌프의 사양을 나타내는 대표적인 것으로 **토출량**과 **양정**이 있습니다. 토출량은 펌프가 단위시간에 뿜어내는 액체의 체적을 나타냅니다. 양정은 펌프가 물을 끌어올리는 높이를 나타냅니다.

이를 통해 '필요로 하는 양'의 액체를 '목적으로 하는 높이(압력)'까지 끌어올릴 수 있는 펌프의 성능을 알 수 있습니다. 양정의 단위는 [m]이고 베르누이의 정리에서는 양정헤드의 식을 이용한 것이 많습니다. 또한 양정에는 **실양정**과 **전양정**이 있습니다.

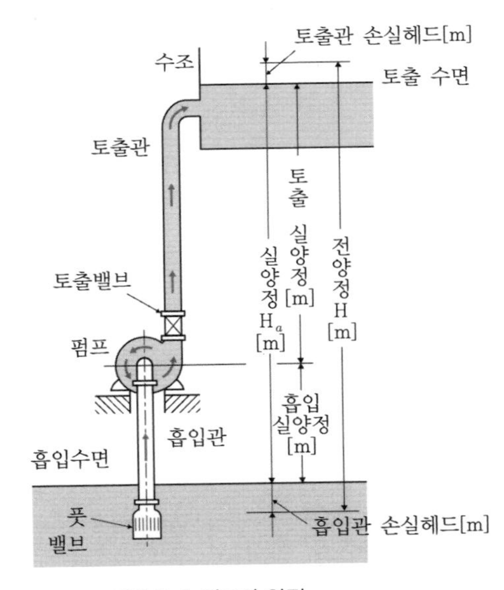

그림 3-5 펌프의 양정

실양정은 펌프가 실제로 양수할 수 있는 높이이고, 다음 식으로 나타낼 수 있습니다.

실양정＝토출 실양정＋흡입 실양정 [m]

전양정은 위의 실양정에 펌프가 토출한 물의 흐름에 따라 각 관로에 생기는 관내 마찰손실(전손실수두)이나 관로 끝에서의 토출속도수두 등 손실헤드를 더한 것을 말합니다.

전양정＝실양정＋손실헤드 [m]

토출 실양정은 펌프의 출력을 증가시킴으로써 높일 수 있습니다. 이것에 비해 흡입 실양정은 흡입한 수면에 가해지는 압력과 펌프 입구에서의 압력차로 결정되기 때문에, 펌프를 사용하는 장소의 대기압이나 수온에 따라 한계가 있습니다.

일반적으로는 흡입·토출의 양쪽 액면에 작용하는 압력은 대기압과 같지만, 보일러의 급수펌프에서는 토출면의 압력이 커집니다.

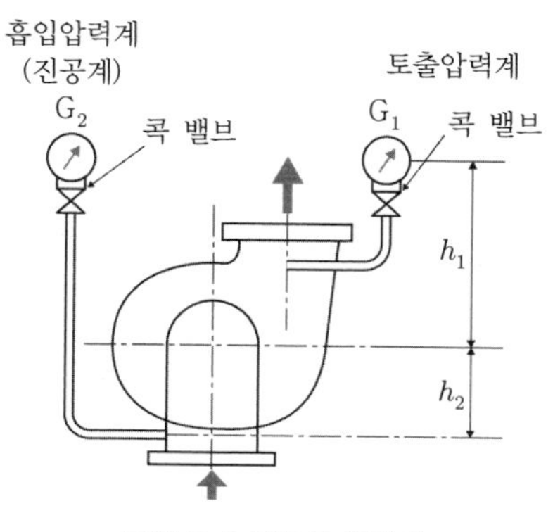

그림 3-6 펌프의 압력계

펌프의 압력은 펌프의 입구와 출구에 진공계(흡입 압력이 대기압 이하일 때)와 압력계를 설치하여 측정합니다.

펌프의 물은 어디까지 올라갈까?

그러면 펌프가 어디까지 수위를 높일 수 있는지 한계를 생각해봅시다. 흡입할 물의 수면에는 대기압이 작용하고, 펌프의 흡입부분이 완전히 진공으로 되었다고 합시다. 이때 압력차에 해당하는 수두가 이론적으로 펌프가 흡입할 수 있는 높이입니다. 이에 대한 것은 제1장에서도 설명을 하였습니다. 다시 말해 어떤 강력한 펌프라도 대기압과 진공의 압력차인 약 10.3m 밖에는 물을 끌어올릴 수 없다는 것입니다.

그러면 고층 빌딩의 수도나 화장실 등에 물을 보내기 위해서 10.3m 이내의 높이마다 펌프를 설치하여 단계적으로 급수하는 것일까요?

이 질문에 앞서, 과연 펌프는 물을 밀고 있는 것일까요? 아니면 당기고 있는 것일까요? 이것은 동전의 양면과 같이 펌프는 두 가지 측면을 모두 가지고 있습니다. 단 펌프는 물을 밀어내는 것은 잘하고, 당기는 것은 잘 못합니다.

펌프의 밀어내는 작용을 이용하면 높은 빌딩에도 최상층까지 직접 물을 올릴 수 있게 됩니다.

빌딩의 경우 보통은 지하실 등 하부에 펌프실을 설치합니다. 건물 내부에서의 급수는 지하 저수조에 있는 물을 펌프를 이용하여 일단 옥상수조로 보내고 거기에서 중력에 의해 각지로 보내주는 방법과 수량에 따라 펌프의 회전수를 변화시켜 직접 저수조에서 각지로 보내주는 방법이 있습니다.

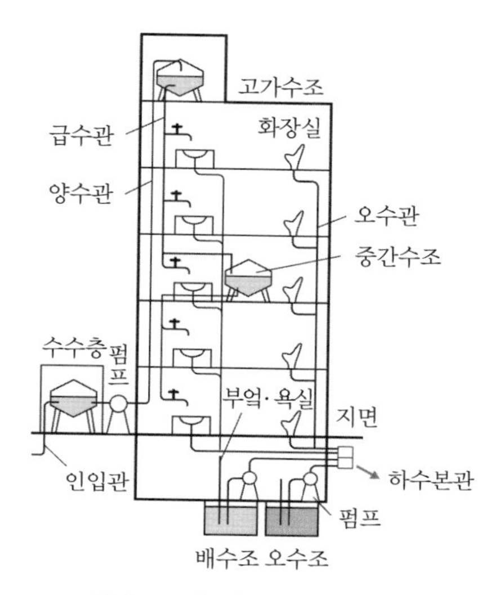

그림 3-7 고층 건물의 펌프

(2) 펌프의 동력

펌프는 원동기에 의해 날개차를 회전시킴으로써 '필요로 하는 양'의 액체를 '목적으로 하는 높이(압력)'까지 올리는 일을 합니다.

펌프를 사용하여 밀도 ρ[kg/m^3], 토출량 Q[m^3/s]인 액체를 전양정 H[m]의 높이까지 올릴 때, 펌프는 $\rho g QH$[W]의 동력을 액체에 가합니다. 이 이론치를 펌프의 **수동력** P_w[kW]라고 하며, 다음의 식으로 나타낼 수 있습니다.

$$\text{수동력 } P_w = \frac{\rho g HQ}{1{,}000} \text{ [kW]}$$

실제 펌프에서는 베어링 등에서의 기계 마찰손실이나 수력 손실, 누출 손실 등이 발생하기 때문에 이론치인 수동력보다 커지게 됩니다. 단위시간당 펌프가 실제로 하는 일은 축동력 P_e[kW]라고 합니다. 따라서 펌프의 효율 η[%]은 다음 식으로 나타낼 수 있습니다.

$$\text{펌프의 효율 } \eta = \frac{\text{펌프의 수동력}}{\text{펌프의 축동력}} \times 100 = \frac{P_w}{P_e} \times 100 \ [\%]$$

펌프의 효율은 펌프의 종류나 형식, 용량 등에 따라 다릅니다. 일반적으로는 70~95% 정도이며, 소형펌프는 40~60% 정도로 효율이 낮습니다. 펌프의 종류는 뒤에서 설명하겠지만, 축류 펌프<사류 펌프<와류 펌프 순으로 펌프효율이 좋아집니다.

그리고 오수용 펌프처럼 내부를 채우기 어려운 구조의 펌프는 특수한 형태를 하고 있기 때문에, 손실이 커지고 펌프의 효율이 나빠지는 경향이 있습니다.

반대로 수도용 펌프는 손실을 작게 할 수 있으므로 비교적 펌프의 효율이 좋습니다.

예 3-1

펌프의 효율

전양정이 20m, 토출량 0.1m^3/s인 펌프로 물을 양수하고 있습니다. 펌프의 축동력이 28kW일 때, 이 펌프의 효율을 구하세요.

[해답]

우선 펌프의 축동력을 구합니다.

물의 밀도=1,000kg/m^3, 중력가속도=9.8m/s^2, 토출량=0.1m^3/s, 전양정 H=20m이므로,

$$P_w = \frac{\rho g Q H}{1,000} = \frac{1,000 \times 9.8 \times QH}{1,000} = 19.6 \ [\text{kW}]$$

따라서 펌프의 효율은 아래와 같이 구할 수 있습니다.

$$\eta = \frac{P_w}{P_e} \times 100 = \frac{19.6}{28} \times 100 = 70.0 \ [\%]$$

액체가 물인 경우 물의 밀도 $\rho = 1,000 \text{kg/m}^3$, 중력가속도 $g = 9.8 \text{m/}s^2$이므로 펌프 수동력의 식을 다음 형태로 기억해두면 편리합니다.

$$\begin{aligned} P_w &= \frac{\rho g QH}{1,000} \\ &= \frac{1,000 \times 9.8 \times QH}{1,000} \\ &= 9.8QH \ [\text{kW}] \end{aligned}$$

(3) 펌프의 성능곡선

펌프의 성능은 **성능곡선**으로 나타낼 수 있습니다. 가로축은 토출량, 세로축은 각 토출량에 대응하는 전양정, 효율, 축동력으로 하며, 각각을 나타낸 세 가지 곡선(전양정곡선, 펌프효율곡선, 축동력곡선)으로 구성됩니다.

이러한 곡선을 보고 이 펌프에 대해,

① 어느 정도 압력의 물을 어느 정도의 양만큼 토출시킬 수 있는가?
② 그때 펌프의 효율은 어느 정도인가?
③ 그때 필요한 동력은 어느 정도인가?

등을 알 수 있습니다.

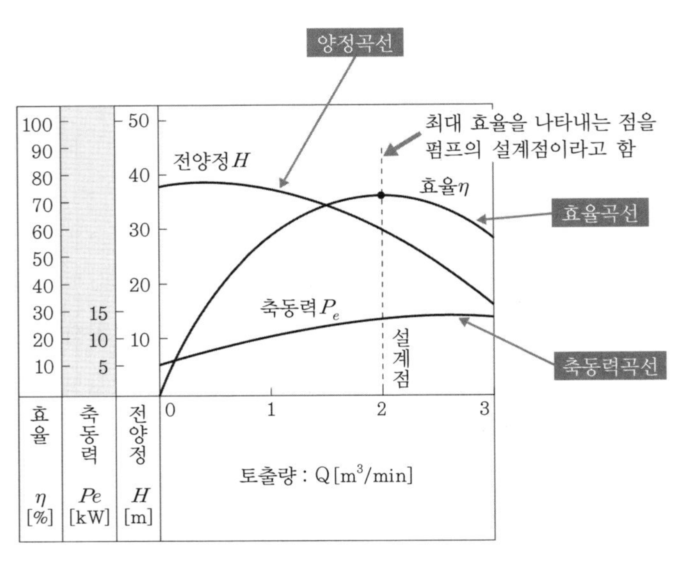

그림 3-8 펌프의 특성곡선(원심 펌프의 예)

양정곡선

토출량이 변화하면 전양정도 변화합니다. 일반적으로 토출량이 0일 때의 전양정(마감양정)이 최대이며, 토출량이 증가함에 따라 전양정은 낮아지는 하강곡선이 됩니다.

축동력곡선

토출량이 0일 때 축동력이 최소이며, 토출량이 증가함에 따라 축동력도 증가하는 상승 곡선이 됩니다.

효율곡선

각 토출량에서 축동력에 대한 수동력의 비율을 퍼센트[%]로 나타낸 것입니다.

펌프의 특성은 일반적으로 회전속도, 양수량, 양정 중 어느 것 하나를 일정하게 유지하고 다른 것을 변화시켜가며 효율이나 동력 등의 변화를 나타내는 방법이 사용됩니다.

그러나 펌프는 전기모터로 운전되는 것이 많아서 회전속도를 일정하게 유지하여 운전하면 토출량과 전양정이 각각 별개로 변하지 않고 서로 영향을 주며 변화합니다. 일반적으로 펌프는 설계점의 회전속도, 토출량, 양정으로 운전할 때 최고효율을 나타내고, 그 조건에서 벗어나 운전할 때에는 효율이 떨어집니다.

실제 생산 현장이나 펌프 시험에서는 같은 펌프라도 가변속 모터를 사용하여 펌프의 회전속도를 변화시킨다거나, 전환밸브의 개구율을 바꾸어 토출량을 증감시키고 있습니다.

원심펌프 성능시험 성적표 [예]

펌프의 크기 및 형식 ________ 제조번호________

세 부 사 양 대상유체________ 토출량________ 전양정________ 회전속도________

펌프 축동력________ 펌프 효율________

시험용 전동기의 세부사양 형식________ 출력________ 상(Phase)________ 주파수 ________

전압________ 전류________ 회전속도________ 토출량 측정법________

측정점	펌프 회전속도 n r/min	총 수두 h m	토출량Q		양 정					전 동 기				펌프 축동력 P	이론 동력 P_L kW	펌프 효율 h %	밸브 개구율	비고
			l/s	m^3/min	토출압력 G_1 Pa	h_d m	진공압력 G_2 Pa	h^3 m	전양정 H m	전류 A	전압 V	역률 $\cos\varphi$	효율 η m					
1																		
2																		

그림 3-9 펌프 성능시험 성적표

(4) 캐비테이션

캐비테이션(cavitation)이란 원심 펌프의 날개 입구 등에서 물의 압력이 국부적으로 낮아져 물이 증발하거나 물속에 녹아 있던 공기가 분리되어 기포가 발생하고, 그 기포가 날개의 하류 측 내부에서 충격으로 부서지는 현상을 말합니다.

예를 들어 표준대기압 하에서는 물이 100°C에서 끓지만, 압력이 낮아지면 그것보다 낮은 온도에서 물이 끓어 기포가 발생합니다.

캐비테이션이 발생하면 충격 등으로 날개차나 케이싱 등에 특유의 손상이 생기기도 하고, 극단적으로는 송수가 불가능해지는 중대한 사태로 이어질 우려가 있습니다.

캐비테이션은 물리현상이기 때문에 완전히 없앨 수는 없지만, 펌프를 선정할 때에는 유해한 캐비테이션이 발생하지 않도록 펌프의 설치위치, 흡입압력, 펌프형식, 회전속도, 사용재료 등에 대해 충분히 검토함으로써 조금이라도 감소시킬 필요가 있습니다.

또한 펌프의 운전 중 배관이나 밸브를 포함한 계 전체의 유체가 흐름 속에서 서로 영향을 주어 발생하는 주기적인 진동인 서징(surging)이라는 현상이 있습니다. 이것도 펌프의 운전을 불안정하게 하기 때문에 가능한 대로 감소시키지 않으면 안 됩니다.

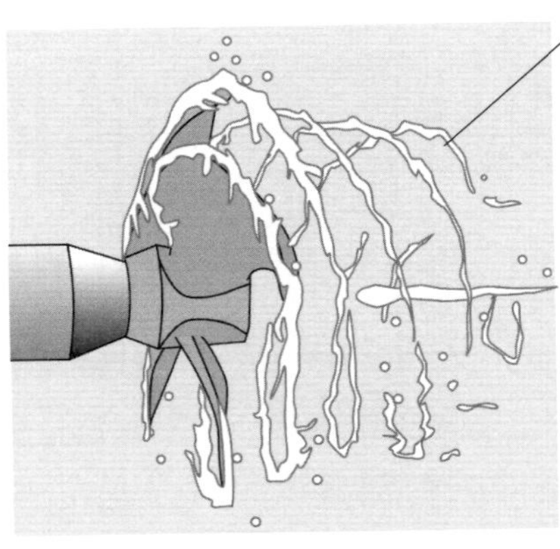

그림 3-10 축류 펌프에서의 캐비테이션의 예

3. 펌프의 종류

본격적으로 펌프에 대해 설명하기에 앞서, 우리 주변에 있는 펌프의 원리에 대해 생각해봅시다.

(1) 생활 속의 펌프

물총(대나무제)

예전 장난감인 대나무 마디에 구멍만 뚫은 물총도 일종의 펌프입니다. 이 물총은 대나무를 잘라 구멍을 뚫고, 천을 감은 막대를 넣어 만듭니다.

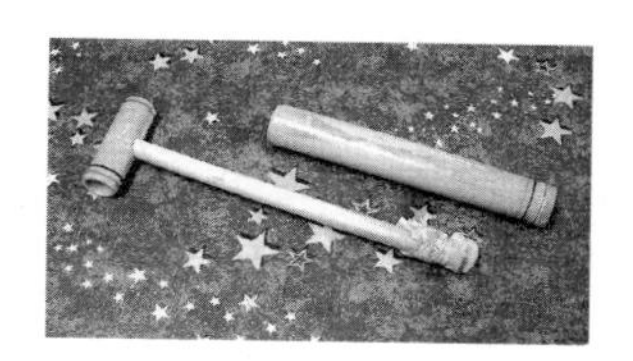

그림 3-11 물총

[작동 방법]

(1) 막대를 안으로 넣고 당기면서 죽통 안에 물을 넣음

(2) 막대를 누르면 죽통 앞부분에서 물이 튀어나옴

[동작원리]

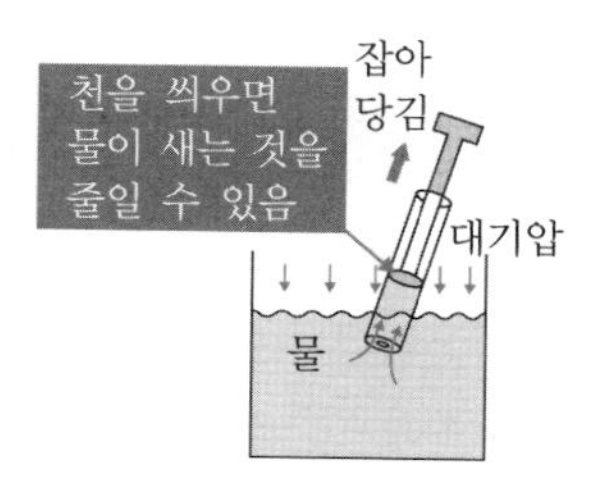

그림 3-12

(1) 막대를 당기면 죽통의 내부 압력이 내려감(부압이 됨)

(2) 대기압에 의해 밀려 올라온 물이 죽통 내부에 들어감

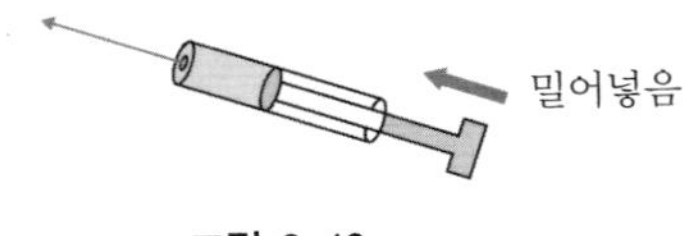

그림 3-13

(3) 막대를 밀면 죽통의 내부 압력이 올라감

(4) 죽통에 들어 있던 물이 밀려나감

등유를 넣는 핸드 펌프

빨간 벨로우즈(자바라 호스)로 친숙한, 등유 등을 처리하는 핸드 펌프의 원리를 알아봅시다.

그림 3-14 핸드 펌프

[작동 방법]

(1) 벨로우즈를 누르면 밸브가 개폐됨

(2) 벨로우즈에서 손을 떼면 벨로우즈가 원래의 모양으로 돌아가려고 하게 되며, 이때 밸브가 개폐되면서 물이 이동함

[동작원리]

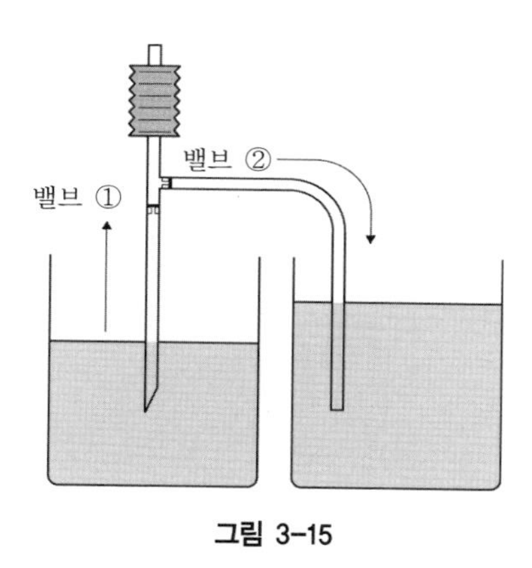

그림 3-15

(1) 벨로우즈를 누르면 압력이 높아져 밸브 ①이 닫히고 밸브 ②가 열림

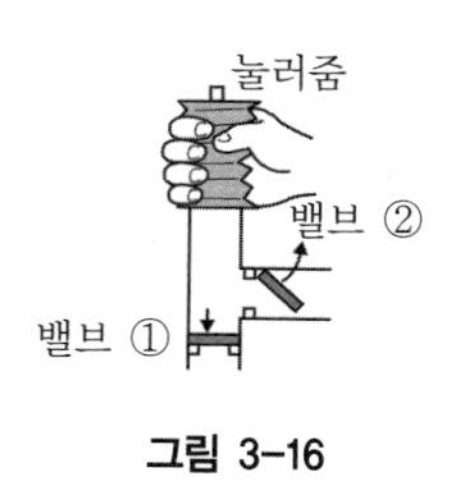

그림 3-16

(2) 벨로우즈를 놓으면 관 내부의 압력이 내려가 밸브 ②가 닫히고 밸브 ①이 열리면서 내부로 물이 들어옴

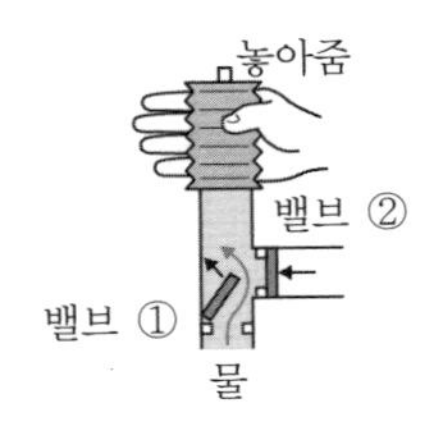

그림 3-17

(3) 벨로우즈를 다시 누르면 관 내부의 압력이 높아져 밸브 ①이 닫히고 밸브 ②가 열리면서 내부에 들어 있던 물을 밀어냄

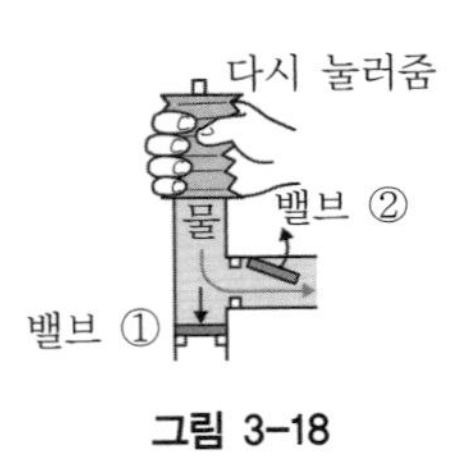

그림 3-18

밸브에는 방향이 있기 때문에, 밸브 ②가 있는 통에서 밸브 ①이 있는 통으로 물을 보낼 수는 없습니다.

(2) 왕복 펌프

왕복 펌프는 피스톤이나 플런저의 왕복운동으로 액체를 흡입하고, 필요한 압력을 주어서 내보내는 펌프입니다. 이 펌프는 토출량이 많지는 않지만, 고압이 요구되는 경우에 사용됩니다.

왕복 펌프의 구조는 피스톤(또는 플런저), 실린더, 흡입밸브, 토출밸브 등으로 되어 있습니다. 피스톤은 크랭크 기구를 이용하여 전기모터 등의 원동기에 직결되거나 또는 벨트나 기어 등에 의해 구동됩니다.

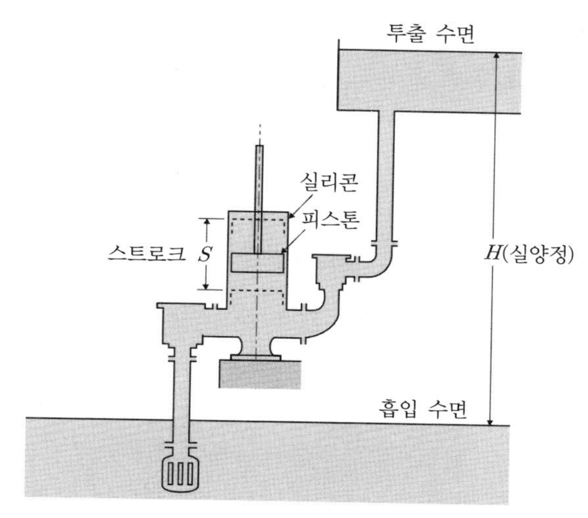

그림 3-19 왕복 펌프의 양수장치

왕복 펌프의 작동방식으로는 크랭크가 1회전하는 사이에 흡입과 토출을 각1회 실시하는 **단동형**, 크랭크가 1회전하는 사이에 흡입과 토출을 2회 실시하는 **복동형** 등이 있습니다.

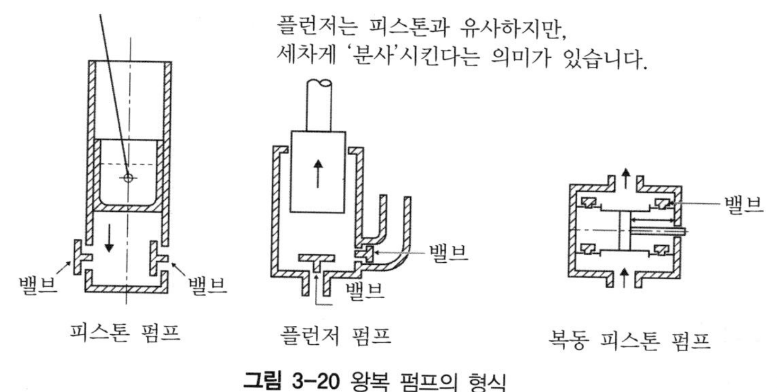

그림 3-20 왕복 펌프의 형식

왕복 펌프의 이론 토출량

여기에서 왕복 펌프의 이론 토출량을 구해봅시다.

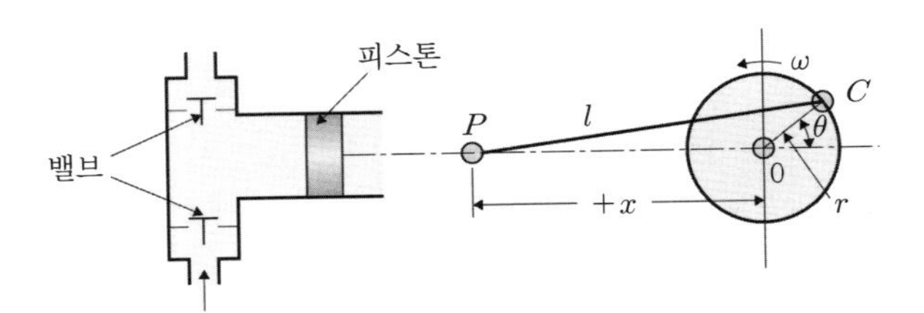

그림 3-21 왕복 펌프(단동형)의 메커니즘

피스톤의 이동거리인 스트로크를 S[m], 실린더의 직경을 D[m], 피스톤의 단면적을 A[m^2]라고 하면, 피스톤이 1회 왕복할 때 내보내지는 액체의 이론체적 V[m^3]는 다음 식으로 나타낼 수 있습니다.

$$V = A \cdot S = \frac{\pi}{4} \cdot D^2 \cdot S \ [\mathrm{m}^3]$$

또한 매분마다의 왕복수를 n[rpm]이라고 할 때, 매분당 이론 토출 유량 Q_{th}[m^3/min]은 다음 식으로 나타낼 수 있습니다.

$$Q_{th} = V \cdot n = \frac{\pi}{4} \cdot D^2 \cdot S \cdot n \ [\mathrm{m}^3/\mathrm{min}]$$

그러나 실제로 피스톤과 실린더 사이의 누출, 밸브 부분에서의 역류에 따른 누출 등 Q_ℓ[m^3/min]이 있기 때문에, 실제 토출량 Q[m^3/min]는 다음 식으로 나타낼 수 있습니다.

$$Q = Q_{th} - Q_\ell \ [\mathrm{m^3/min}]$$

여기에서 Q와 Q_{th}의 비를 체적효율 η_v라고 하며, 다음 식으로 나타낼 수 있습니다.

$$\eta_v = \frac{Q}{Q_{th}} = \frac{Q_{th} - Q_\ell}{Q_{th}} = 1 - \frac{Q_\ell}{Q_{th}}$$

예 3-2

단동형 왕복 펌프에서 피스톤의 직경이 100mm, 스트로크가 120mm, 크랭크 축의 회전속도가 180rpm일 때, 이 펌프의 이론 토출량을 구하세요.
그리고 펌프의 체적효율을 0.96이라고 할 때, 실제 토출량($\mathrm{m^3/min}$)을 구하세요.

[해답]
피스톤의 직경 D=100mm=0.10m
스트로크 S=120mm=0.12m
회전속도 n=180rpm
위의 값을 앞 페이지의 식에 대입합니다.

$$\begin{aligned} Q_{th} &= V \cdot n = \frac{\pi}{4} \cdot D^2 \cdot S \cdot n \\ &= \frac{3.14}{4} \times 0.10^2 \times 0.12 \times 180 = 0.17 \ [\mathrm{m^3/min}] \end{aligned}$$

$$\begin{aligned} Q &= Q_{th} \cdot \eta_v \\ &= 0.17 \times 0.96 = 0.16 \ [\mathrm{m^3/min}] \end{aligned}$$

여기에서 구한 토출량은 1분당 평균 유량이지만, 실제로 왕복 펌프의 토출량은 연속적이지 않습니다. 크랭크의 각도 θ와 토출량 q의 관계는 sin 곡선으로 나타낼 수 있고, 다음 그림과 같이 토출량 곡선을 그릴 수 있습니다.

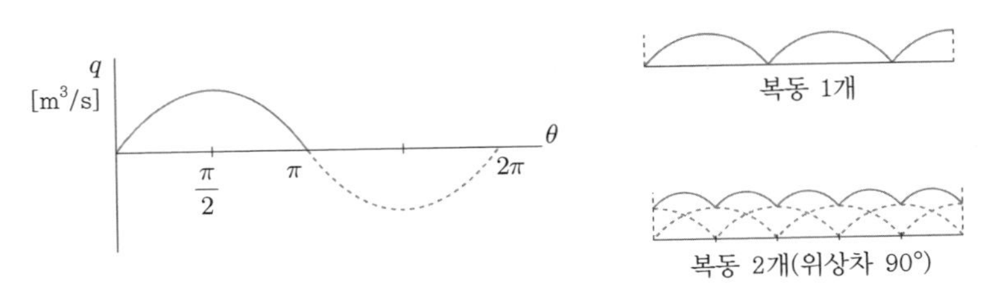

그림 3-22 토출량 곡선

단동형 왕복 펌프는 토출량의 변화가 크기 때문에 기복을 방지하기 위해서 복동형으로 하는 경우가 있습니다. 이것은 자동차의 피스톤 기관이 단기통이 아닌 4기통 등의 다기통으로 되어 있는 것과 비슷합니다.

밸브

왕복 펌프에서는 흡입밸브, 토출밸브의 선택과 설계가 중요합니다. 밸브에 요구되는 조건은 다음과 같습니다.

① 액체의 누출을 확실하게 방지할 것
② 밸브를 열었을 때 유동저항이 가능한 작을 것
③ 왕복 펌프를 작동할 때 신속한 추종성이 있을 것
④ 내구성이 있을 것

밸브의 기본형은 구형 밸브와 원판형 밸브로 구분되며, 용도에 따라 여러 가지 크기나 재질의 제품이 있습니다.

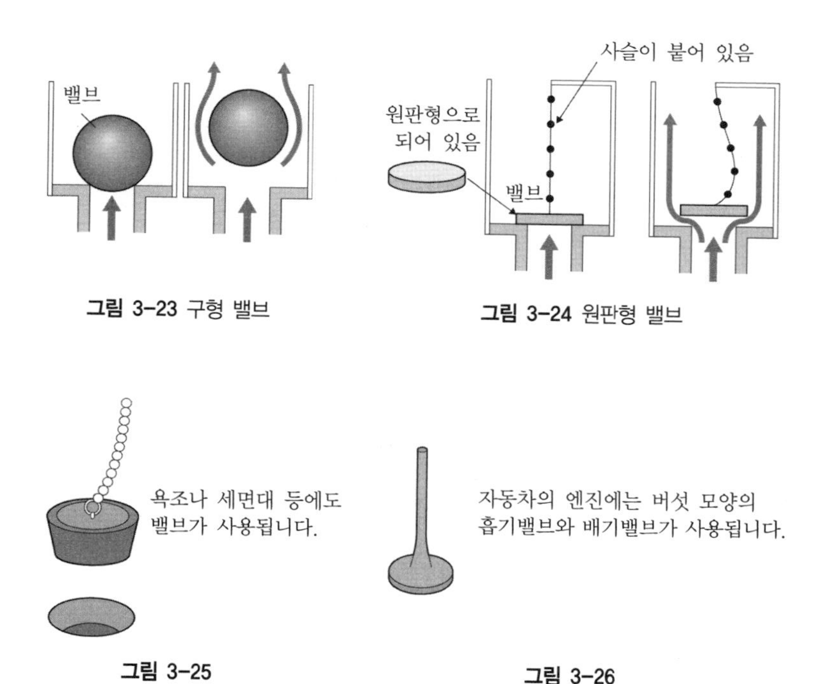

그림 3-23 구형 밸브

그림 3-24 원판형 밸브

그림 3-25

그림 3-26

펌프 병

샴푸 등에 사용되는 병에도 펌프가 사용되고 있습니다.

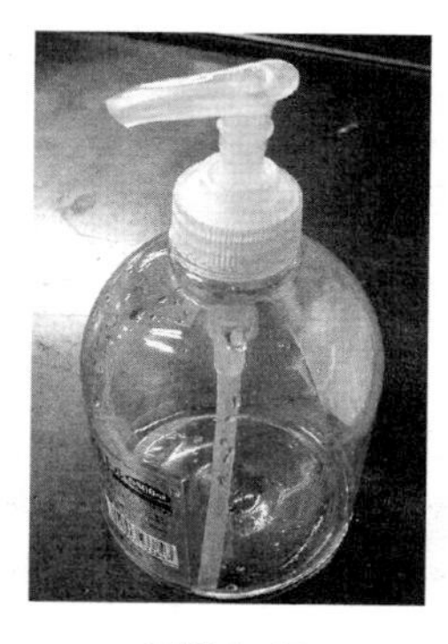

그림 3-27

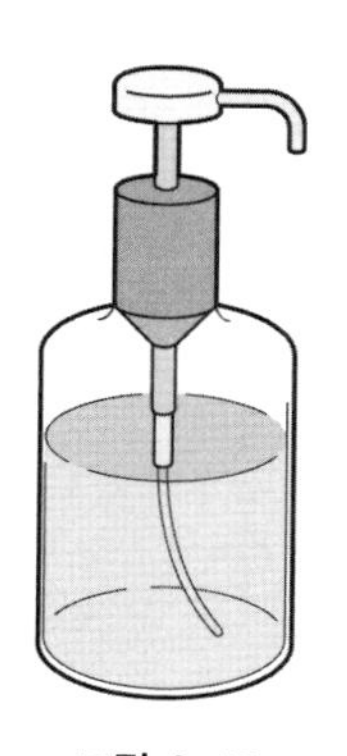

그림 3-28

[작동원리]

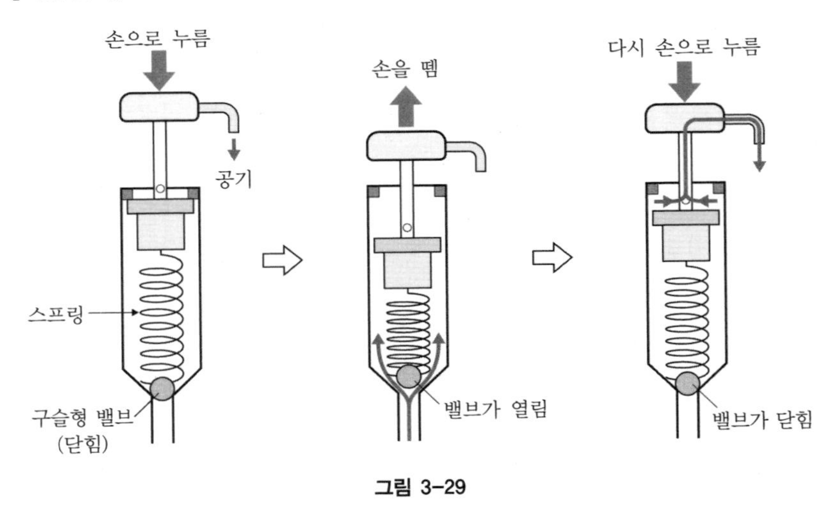

그림 3-29

(1) 머리 부분을 누르면 통 안의 공기가 먼저 밀려나감

(2) 손을 떼면 스프링이 원래대로 돌아오면서 통의 내부가 부압이 되어 하부에서 물이 통 안으로 들어감

(3) 다시 머리 부분을 누르면 통 내부의 상부에 있던 물이 머리 부분의 관을 통해 용기 밖으로 흘러나감

물총(밸브형)

장난감 물총도 펌프 병과 같은 원리입니다.

그림 3-30

[분해도]

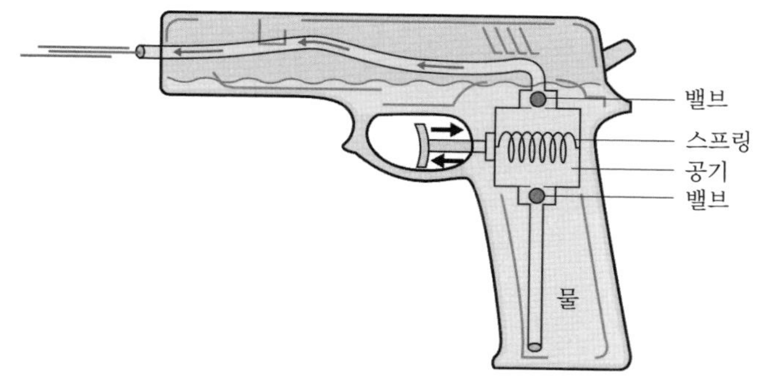

그림 3-31

[작동원리]

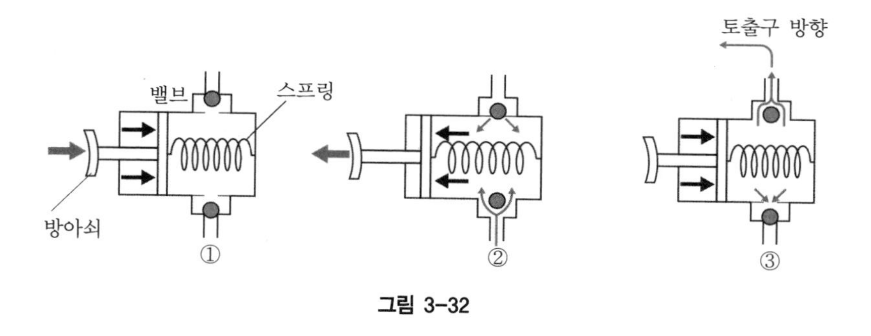

그림 3-32

(1) 방아쇠를 누르면 용기 내의 공기가 먼저 밀려나감

(2) 손을 떼면 스프링이 원래대로 돌아오면서 용기의 내부가 부압이 되어 하부에서 물이 용기 안으로 들어감

(3) 다시 방아쇠를 누르면 위쪽 밸브가 열려 용기 내부에 있던 물이 밖으로 흘러나감

(4) 밖으로 흘러나간 물은 튜브를 통해 분출구로 유도되는데, 분출구의 구멍이 튜브의 두께보다 작아 이 부분에서 유속이 빨라짐

실험 3-1 왕복 펌프의 설계

[설계사양]

다음과 같은 작동을 하는 왕복 펌프를 제작하세요.

(1) 눌렀을 때 물이 나오는 펌프
(2) 당겼을 때 물이 나오는 펌프
(3) 눌러도 당겨도 물이 나오는 펌프

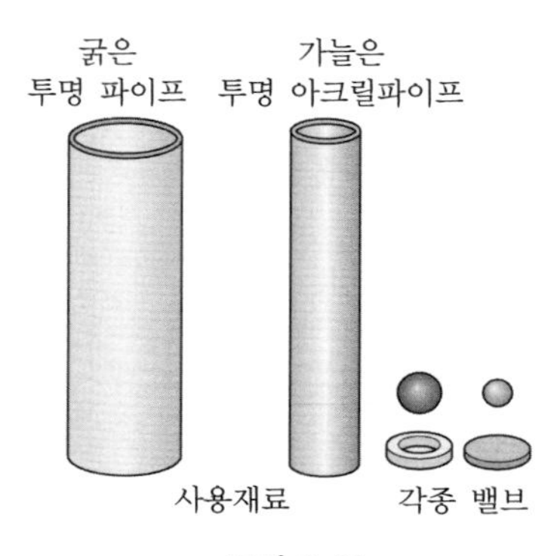

그림 3-33

[설계 예]

(예 1) 눌렀을 때 물이 나오는 펌프

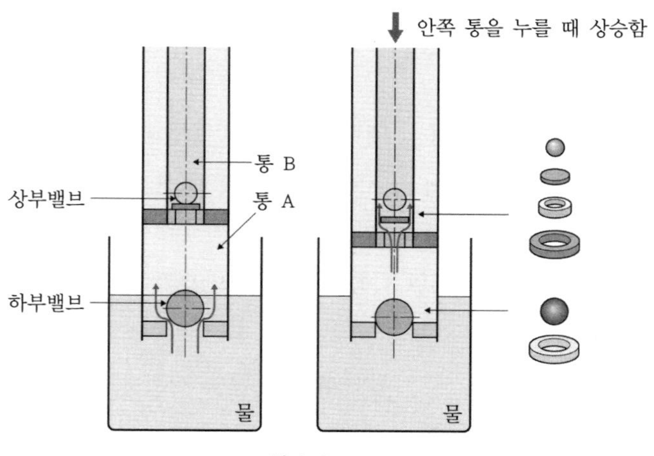

그림 3-34

① 그림과 같이 실험장치를 물속에 넣으면 수압에 의해 하부의 밸브가 열리고 통 A로 물이 들어간다.
② 다음으로 내측의 가는 파이프를 누르면 하부의 밸브가 닫히고 상부의 밸브가 열려 통 B로 물이 들어간다.

(예 2) 당겼을 때 물이 나오는 펌프

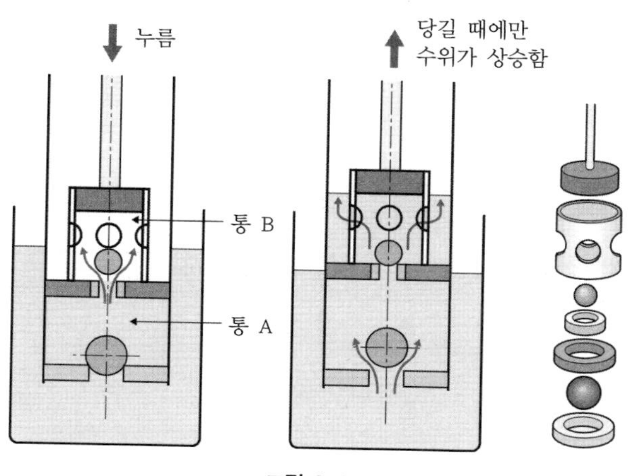

그림 3-35

① 먼저 내측의 가는 파이프를 누르면 상부의 밸브가 열리고 통 B로 물이 들어간다. 이때 하부의 밸브가 닫혀 있기 때문에 통 A 안의 물이 이동한 것이 된다.
② 다음으로 가는 파이프를 당기면 이때 상부의 밸브가 닫혀 있기 때문에 수위가 상승한다.

(예 3) 눌러도 당겨도 물이 나오는 펌프
① 가는 파이프를 당기면 통 A의 압력이 내려가 하부의 밸브가 열리고 통 A로 물이 들어간다.
② 다음으로 가는 파이프를 누르면 통 A의 압력이 높아져 하부의 밸브가 닫힌다. 이때 상부의 밸브가 열려 통 B로 물이 들어간다. 또한 통 B에는 구멍이 뚫려 있어 그 구멍으로 통 C에 물이 들어간다.
③ 이 작동을 반복하는 것으로 당길 때나 누를 때나 물이 상승한다.

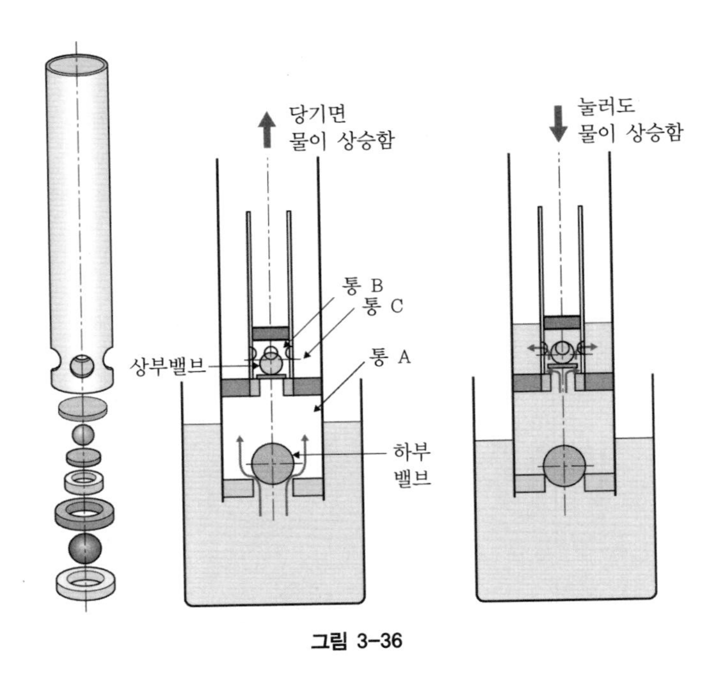

그림 3-36

이처럼 밸브의 위치를 설계함에 따라서 펌프를 누르거나 당기는 것에 따라서 다양한 작동을 시킬 수 있습니다.

(3) 원심 펌프

원심 펌프란 원동기로 회전하는 날개차의 원심력에 의해 액체로 에너지를 전달하는 펌프입니다.

우선 간단한 실험장치로 설명하겠습니다. 그림과 같이 날개차를 전기모터로 회전시키면 원심력으로 수위가 변화합니다. 이때 수위가 높아진 부분에 토출관을 부착시키면 이 높이 차이가 펌프의 양정이 되어 액체를 내보낼 수 있는 것입니다.

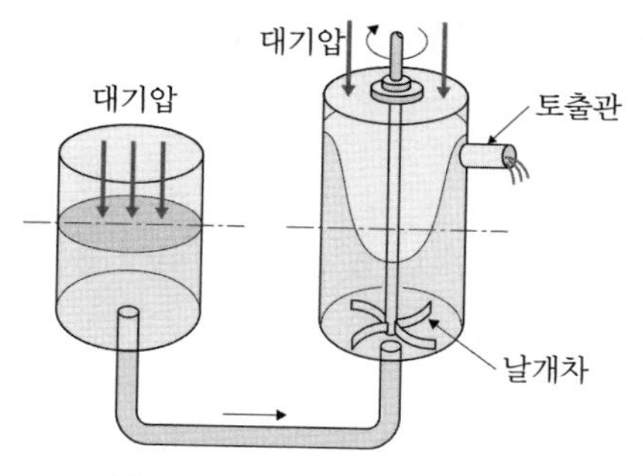

그림 3-37 원심 펌프의 원리

여기에서 원심력에 대해 살펴보겠습니다. 원심력이란 등속원운동을 하고 있는 물체에 작용하는 관성력입니다. 이 관성력은 원의 중심을 향하는 구심력과 크기는 같고 방향은 반대입니다.

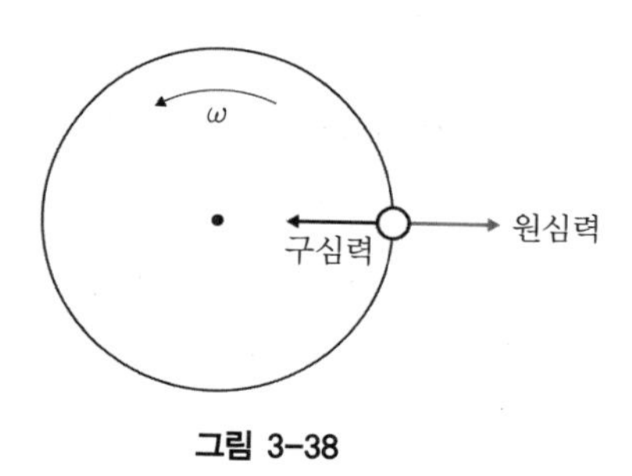

그림 3-38

이 힘의 크기 F[N]은 회전하는 물체의 질량을 m[kg], 회전반경을 r[m], 각속도를 ω[rad/s], 속도를 v[m/s]라고 할 때 다음 식으로 나타낼 수 있습니다.

$$F = mr\omega^2 = m \cdot \frac{v^2}{r} \text{ [N]}$$

즉, 원심력의 크기는 속도 v의 제곱과 비례합니다.

원심 펌프의 구조

원심 펌프를 작동시키면 날개차가 회전하여 흡입관에서 토출관으로 액체를 이동시킬 수 있습니다.

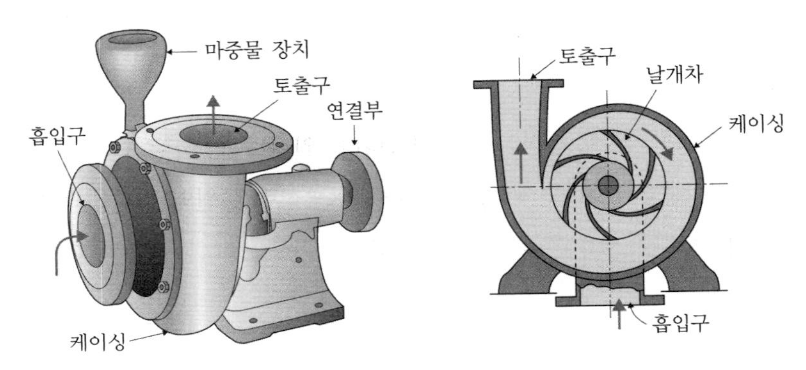

그림 3-39 원심 펌프의 구조

원심 펌프는 크게 **케이싱**과 **회전체**(축 이음쇠, 주축, 날개차, 축 베어링)로 구성되어 있습니다. 케이싱은 날개차에서 보내진 물을 받아 토출구로 유도하는 것으로, 주로 주물로 제작됩니다.

축 이음쇠는 주로 주물이나 탄소강으로 제작되며, 원동기 축과 펌프 축을 간접적으로 연결하여 동력을 전달합니다. 주축은 동력을 날개차에 전달하며, 주로 탄소강, 스테인리스강으로 제작됩니다. 축 베어링은 회전체의 중량을 지지하면서 축의 추력(thrust)을 받아내어 소음 및 진동을 방지합니다. 날개차는 회전에 의해 양수기능을 발휘합니다. 주로 주물로 제작됩니다.

원심 펌프의 종류

원심 펌프는 다음과 같은 형식으로 분류할 수 있습니다.

① 와류 펌프와 디퓨저 펌프

보통 원심 펌프를 **와류 펌프**라고 하는 경우도 있습니다. 그리고 보다 효과적으로 압력에너지로 변환하는 디퓨저 펌프가 있습니다. 디퓨저 펌프에는 고정된 안내날개가 많이 사용되며, 이 안내날개의 역할로 인해 펌프의 양정도 높아집니다.

② 편흡입형 펌프와 양흡입형 펌프

그림 3-40과 같이 흡입구가 한쪽에만 있는 펌프를 **편흡입형 펌프**, 흡입구를 양쪽에 설계하여 흡입량을 많게 한 펌프를 **양흡입형 펌프**라고 합니다.

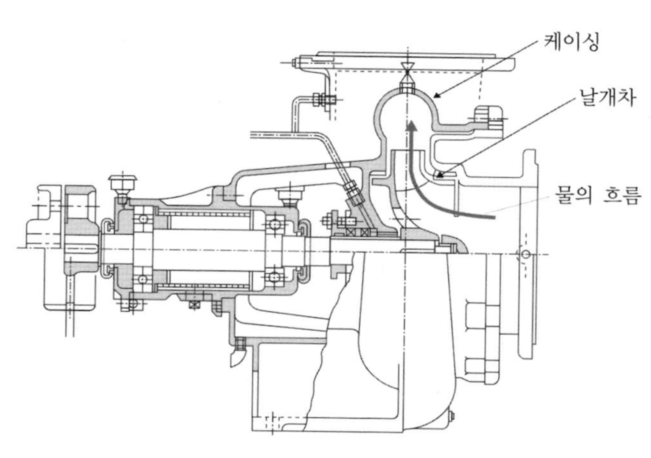

그림 3-40 편흡입형 펌프

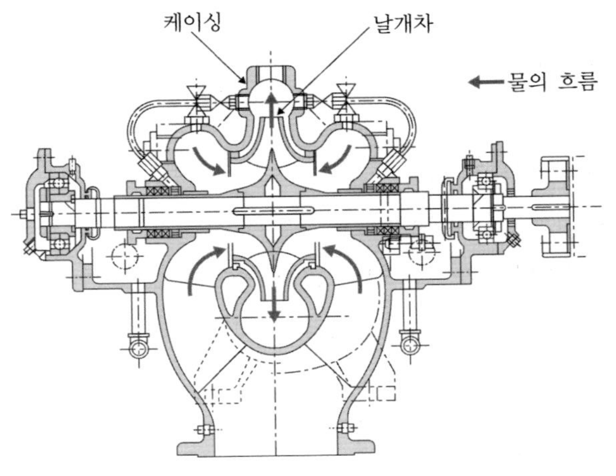

그림 3-41 양흡입형 펌프

③ 1단 펌프와 다단 펌프

주축에 1개의 날개차를 부착한 펌프를 **1단 펌프**, 2단, 3단으로 복수의 날개차를 부착한 펌프를 **다단 펌프**라고 합니다. 단수가 많을수록 펌프의 양정이 커지며, 많게는 20단 정도의 펌프도 있습니다.

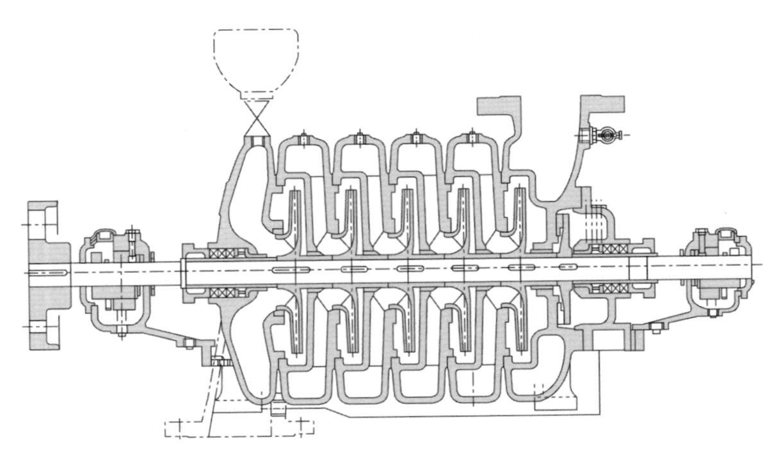
그림 3-42 5단 원심 펌프

원심 펌프의 특징

[장점]

(1) 토출량의 많고 적음, 양정의 높고 낮음에 상관없이 넓은 범위에서 사용할 수 있다.

(2) 장치 전체가 차지하는 공간이 크지 않으며, 저렴한 비용으로 설치할 수 있다.

(3) 주로 전기모터 등의 원동기를 직접 연결하여 운전할 수 있다.

(4) 구조가 간단하여 고장이나 마모 등이 적고, 기계의 신뢰성도 높기 때문에 수명이 길다.

[단점]

(1) 펌프 내부를 만수 상태로 채워서 가동하지 않으면 원심력이 발생하지 않기 때문에, 마중물 장치를 필요로 한다.

(2) 토출량이 매우 작거나 양정이 매우 높은 경우에는 효율이 나빠지기 때문에 사용할 수 없다.

(3) 공기를 흡입하면 양정효율이 나빠진다.

원심 펌프의 이론 양정

원심 펌프에서 날개차의 형태는 펌프의 양정에 큰 영향을 줍니다. 그 때문에 날개차의 회전에 의해 액체에 전달되는 에너지의 크기를 물리학적으로 검토할 필요가 있습니다.

그림 3-43은 펌프의 날개차를 회전축에 수직으로 절단한 평면을 나타냅니다.

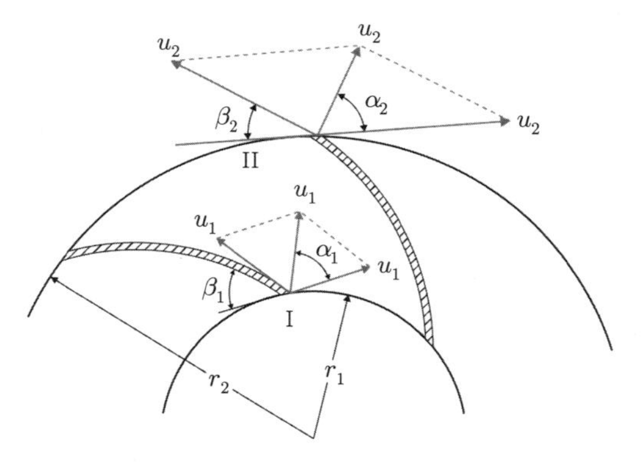

그림 3-43 날개차의 속도선도

물은 처음에 날개차의 중앙부분으로부터 흘러들어 옵니다. 이때 날개차의 절대속도를 v_1[m/s], 각속도를 ω[rad/s]라고 합시다. 날개차는 $u_1 = r_1 \cdot \omega$[m/s]의 원주속도로 회전하기 때문에, 그림과 같은 평행사변형을 만들면 날개차에 대한 물의 상대속도는 ω_1[m/s]으로 나타낼 수 있습니다. 다시 말해 물은 ω_1[m/s]의 속도로 날개차 중앙으로 들어오게 되며, 날개차를 따라 흘러나가 출구에서는 ω_2[m/s]의 속도로 빠져나가는 것입니다.

출구에서 날개차의 원주속도는 $u_2 = r_2 \cdot \omega$[m/s]로 나타낼 수 있습니다. 물은 날개차와 함께 속도 u_2로 움직이는데, 이 속도는 날개차 측에서는 각속도 ω_2로 움직이는 것이 됩니다. 따라서 물은 u_2와 ω_2의 합성속도 v_2[m/s]로 날개차에서 빠져나가게 됩니다.

원주방향과 각도 α를 이루는 절대속도 v[m/s]인 물의 원주방향 운동량은, 물의 유량을 Q[m^3/s], 물의 밀도를 ρ[kg/m^3]라고 하면 $\rho Q \cos\alpha$가 되므로, 날개차가 물에 주는 토크 T[N · m]는 다음 식으로 나타낼 수 있습니다.

$$T = \rho Q(r_2 v_2 \cos\alpha_2 - r_1 v_1 \cos\alpha_1) \ [\mathrm{N \cdot m}]$$

따라서 날개차가 물에 주는 동력 P[W]는 날개차의 각속도를 ω[rad/s]라고 할 때 다음 식으로 나타낼 수 있습니다.

$$P = T \cdot \omega = \rho Q(r_2 v_2 \cos\alpha_2 - r_1 v_1 \cos\alpha_1) \cdot \omega \ [\mathrm{W}]$$
$$= \rho Q(u_2 v_2 \cos\alpha_2 - u_1 v_1 \cos\alpha_1)$$

여기에서 손실이 없다고 가정하면 동력 P[W]가 모두 유체에 전달되게 됩니다. 동력 P[W]로 높이 H_{th}[m]까지 양수할 수 있다고 한다면, 동력 P는 $\rho g Q H_{th}$가 됩니다. 이것을 위의 식과 같다고 놓고 양정 H_{th}[m]를 구하면 다음의 식으로 나타낼 수 있습니다.

$$P = \rho g Q H_{th} = \rho Q(u_2 v_2 \cos\alpha_2 - u_1 v_1 \cos\alpha_1)$$
$$H_{th} = \frac{1}{g} \cdot (u_2 v_2 \cos\alpha_2 - u_1 v_1 \cos\alpha_1) \ [\mathrm{m}]$$

위의 식을 **이론 양정**이라고 하며, H_{th}는 $\alpha_1 = 90°$일 때 최대가 됩니다. H_{max}와 α의 관계는 다음 식으로 나타낼 수 있습니다.

$$H_{max} = \frac{1}{g} \cdot u_2 v_2 \cos\alpha_2 = \frac{1}{g} \cdot u_2(u_2 - v_2 \cos\beta_2) \ [\mathrm{m}]$$

이 식은 실제로 펌프에 사용되는 날개차의 설계에 적용되고 있습니다. 일반적으로는 $\alpha_1 = 90°$, $\beta_2 = 18 \sim 27°$의 범위에서 설계됩니다.

예 3-3

펌프의 날개차의 출구 반경을 300mm, 회전속도를 1,200rpm, $\alpha_1=90°$, $\beta_2=24°$, $v_2=20$m/s라고 할 때, 이론 양정은 몇 m가 되는지 구하세요.

[해답]
$\alpha_1=90°$이므로 이론 양정은 그 최대치인 H_{max}의 식을 이용합니다.

$$H_{max}=\frac{1}{g}\cdot u_2(u_2-v_2\cos\beta_2)\ [\mathrm{m}]$$

위의 식에서 모르는 값인 u_2는 다음과 같이 구합니다.

$r_2=300\mathrm{mm}=0.3\mathrm{m}$, $n=1,200\mathrm{rpm}$이므로

$$u_2=\frac{2\pi r_2 n}{60}=\frac{2\times3.14\times0.3\times1200}{60}=37.7\ [\mathrm{m/s}]$$

다음으로 $\cos\beta_2=\cos24°=0.9135$를 구하여 $u_2=37.7\mathrm{m/s}$와 $v_2=20\mathrm{m/s}$를 H_{max}의 식에 대입하면, 이론 양정을 구할 수 있습니다.

$$\begin{aligned}H_{max}&=\frac{1}{g}\cdot u_2(u_2-v_2\cos\beta_2)\\&=\frac{1}{9.8}\times37.7(37.7-20\times0.9135)=74.7\ [\mathrm{m}]\end{aligned}$$

(4) 축류 펌프

축류 펌프란 날개차의 축방향으로 들어온 유체가 그대로 축방향으로 흘러나가는 펌프입니다. 날개차를 통과할 때의 속도 차에 따라 압력차를 발생시키고, 이 에너지를 이용하여 양수하는 방식입니다. 이 펌프는 높은 압력은 얻을 수 없지만 대량의 유체를 계속해서 내보내는 것이 가능합니다. 주로 양정이 10m 이하로 낮을 때 사용되고, 상하수도용 펌프나 증기터빈의 환수기용 순환펌프, 농업용 배수펌프 등에 사용되고 있습니다.

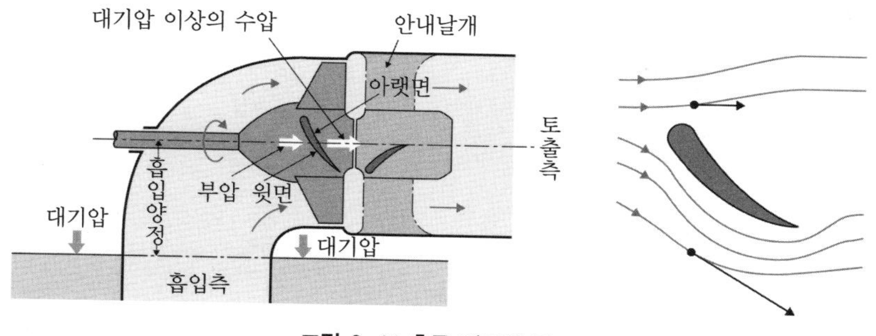

그림 3-44 축류 펌프의 구조

축류 펌프는 주축, 날개차, 안내날개, 케이싱, 축베어링 등으로 구성되어 있습니다. 날개차의 날개는 3~6장 정도이고, 운전 중에도 각도를 조절할 수 있는 가변 날개형이 많이 사용되고 있습니다. 이 조정에 따라 넓은 범위의 토출량에 대응할 수 있습니다.

또한 같은 출력 조건에서 원심 펌프보다 크기가 작고 기초 공사도 간단하기 때문에 가격이 저렴하다는 특징이 있습니다.

(5) 사류 펌프

사류 펌프는 유체가 날개차의 축방향으로 들어왔다가 축에 대하여 경사진 방향으로 유출되는 펌프입니다. 송출하는 유체의 용량과 압력 모두 원심 펌프와 축류 펌프의 중간적인 특징을 가지고 있습니다. 축류 펌프와 다른 점은, 유체가 날개차를 통과할 때 축방향과 반경방향이 합성된 방향으로 흐름이 형성된다는 것입니다.

양정은 최대 30m 정도이고, 원심 펌프와 축류 펌프의 중간 정도 양정을 얻을 수 있습니다. 구체적으로는 농업용수의 양수 및 배수용, 상하수도용, 발전소에서의 해수 취수용 등에 사용되고 있습니다.

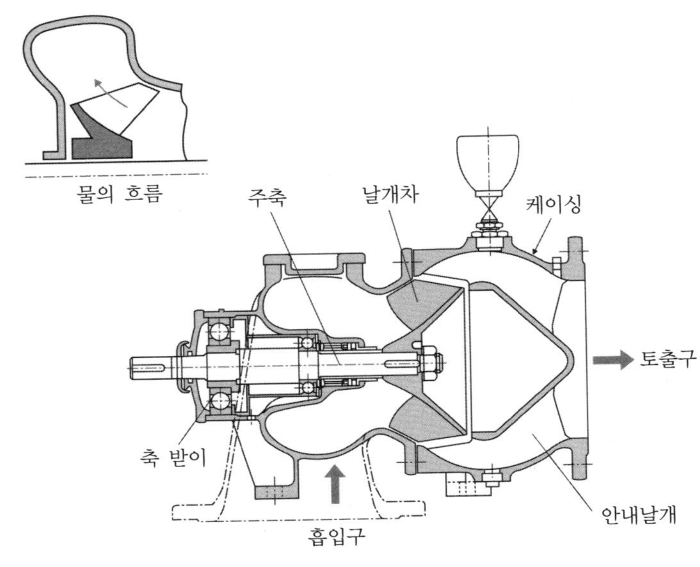

그림 3-45 사류 펌프의 구조

(6) 로터리 펌프

로터리 펌프는 기어, 날개, 경사판, 나사 등으로 이루어진 회전자가 회전하면서 밀폐공간이 이동하는 현상을 이용하는 펌프입니다. 주요 운동부분이 등속회전운동을 하기 때문에 진동이 적고, 토출량의 변동도 작다는 특징이 있습니다. 또한 구조의 차이에 따라 몇 가지 종류로 분류됩니다.

기어 펌프

기어 펌프에는 크게 나누어 두 가지의 종류가 있습니다. **외접 기어 펌프**는 케이싱 내에서 외접하는 2개의 톱니바퀴가 회전함에 따라 톱니 골에 채워진 유체가 토출됩니다.

내접 기어 펌프는 외접 기어와 내접 기어가 케이싱 내에서 맞물려 회전함에 따라 유체가 토출됩니다.

기어 펌프에서 사용할 수 있는 액체 종류의 폭은 매우 넓어 물이나 가솔린 등 점도가 낮은 것부터 기름, 도료, 니스, 그리스* 등 점도가 높은 유체에까지 사용할 수 있습니다.

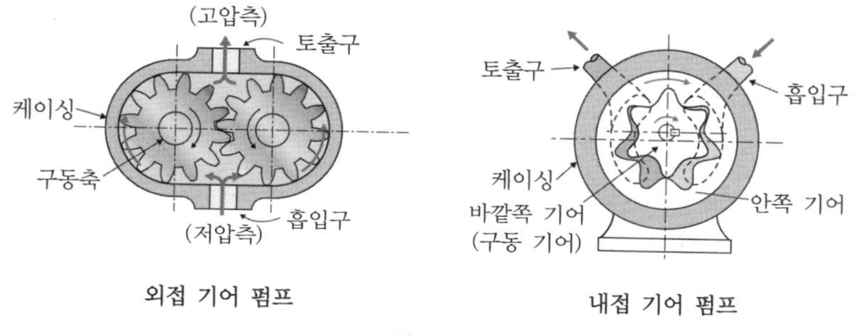

그림 3-46

4. 펌프의 사용

펌프는 구체적으로 어떤 장소에서 어떻게 사용되고 있을까요? 이러한 내용들을 정리해보겠습니다.

▶ 상수도용

하천수나 지하수 등에서 원수를 취하여 각 시설들 간에 보내거나, 수돗물을 공급하는 데 사용됩니다.

* (역자 주) 그리스 : grease(윤활유).

▶ **하수도용**

우수 : 관을 따라 흘러내려온 배수구 안의 빗물을 하천 등으로 방류하는 데 사용됩니다. 그리고 빗물이 급격하게 유입될 때는 선행대기형 펌프*로 배수합니다.

오수 : 맨홀 펌프, 중계펌프, 처리장 내 양수 펌프 등의 오수압송용으로 사용됩니다.

슬러지 : 처리장 내의 슬러지 저장조 사이에서 슬러지를 이송할 때 사용됩니다.

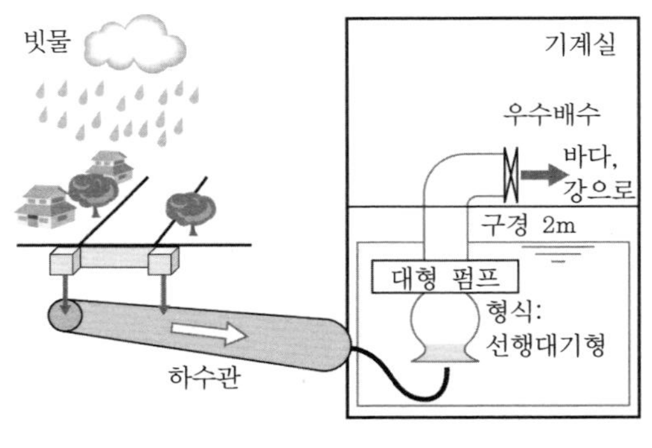

그림 3-47 우수

▶ **농업용**

농지의 관개용 또는 배수개량의 목적으로 사용됩니다.

▶ **하천용**

물을 공급하기 위한 하천배수용 펌프나, 이동이 가능한 배수 펌프차, 지하공간을 이용한 지하하천 펌프로 사용됩니다.

---

* (역자 주) 선행대기형 펌프 : Standby operation pump.

▶ **도로배수용**

입체교차, 지하도로의 빗물, 융설수, 지하수 등의 배수 펌프로 사용됩니다.

▶ **설비용**

전력, 가스, 제철 등 플랜트 내의 여러 분야에서 순환수 펌프나 지역냉난방, 소화설비용 펌프로 사용됩니다.

▶ **전력용**

하천이나 댐의 위치에너지를 이용한 펌프수차로 사용됩니다.

▶ **분수용**

물의 모양을 예술적인 디자인으로 연출하기 위한 펌프, 또는 인공적인 자연의 복원(폭포, 흐름)용의 순환 펌프로 사용됩니다.

▶ **의료용**

인공장기로는 폐에 공기를 보내주는 에어 펌프나 심장에 혈액을 보내주는 순환 펌프, 그리고 인공심장용 펌프로 사용됩니다.

▶ **식품화학용**

식품제조과정이나 화학 플랜트의 액체이송용의 점성액체 이송펌프로 사용됩니다.

▶ **세차기용**

수중 펌프와 고압세정기 등 자동차의 세차용으로 사용됩니다.

▶ **풀장용**

여과 탱크 등의 정화 시스템과 함께 풀장의 물을 순환시키는 역할을 하는 펌프가 사용됩니다.

▶ **수족관용**

저수 탱크나 여과수조 등의 정화 시스템과 함께 수족관의 수조에 있는 물을 순환시키는 역할을 하는 펌프가 사용됩니다.

| COLUMN | 일본의 근대 수도 발상지

1887년 10월, 일본 최초의 근대 수도는 요코하마에서 탄생했습니다. 설계자는 오사카, 고베, 하코타테 등의 수도 건설에도 초빙된 영국인 **H. S. 파머**였습니다. 당시 요코하마는 매립지가 많아 좋은 물을 얻을 수 없었기 때문에 사람들은 오랜 기간 동안 음용수 부족과 전염병, 대형 화재 등으로 고통받고 있었습니다. 때문에 당시 수도의 건설은 사회적으로 매우 큰 기여를 하게 됩니다. 노게저수장 터에는 근대 수도의 아버지인 H. S. 파머의 흉상이 있습니다.

그림 3-48 노게저수장 터

그림 3-49 파머의 흉상

동물원도 있는 노게의 코우다이에서는 랜드마크 타워가 있는 미나토미라이 지구 전망도 볼 수 있습니다.
요코하마 수도 기념관(니시타니 정수장)에서는 근대 수도의 역사를 알 수 있으며, 다양한 자료나 시설들이 있습니다.

그림 3-50 요코하마 수도 기념관

특히 요코하마의 근대 수도 창설을 기념하여 당시의 요코하마 정거장(현 사쿠라기초 역) 광장에 설치한 요코하마 수도 창설기념 분수(영국, 앤돌핸디사이드 사)도 볼 수 있습니다.

그림 3-51 요코하마 수도 창설기념 분수

니시타니 정수장시설은 등록유형문화재로 지정되어 있습니다. 벽돌건물은 여과지 정수실의 창고입니다.

그림 3-52 여과지 정수실 창고

연습문제 펌 프

1. ( ) 안에 알맞은 단어를 넣어 문장을 바르게 완성하세요.

(1) 펌프의 사양을 나타내는 것으로, 펌프가 단위시간에 토출하는 액체의 체적인 (①), 펌프 운전에 의해 발생한 압력을 물의 높이로 나타내는 (②)(이)가 있습니다.

(2) 펌프의 성능은 특성곡선으로 나타낼 수 있습니다. 특성곡선에는 어느 정도 압력의 물을 어느 정도 토출할 수 있는가를 나타내는 (③)곡선, 그때의 펌프의 효율을 나타내는 (④)곡선, 또한 필요한 동력을 나타내는 (⑤) 곡선 등이 있습니다.

(3) 피스톤이나 플런저의 왕복운동으로 액체를 흡입하고, 필요한 압력을 가해 내보내는 펌프를 (⑥) 펌프라고 합니다. 이 펌프에는 물이 출입하는 곳에 (⑦)이/가 설치됩니다.

(4) 회전하는 날개차의 원심력으로 액체에 에너지를 전달하는 펌프를 (⑧) 펌프라고 합니다. 이 펌프는 크게 나누어 (⑨)와 (⑩)(으)로 구성되어 있습니다.

(5) 축방향으로 날개차에 들어간 액체가 그대로 축방향으로 유출되게 하는 펌프를 (⑪) 펌프라고 합니다.

(6) 축방향으로 날개차에 들어간 액체가 축에 대해 경사진 방향으로 유출되게 하는 펌프를 (⑫) 펌프라고 합니다.

(7) 기어나 나사 등으로 이루어진 회전자가 회전하면서 밀폐공간이 이동함에 따라 작용하는 펌프를 (⑬) 펌프라고 합니다.

2. 캐비테이션이란 무엇인지 설명하세요.

02 수차

1. 수차란

수차는 물의 에너지를 이용하여 날개차를 회전시킴으로써 기계적 에너지를 끌어내는 유체기계입니다. 현재 대부분의 수차는 발전기에 직결하는 형태로 수력발전에 이용되고 있으며, 기계적 에너지를 전기 에너지로 변환시키기 위하여 사용됩니다.

수차의 역사

수차도 펌프와 마찬가지로 역사가 오래되어 기원전부터 사용되었다고 합니다. 수차의 하부가 유체와 닿는 **하향식 수차**, 수차의 상부가 유체와 닿는 **상향식 수차** 등으로 구분할 수 있습니다. 19세기경 이후로 현재까지 사용되는 형식인 프란시스 수차나 펠턴 수차 등이 발명되었습니다.

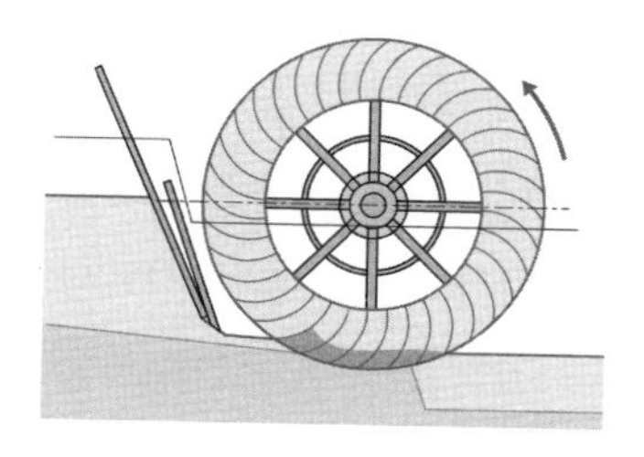

그림 3-53 하향식 수차

그림 3-54 상향식 수차

수차는 수력발전과 함께 발전해 왔습니다. 일본 최초로 수력발전이 행해진 것은 교토에 있는 케아게 발전소에서였습니다. 당시 교토 지사였던 키타가키 쿠니미치가 비와 호수에서 교토 시내를 통과하여 요도가와까지 연결된 운하 개발을 계획하였고, 1885년부터 운하공사가 시작되었습니다. 그때 **비와 호수**의 수력 이용 계획의 일환으로 이 발전소의 건설이 계획된 것입니다. **케아게 발전소**는 1892년 1월에 일본 최초로 사업용 수력발전소로 인가되었습니다. 그리고 1891년 5월에 펠턴 수차와 80kW 에디슨식 발전기 2대로 발전을 개시했고, 1897년 5월에는 19대의 발전기에 의한 출력 1,760kW분의 제1기 공사가 완료되었습니다. 이후 제2운하 공사와 함께 1912년 5월에 제2기 케아게 발전소(출력 4,800kW)가 증설되어 붉은 벽돌 건물이 건설되었습니다. 건물 전면에 조각된 글인 '공천량'에는 '하늘의 일을 돕는다'라는 의미가 있습니다.

그림 3-55

비와 호수의 운하는 교토 지사 키타가키 쿠니미치와 기사인 **타나베 사쿠로**의 면밀한 계획을 바탕으로 많은 희생을 치러가면서 결국 1890년에 완성되었습니다. 그 목적은 선박의 운항, 발전, 관개, 음용수, 방화, 공업용수 등 다방면에 걸쳐 있습니다.

타나베 사쿠로는 착공 후 외국으로 유학하여, 그곳에서 얻은 지식을 운하 건설에 활용하였습니다. 발전은 그중 하나로, 운하의 물로 발생시킨 전기를 사용하여 **인크라인**의 화물열차를 운행하였습니다.

인크라인이란 케아게의 항구와 미나미 신사의 항구를 연결하는 시설로, 두 구간의 경사가 급하기 때문에 상하 2대의 레일을 깔고 거치대를 이용하여 배를 이동시키는 방식입니다.

미나미 신사 수로각은 비와 호수 운하의 일환으로 시공된 것으로, 미나미 신사의 경내를 가로지르고 있습니다. 수로각은 총길이 93.17m, 폭 4.06m, 수로의 폭 2.42m이며, 벽돌구조, 아치구조에 의한 우수한 디자인을 하고 있어 교토를 대표하는 경관 중 하나가 되었습니다.

그림 3-56

그림 3-57

1996년 6월에는 이 수로각, 인크라인 외에 제1 운하의 제1, 제2, 제3터널 각 출입구 등이 일본을 대표하는 근대화 유산으로서 국가사적으로 지정되었습니다.

2. 수차의 성능

수력발전 시스템을 예로 들어 수차의 성능을 설명하겠습니다. 상류의 댐 등에서 취수구로 들어온 물은 도수로나 수압관 등을 통하여 수차로 흘러 들어갑니다. 이어서 수차를 회전시키면 물은 방수로로 흘러갑니다.

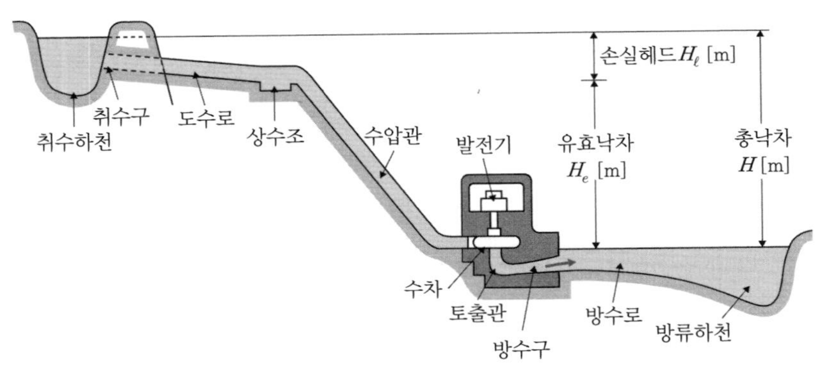

그림 3-58 수력발전 시스템

취수위에서 방수지점의 수면까지의 높이를 **총낙차** H[m]라고 합니다. 그러나 실제로 관로에서의 손실헤드 H_ℓ[m]를 총낙차에서 뺀 **유효낙차** H_e [m]가 사용되며, 이는 다음 식으로 나타낼 수 있습니다.

$$\text{유효낙차 } H_e = H - H_\ell \text{ [m]}$$

수차가 이론상 산출할 수 있는 동력을 **수차입력** P_i[kW]라고 하며, 수차의 유효낙차를 H_e[m], 물의 유량을 Q[m^3/s], 밀도를 ρ[kg/m^3], 중력가속도를 g[m/s^2]라고 하면 다음의 식으로 나타낼 수 있습니다.

$$수차입력\ P_i = \frac{\rho g Q H_e}{1,000}\ [kW]$$

또한 수차가 실제로 발생시키는 동력을 **수차출력** P_o[kW]라고 하며, 수차입력과 마찬가지로 다음의 식으로 나타낼 수 있습니다.

$$수차출력\ P_o = \frac{\rho g Q H_e}{1,000}\ [kW]$$

실제로는 수차 안으로 물이 흘러들어갈 때 유체의 관로 마찰, 관로의 굴곡, 관로 단면의 변화 등에 의해 손실이 생기기 때문에 수차입력 P_i를 모두 수차출력 P_o로 변환할 수는 없습니다. 이 변환효율을 나타낸 것을 **수차효율** η[%]라고 하며, 다음 식으로 나타냅니다.

$$수차효율\ \eta = \frac{P_o}{P_i} \times 100\ [\%]$$

수차의 효율은 각각 다르지만 70~95% 정도입니다.

예 3-4

종낙차가 50m, 유량이 10m³/s인 수차가 있습니다. 손실헤드의 합계가 3m일 때 이 수차의 유효출력을 구하세요.

[해답]

유효낙차 $H=50-3=47$m, 유량 $Q=10\text{m}^3/\text{s}$, 물의 밀도 $\rho=1,000\text{kg/m}^3$, 중력가속도 $g=9.8\text{m/s}^2$을 수차출력의 식에 대입합니다.

$$수차출력\ P_o = \frac{\rho g Q H_e}{1,000}$$

$$= \frac{1,000 \times 9.8 \times 10 \times 47}{1,000} = 4,606\ [\text{kW}]$$

예 3-5

수차출력이 9,800kW인 수차의 유효낙차는 70m, 유량은 18m^3/s였습니다. 이 수차의 효율을 구하세요.

[해답]
유효낙차 H=70m, 유량 Q=18m^3/s, 물의 밀도 ρ=1,000kg/m^3, 중력가속도 g= 9.8m/s^{2}를 수차입력의 식에 대입합니다.

$$수차입력\ P_i = \frac{\rho g Q H_e}{1,000}$$

$$= \frac{1,000 \times 9.8 \times 18 \times 70}{1,000} = 12,348\ [\text{kW}]$$

P_0=9,800kW, P_i=12,348kW를 수차효율의 식에 대입합니다.

$$수차효율\ \eta = \frac{P_o}{P_i} \times 100$$

$$= \frac{9,800}{12,348} \times 100$$

$$= 79.4\ [\%]$$

3. 수차의 종류

(1) 프란시스 수차

1855년에 미국인 프란시스는 현재의 프란시스 수차의 기초가 되는 수차를 완성시켰습니다. **프란시스 수차**는 흐르는 물이 날개차의 바깥쪽에서 안쪽으로 흘러들어 가서 축방향으로 빠져나가는 수차입니다. 이 수차는 물의 중력과는 거의 상관없이 물이 날개차를 통과하는 사이에 물이 가진 압력에너지와 운동에너지로 수차를 회전시키기 때문에 반동수차라고도 불립니다. 구조가 간단하고 경제적이기 때문에 약 20~700m 낙차용의 수차로 널리 이용되고 있습니다.

프란시스 수차는 구조상 횡축형과 종축형으로 나뉩니다. 유량이 적은 경우에는 발전기의 설치나 보수가 용이한 횡축형이 사용되며, 유량이 보통 이상인 경우에는 견고한 종축형이 사용됩니다.

수압관에서 흘러들어 온 물은 와권형의 케이싱 안으로 유도된 후 주축을 향하여 직각방향으로 유입됩니다. 그리고 지지날개, 안내날개를 통과하여 날개차에 도달합니다. 날개차에서는 물의 운동에너지와 압력에너지를 기계적 에너지로 변환하여 주축을 회전시키게 됩니다. 그 후 물은 토출관을 낙하하여 방수로로 유출됩니다.

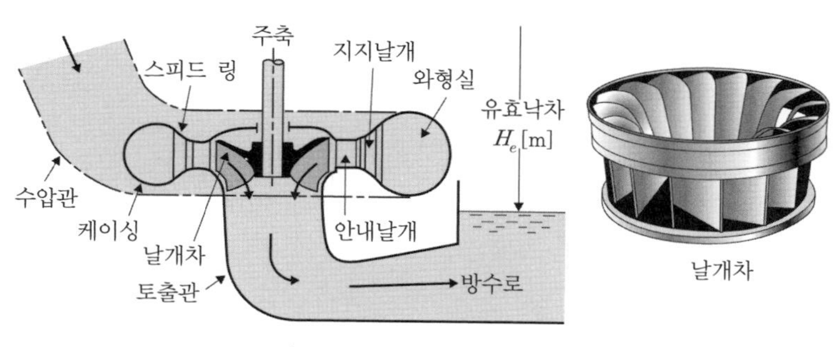

그림 3-59 프란시스 수차(종축형)

그림 3-60의 종축 프란시스 수차는 1939년에 건설된 시나노천 발전소에 사용된 것입니다. 지쿠마천을 원류로 하는 시나노천의 풍부한 물을 사용하는 수로식 발전기로, 5대의 수차발전기에 의해 건설 당시에는 동양 제일의 발전소 출력 165,000kW를 자랑하였습니다.

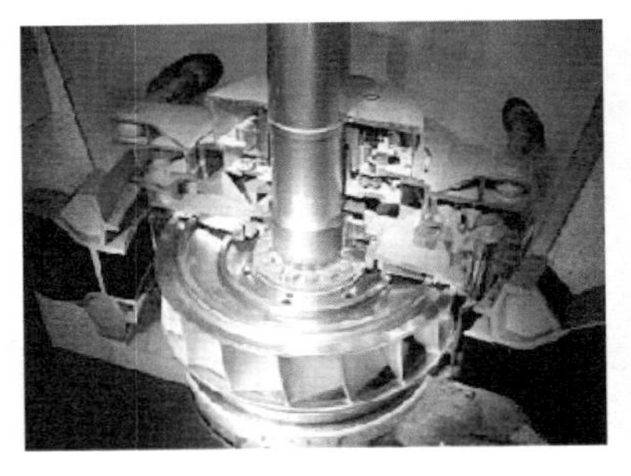

그림 3-60 프란시스 수차(종축형)

그림 3-61 프란시스 수차(횡축형)

그림 3-61의 횡축 프란시스 수차는 히타치 제작소가 제작하고 히타치 제1발전소에서 1918년부터 1989년까지 사용된 것입니다. 수차출력은 500rpm에서 800~1,010마력, 발전기출력은 105A, 600kW였습니다.

이러한 수차는 전기사료관(요코하마시 츠르미쿠 에가사키초 4-1)에서 견학할 수 있습니다(URL http://www.tepco.co.jp/shiryokan/index-j.html).

(2) 펠턴 수차

1870년에 미국인 펠턴은 현재의 펠턴 수차의 기초가 되는 수차를 완성시켰습니다.

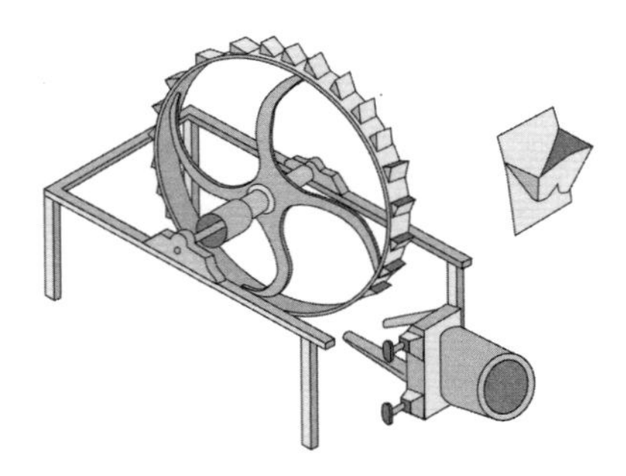

그림 3-62 최초의 펠턴 수차

펠턴 수차는 흐르는 물이 가진 위치에너지를 노즐을 이용하여 운동에너지로 변환하고, 버킷이라고 하는 수차의 날개에 물을 맞추어 회전시키는 수차입니다. 이 수차는 물이 가진 에너지 중 운동에너지를 이용하며, 물의 충격으로 수차를 회전시키기 때문에 **충격 수차**라고도 합니다. 유량이 변해도 효율이 안정되어 사용이 편하기 때문에 약 50~2,000m 낙차용의 수차로 널리 이용되고 있습니다.

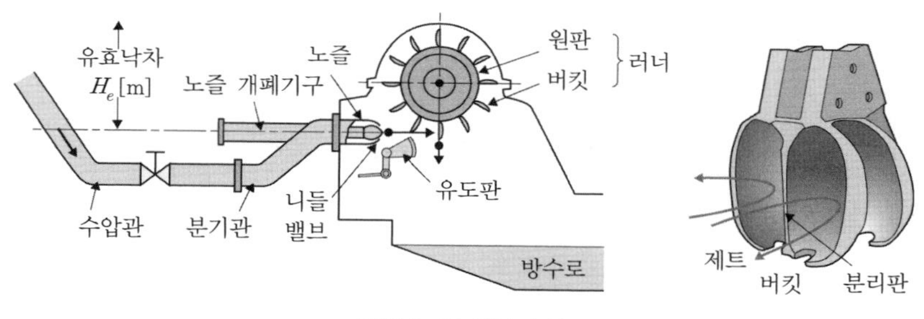

그림 3-63 펠턴 수차

수압관에서 흘러들어 온 물은 수차의 입구까지 유도된 후 **노즐**에서 고속의 흐름으로 변환됩니다. 이러한 조정 역할을 담당하는 것이 **니들 밸브**입니다. 노즐에서 유출된 고속의 물은 원판에 여러 장 장착된 **버킷**에 닿으면서 러너(runner)를 회전시켜 동력을 발생시킬 수 있습니다.

버킷은 수저 2개를 조합한 것 같은 형태를 하고 있습니다. 중앙부에는 분리판이 있고, 유체역학적으로 해석된 복잡한 곡선형태로 되어 있습니다. 그리고 버킷의 내면은 물의 저항을 적게 하기 위해 매끄럽게 처리되어 있습니다.

교토에서는 1897년부터 1912년까지 이러한 수차가 20대 정도 가동되고 있었고, 플라이 휠에 벨트를 걸어 발전기를 돌렸습니다. 그중 적어도 6대는 미국 샌프란시스코 펠턴 사에서 설계 및 제조한 것이었고, 나머지는 일본에서 제조한 것이었습니다. 이 수차는 비와 호수 운하 기념관(교토시 사쿄쿠 미나미진자 쿠사카와쵸 17)에서 견학할 수 있습니다(URL http://www.city.kyoto.jp/suido/kinenkan.htm).

그림 3-64 펠턴 수차

그림 3-65 펠턴 수차 러너

(3) 프로펠러 수차

1912년 오스트리아인 카플란은 프로펠러형 수차를 고안하였습니다. 이 수차는 유량에 따라 날개의 방향을 바꿀 수 있어 효율의 저하를 방지하도록 고안되었습니다.

프로펠러 수차는 프로펠러형 날개차를 갖고 있는 반동수차로, 날개차가 가변식인 것을 **카플란 수차**라고도 합니다. 이 수차에 사용되는 날개 수는 프란시스 수차 등에 비해 적은 4~6장 정도로, 약 10~80m 낙차용의 수차로 널리 사용되고 있습니다.

원통(tubular) 수차는 물속의 원통형 케이싱 내에 발전기 등을 넣고 그 뒤쪽에 가이드 베인 및 러너 날개를 설치한 것으로, 물 흐름 방향의 변화에 따른 저항이 작고 효율이 좋다는 특징이 있습니다.

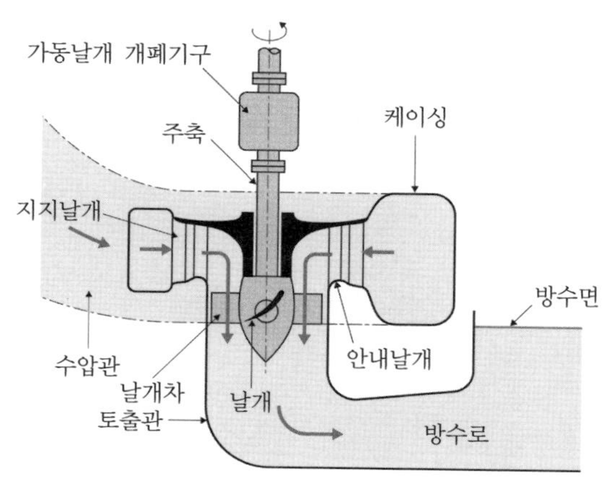

그림 3-66 프로펠러 수차

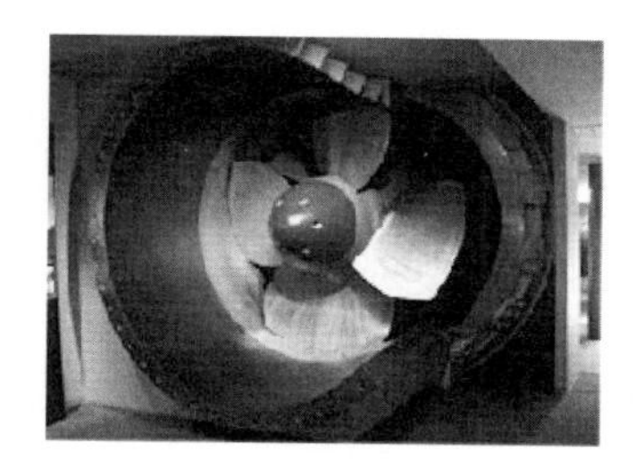

그림 3-67 프로펠러 수차

(4) 펌프 수차

펌프 수차는 어떤 때는 펌프로, 또 어떤 때에는 수차로 사용할 수 있는 유체기계입니다.

전력 소비량은 하루 중에도 시간대에 따라 변동합니다. 그러나 화력발전소나 원자력발전소의 운전은 출력조정이 어렵습니다. 그 때문에 소비전력이 큰 주간에는 펌프 수차를 수차로 사용하고, 소비전력이 작아지는 야간에는 남은 전력을 이용하여 물을 끌어올리는 펌프로서 사용합니다. 이것을 **양수발전**이라고 하며, 낭비가 적은 전력공급원으로서 기여하고 있습니다.

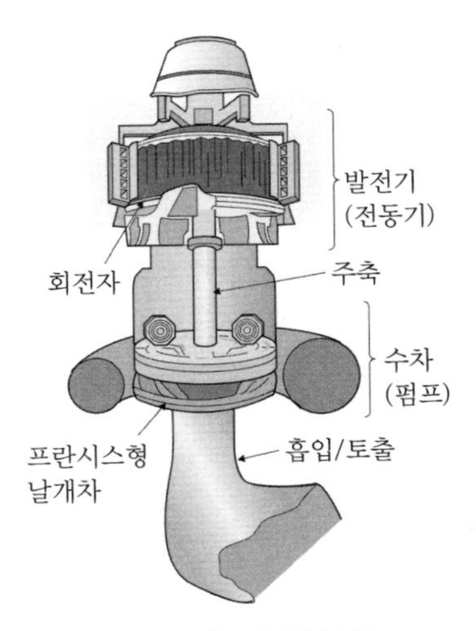

그림 3-68 펌프 수차의 구조

이 발전방식은 발전 개시나 최대 출력 운전까지의 시간이 짧고, 출력조정이 쉽다는 장점이 있습니다.

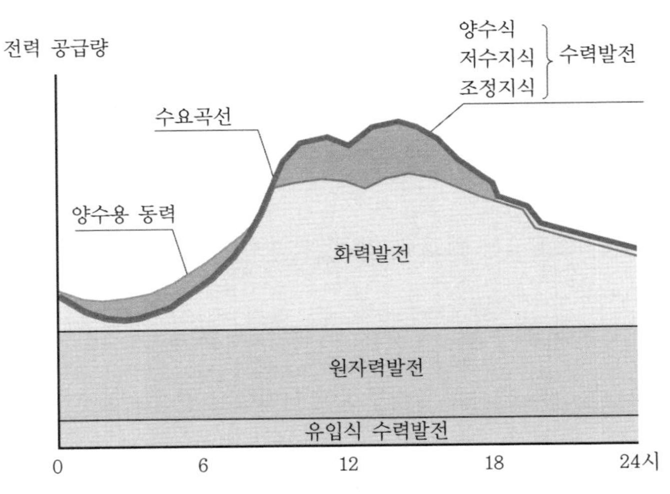

그림 3-69 1일 전력수요의 변동(출처 : 자원 에너지청 '원자력, 2002')

양수발전은 상부댐과 하부댐, 그리고 발전기(전동기)로 구성되어 있습니다. 이러한 부분들은 각각 어떠한 위치관계가 있는 걸까요?

펌프는 끌어당기는 데에는 한계가 있지만, 밀어내는 것에는 유리하기 때문에 각각의 위치관계는 다음과 같이 됩니다.

수력발전은 재생 가능하며 국산의 청정 전력원이라고 불리지만, 반면에 산을 허물어 댐을 만들기 때문에 환경문제도 내포하고 있습니다. 일본의 총발전량 중 수력발전이 차지하는 비율은 약 10% 정도입니다.

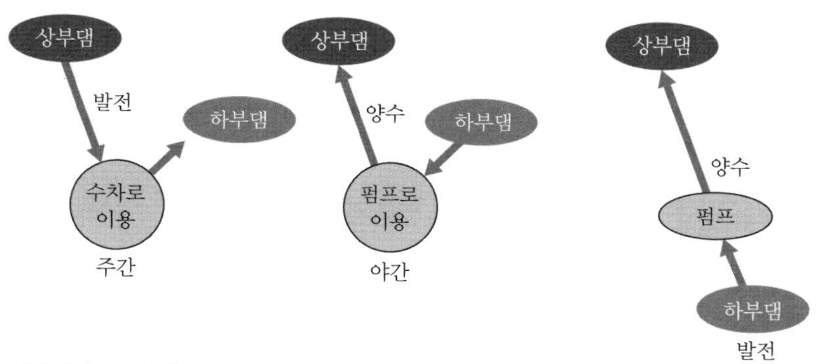

상부댐에서 하부댐으로 물을 떨어뜨려 발전합니다.

전력수급에 여유가 있을 때 전기로 물을 끌어올립니다.

펌프는 끌어올리는 것이 불리하기 때문에 하부댐보다 위에(약 10.3m가 한계임) 설치하지는 않습니다.

그림 3-70 양수발전의 구성

| COLUMN | 마이크로 수력발전

마이크로 수력발전은 규모가 너무 작아서 지금까지는 버려졌던 물 에너지를 이용하고자 하는 초소형 발전을 말합니다. 구체적으로는 지금까지 이용하지 않았던 중 · 소 하천이나 농업용수, 공장배수, 정수장시설배수 등의 저낙차 유량을 이용하여 발전을 하는 것입니다.

종래의 댐이 높은 낙차와 수압을 요하는 것에 비해, 마이크로 수력발전은 수십 cm에서 3m 정도의 낙차와 0.01~0.1m^3/s의 유량을 이용하기 때문에 물을 받아내기 용이한 하향식 수차나 흐름식 수차가 이용되고 있습니다.
마이크로 수력발전의 특징은 물이 흐르는 한 24시간 발전이 가능하다는 것이고, 연간발전량이 안정되어 있다는 것입니다. 이러한 점은 낮에만 가동되는 태양광발전과 비교해도 큰 장점이 됩니다.
소규모 수력발전 관련기술은 사실 석탄이나 석유가 확대되기 이전인 1900년대 초에 각 지방의 산업이나 생활을 지탱하여 준 성숙기술이었습니다. 일본은 중산간지가 많아 마이크로 수력발전이 가능한 지점이 10,000개소 이상입니다. 또한 도심부에는 지하 수도관에 소형 발전장치를 장착한 마이크로 발전 시스템이 적용되어 있는 곳도 있습니다. 잘 찾아보면 주변 가까운 곳에도 발전 가능한 장소가 있을지도 모릅니다. 댐 등의 대형 설비는 자연환경에 미치는 영향이 커서 앞으로 적극적으로 진행해가기 어려운 실정입니다. 마이크로 수력발전은 앞으로 점점 주목할 발전방식이 될 것입니다.

연습문제 수 차

1. ( ) 안에 알맞은 말을 넣어 문장을 바르게 완성하세요.

(1) 흐르는 물이 날개차 바깥쪽으로부터 안쪽으로 유입되어 축방향으로 유출되는 수차를 (①)(이)라고 합니다. 이 수차는 물이 가진 (②)에너지와 (③) 에너지로 수차를 회전시키는 것으로, (④) 수차라고도 불립니다.

(2) 노즐을 사용하여 버킷이라고 불리는 날개에 물을 맞춰 회전시키는 수차를 (⑤)(이)라고 합니다. 이 수차는 물이 가진 (⑥)에너지를 이용하여 수차를 회전시키는 것으로, (⑦) 수차라고도 불립니다.

(3) 프로펠러형 날개차를 가진 수차를 (⑧) 수차라고 하며, 특히 날개차가 가변식인 것을 (⑨)(이)라고 합니다.

2. 양수발전의 원리에 대하여, 다음의 각 문제에 답하세요.

(1) 양수발전에 사용되는 유체기계를 무엇이라고 합니까?

(2) 양수발전에서 주간에는 상부댐에서 하부댐으로 물을 떨어뜨려 무엇을 합니까?

(3) 양수발전에서 전력사용량에 여유가 있는 야간에는 전기로 무엇을 합니까?

(4) 양수발전에서 상부댐, 하부댐, 유체기계의 위치관계를 나타내세요.

03 풍 차

1. 풍차란

풍차는 역사가 깊어 기원전까지 거슬러 올라갑니다. 유럽에서는 13세기 경부터 제분용이나 양수용으로 본격적인 사용을 시작하였습니다. 19세기 말부터 풍차가 발전장치로 사용되기 시작하였지만, 그 후 수력, 화력, 원자력 등의 발전이 보급되었기 때문에 발전량이 적은 풍력발전은 소규모 수준에 머무르게 되었습니다.

그러나 최근 풍력발전의 친환경적인 측면이 재평가되어 소규모에서부터 1,000kW 이상의 출력을 내는 대규모까지 연구 · 발전이 진행되고 있습니다. 향후 풍력발전은 더욱 보급이 확대될 것으로 예상됩니다.

그림 3-71 제분용이나 양수용의 풍차

풍력발전의 특징으로 자연풍을 이용하고 있는 것을 들 수 있습니다. 즉, 청정 에너지이면서 자연풍의 이용 자체에는 비용이 발생하지 않습니다. 그러나 자연풍은 항상 일정량의 크기를 얻을 수 있는 것이 아니며, 바람의 방향도 시시각각 변화하기 때문에 이를 큰 출력으로 변환하는 것에는 많은 어려움이 따릅니다. 풍력발전은 다른 에너지와 비교하여 에너지의 밀도가 낮다고 말할 수 있습니다. 그 때문에 작은 풍력을 최대한 큰 전력으로 변환할 수 있도록 하는 것이 풍력발전의 큰 연구 주제가 됩니다.

▶ 풍력발전은 종합적 학문

풍력발전 시스템의 연구와 관련하여 우선 떠오르는 것은 작은 전압으로도 큰 전기를 발전할 수 있는 모터를 만드는 것입니다. 이것은 전기공학을 전문으로 하는 엔지니어의 일이 됩니다. 또한 모터에 가능한 한 큰 회전력을 주기 위해서는 풍차의 형태를 연구할 필요가 있습니다. 이러한 형태를 연구하는 것은 유체역학을 배워 기계공학을 전문으로 하는 엔지니어의 일입니다. 그리고 실제로 대형 풍차를 설치하기 위해서 토목이나 건축을 전문으로 하는 엔지니어가 등장합니다. 풍차의 설치와 관련해서는 각지의 풍속이나 풍향 등 기상정보를 수집하여 풍차를 설치하기에 적합한 장소를 찾는 것 등이 요구됩니다.

이상에서 알 수 있듯이 풍력발전 시스템 연구는 종합적인 학문이라고도 말할 수 있습니다. 이 책에서는 주로 유체역학의 시점에서 풍차를 검토하고자 합니다.

풍차는 바람이 가지고 있는 운동에너지를 날개차를 통하여 기계적인 회전 에너지로 바꾸어주는 장치입니다. 최대한 큰 출력을 얻기 위해서는 날개차의 개수나 각도, 회전속도 등을 연구할 필요가 있습니다.

풍차의 공기역학에 대해서는 이제부터 자세히 살펴보겠지만, 실제의 풍력발전에서는 공기역학적 손실 외에도 베어링 마찰 등에 따른 기계적 손실이나 발전기에서의 에너지 변환에 따른 손실 등이 있다고 알려져 있습니다.

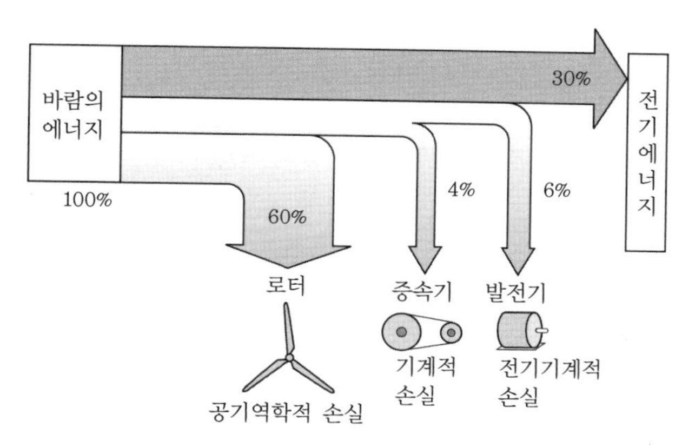

그림 3-72 풍차의 에너지 변환

2. 풍차의 종류

풍차에는 여러 가지 종류가 있지만 크게 나누어 회전축이 지면에 수평인 **수평축형**과 회전축이 지면에 수직인 **수직축형**으로 나눌 수 있습니다.

수평축형을 대표하는 것은 항공기 등에도 사용되어 온 프로펠러 풍차입니다. 항공기 관련 연구를 활용할 수 있기 때문에 기술적으로는 발전되어 있습니다. 그러나 수평축형의 단점은 풍차 방향을 바람의 방향과 맞추기 위한 장치가 필요하다는 것입니다.

이에 비해 패들형과 사보니우스형 등으로 분류되는 수직축형의 경우 어느 방향에서 바람을 받아도 풍차를 회전시킬 수 있다는 특징이 있습니다.

(1) 수평축형 풍차

수평축형 풍차는 수직축형의 풍차에 비해 일반적으로 고회전입니다. 그러나 풍차가 항상 바람의 방향을 향하고 있지만은 않기 때문에 방향의 제어가 필요합니다.

네덜란드형 풍차

풍차라고 하면 네덜란드나 덴마크를 들 수 있습니다. 중세시대부터 질긴 천을 덮은 목재 날개를 회전시켜 제분 등에 이용되어 왔습니다.

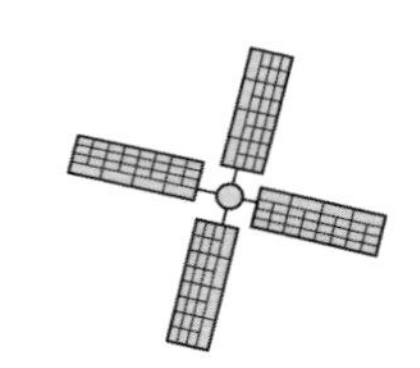

그림 3-73 네덜란드형 풍차

프로펠러형 풍차

소형부터 대형까지 현재의 발전용 풍차의 주류가 된 형태입니다. 고속·고효율 회전을 위해 날개는 2~3장이 일반적입니다. 공기의 유동을 작게 하기 위해서 가늘고 긴 형태를 하고 있습니다.

그림 3-74 프로펠러형 풍차

다익형 풍차

날개 매수가 많은 풍차는 풍차의 회전 면적에 대한 전체 날개 면적의 비인 blade solidity가 커집니다. 이러한 풍차는 회전수가 낮아진다는 특징이 있습니다. 저속회전 및 높은 토크의 풍차로 농장이나 목장 등에서 양수에 이용되고 있습니다.

그림 3-75 다익형 풍차

셀 윙형 풍차

삼각형의 돛과 같은 날개로 만들어져 지중해 지방에서 예전부터 사용되어 온 풍차입니다. 약한 바람에도 회전하며, 소음도 작다는 특징이 있습니다.

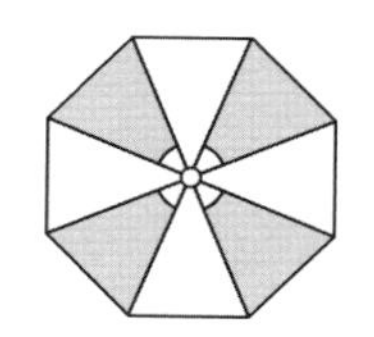

그림 3-76 셀 윙형 풍차

(2) 수직축형 풍차

수직축형 풍차는 수평축형 풍차에 비해 일반적으로 회전수가 작고 토크가 큰 특징이 있습니다. 항상 바람의 방향을 향하게 되기 때문에 방향의 제어는 필요하지 않습니다.

패들형 풍차

바람이 면을 누르는 힘을 이용하여 회전시키는 것으로, 풍속계 등에서 종종 볼 수 있는 풍차입니다. 풍속 이상의 속도로는 회전할 수 없기 때문에 저속 풍차로 분류됩니다.

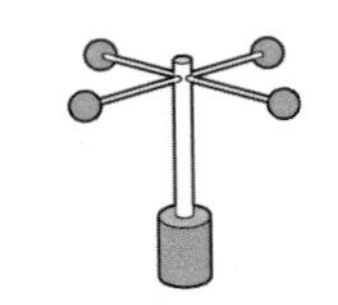

그림 3-77 패들형 풍차

사보니우스형 풍차

반원통형 날개를 엇갈려 마주 보도록 결합시킨 형태의 풍차입니다. 저속이지만 약한 힘에도 회전하며, 회전력도 크다는 특징이 있습니다. 핀란드의 사보니우스가 고안했습니다.

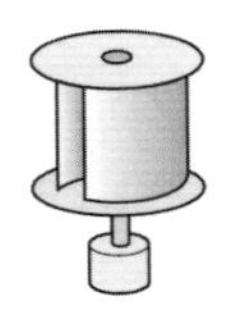

그림 3-78 사보니우스형 풍차

다리우스형 풍차

원호형 블레이드에 가해진 원심력을 장력으로 받도록 고안된 양력형 풍차입니다. 바람이 불어도 자력으로는 기동하지 않기 때문에, 모터나 다른 풍차와 조합하여 사용됩니다. 프랑스의 다리우스가 고안하였습니다.

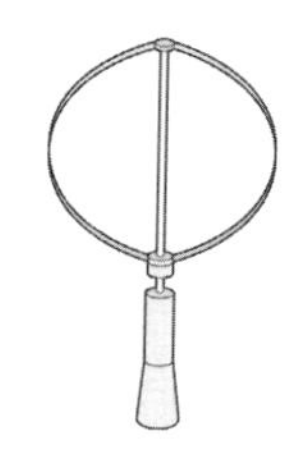

그림 3-79 다리우스형 풍차

S자 로터 풍차

판을 S자형으로 구부려 회전축에 부착한 풍차입니다. 간단히 만들 수 있지만, 패들형과 마찬가지로 풍력을 에너지로 변환하는 능력은 낮습니다.

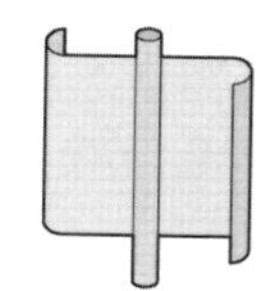

그림 3-80 S자 로터 풍차

크로스플로형 풍차

가늘고 긴 판을 상하의 원반에 부착하여 회전시키는 풍차입니다. 내부 공기를 밖으로 토출하는 작용이 있기 때문에 주로 환기용으로 사용됩니다. 회전속도는 저속이고 조용한 것이 특징입니다.

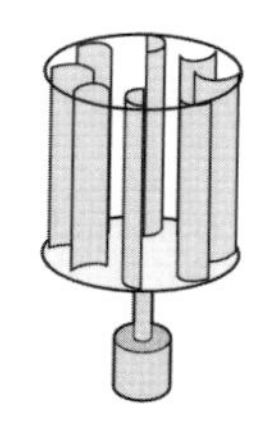

그림 3-81 크로스플로형 풍차

자이로밀형 풍차

블레이드가 날개 모양으로, 날개의 부착 각도를 바꾸면서 양력을 이용하여 회전하는 풍차입니다. 구조는 조금 복잡하지만 에너지 효율이 좋다는 특징이 있습니다.

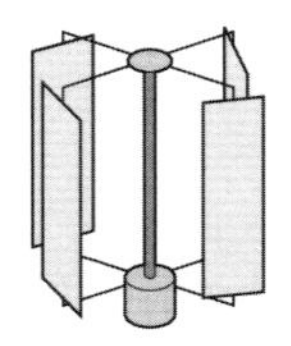

그림 3-82 자이로밀형 풍차

이와 같이 풍차에는 여러 가지 종류가 있습니다. 날개의 성능은 날개 면적뿐 아니라 날개의 비틀림각 등 몇 가지 요인에 의해 결정됩니다. 이것들을 역학적으로 해석하고 실험을 반복해가면서 풍차의 설계가 진행됩니다.

그런데 별로 알려지지는 않았지만, 대형 풍차가 회전하면 상당히 큰 소음이 발생합니다. 이것은 풍차가 바람을 가르는 음이나 기계음이 원인이 되어 발생하는 것입니다. 그 때문에 풍차의 설치와 관련하여 소음레벨에 대한 환경기준 마련 등이 요구되고 있습니다.

또한 풍차의 재료로 금속부품을 사용함에 따라 전파 장해가 발생할 가능성도 지적되고 있습니다. 그 때문에 방송국이나 전화국 등의 위치를 고려하여 TV나 전화 등에 장해가 발생하지 않도록 할 필요가 있습니다.

3. 풍차의 설계

운동량보존의 법칙이나 베르누이의 정리 등을 이용하여 풍차를 설계할 때의 이론을 설명하겠습니다.

풍차는 바람이 풍차에 해주는 일로부터 동력을 얻을 수 있습니다. 바람이 풍차에 닿을 때 일을 한 양만큼 바람의 운동에너지가 감소하게 됩니다. 따라서 풍차의 동력은 풍차를 통과하기 전후의 풍속 변화로 측정할 수 있습니다.

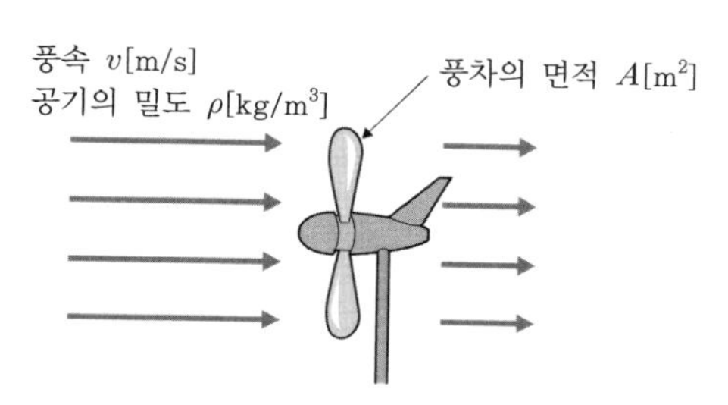

그림 3-83 풍차에 작용하는 바람의 흐름

운동에너지

풍속 v[m/s]의 바람이 면적 A[m^2]인 풍차에 직각으로 흘러들어 온다고 가정해봅시다. 이때 단위면적당 풍차로 들어오는 공기의 체적은 $A \cdot v$[m^3]가 되므로, 공기의 밀도를 ρ[kg/m^3]라고 하면 풍차에 닿는 공기의 단위시간당 질량은 $\rho A v$[kg/s]이 됩니다. 따라서 단위시간당 풍차에 닿는 공기가 갖는 운동에너지 P_o[J/s]는 다음 식으로 나타낼 수 있습니다.

$$P_o = \frac{1}{2}(\underline{\rho A v})v^2 = \frac{1}{2}\rho A v^3 \text{ [J/s]}$$

(※ 단위를 생각하면서 보면 이해하기 쉽습니다.)

↑ 단위시간당 질량유량 $\frac{[\text{kg}]}{[\text{m}^3]} \cdot [\text{m}^2] \cdot \frac{[\text{m}]}{[\text{s}]} = \frac{[\text{kg}]}{[\text{s}]}$

이 식은 바람이 갖는 에너지가 단위시간당 바람을 받는 면적 A에 비례하고 속도 v의 3승에 비례한다는 것을 보여줍니다. 한편, 단위 [J/s]는 동력의 단위 [W]와 같은 의미입니다.

베르누이의 정리

다음으로 바람의 에너지를 받아 풍차가 회전하는 것에 대하여 살펴보겠습니다. 베르누이의 정리는 정상류에서 다음과 같이 나타내집니다. 여기에서 p[Pa]는 압력, z[m]는 높이, g[m/s^2]는 중력가속도를 나타냅니다.

$$\frac{1}{2}v_1^2 + gz_1 + \frac{p_1}{\rho} = \frac{1}{2}v_2^2 + gz_2 + \frac{p_2}{\rho} \quad [\mathrm{J/kg}]$$

풍차 전후의 속도와 압력은 다음과 같이 그림으로 나타낼 수 있습니다.

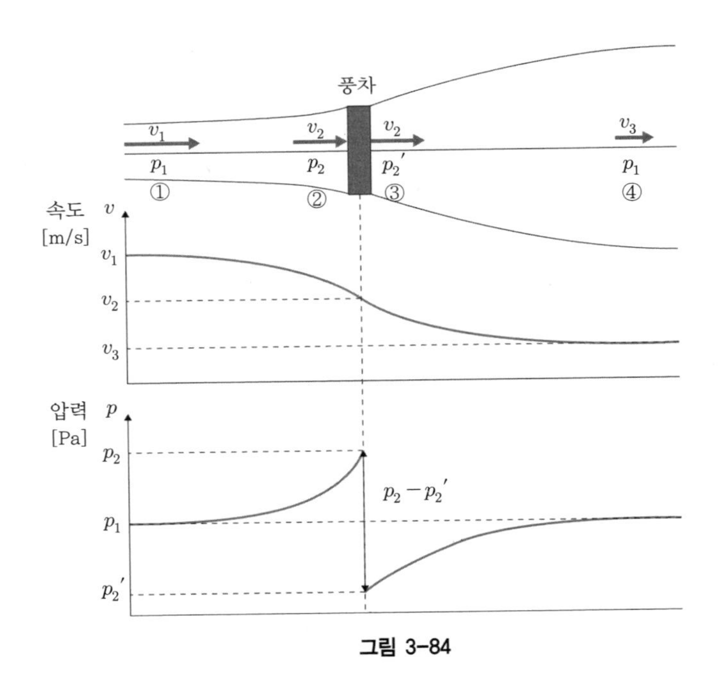

그림 3-84

베르누이의 정리에 의해 풍차 전후에서 다음의 식이 각각 성립합니다.

- 풍차의 앞 $\underbrace{\frac{1}{2}v_1^2 + \frac{p_1}{\rho}}_{①} = \underbrace{\frac{1}{2}v_2^2 + \frac{p_2}{\rho}}_{②}$ [J/kg]

- 풍차의 뒤 $\underbrace{\frac{1}{2}v_2^2 + \frac{p_2'}{\rho}}_{③} = \underbrace{\frac{1}{2}v_3^2 + \frac{p_1}{\rho}}_{④}$ [J/kg]

풍차를 사이에 둔 두 개의 점 ②와 ③에서는 바람이 풍차에 일을 하고 있기 때문에 베르누이의 정리를 적용할 수 없습니다. 이 두 식에서 풍차 전후의 압력차 $p_2 - p_2'$[Pa]는 다음의 식으로 나타낼 수 있습니다.

$$p_2 - p_2' = \frac{1}{2}\rho(v_1^2 - v_3^2)$$

풍차가 바람을 받는 면적은 A[m^2]이므로 압력에 의해 풍차가 받는 힘 F[N]은 다음의 식으로 나타낼 수 있습니다.

$$F = A(p_2 - p_2') \text{ [N]}$$

다음으로 풍차의 동력에 대해 살펴봅시다. 바람의 운동량은 풍차의 전후에서 변화하게 됩니다. 이것을 질량유량으로 생각해보면 풍차 앞쪽의 단위면적당 질량유량은 ρv_1[kg/s], 풍차 뒤쪽의 단위면적당 질량유량은 ρv_3[kg/s]이므로, 풍차에 닿는 바람의 질량유량의 운동량 변화는 $A\rho(v_3 v_2 - v_1 v_2)$가 됩니다.

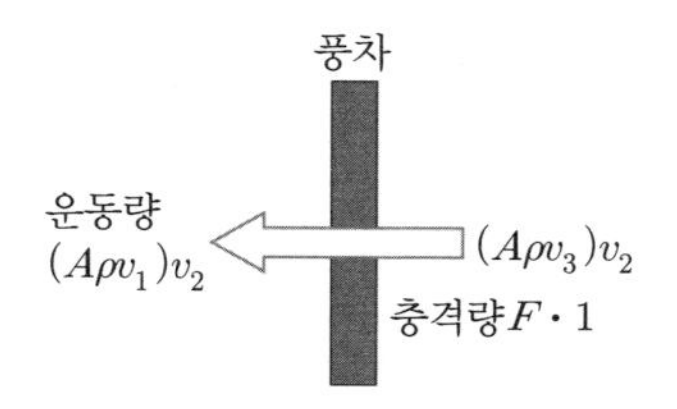

그림 3-85 운동량의 변화는 충격량과 같음

운동량과 충격량의 관계로부터 단위시간에 대하여 다음의 식이 성립합니다.

$$A\rho(v_3 v_2 - v_1 v_2) = -F \cdot 1 = -A(p_2 - p_2{}') = -\frac{A\rho}{2}(v_1^2 - v_3^2)$$

이로부터 다음의 식이 얻어집니다.

양변의 $A\rho$를 소거하면,

$$v_3 v_2 - v_1 v_2 = -\frac{1}{2}(v_1^2 - v_3^2)$$

$$2v_3 v_2 - 2v_1 v_2 = v_3^2 - v_1^2$$

$$2(\cancel{v_3 - v_1})v_2 = (\cancel{v_3 - v_1})(v_3 + v_1)$$

따라서 $v_2 = \dfrac{v_1 + v_3}{2}$ [m/s]

그러므로 풍차의 1초당 출력 P[J/s]는 다음의 식으로 나타낼 수 있습니다.

$$P = \frac{W}{t} = \frac{F \cdot v_2 \cdot 1}{1} = F \cdot v_2 = \frac{\rho A(v_1^2 - v_3^2)}{2} \cdot \left(\frac{v_1 + v_3}{2}\right)$$
$$= \frac{\rho A}{4}(v_1 + v_3)^2(v_1 - v_3) \ [\mathrm{J/S}]$$

다음으로 풍차를 통과하기 전후의 풍속변화에 따라 동력 P가 어떤 식으로 변화하는가를 살펴보겠습니다. 여기에서 풍차를 통과하기 전의 속도 v_1과 풍차를 통과한 후의 속도 v_3의 비 $\alpha = \frac{v_3}{v_1}$라고 합시다. 이때 $v_3 = \alpha v_1$이 되기 때문에 풍차의 동력 P는 다음의 식으로 나타낼 수 있습니다.

$$P = \frac{\rho A v_1^3}{4}(1+\alpha)^2(1-\alpha)$$

이 식에서 α를 변수로 하여 $0 \leq \alpha \leq 1$의 범위에서 동력 P의 최대치를 살펴봅시다.

극대값에서는 $\frac{dP}{d\alpha} = 0$이 성립하기 때문에, 다음과 같이 극값을 구합니다.

$$\frac{dP}{d\alpha} = \frac{\rho A v_1^3}{4}\{2(1+\alpha)(1-\alpha) - (1+\alpha)^2\}$$
$$= \frac{\rho A v_1^3}{4}\{2 - 2\alpha^2 - 1 - 2\alpha - \alpha^2\}$$
$$= \frac{\rho A v_1^3}{4}\{-3\alpha^2 - 2\alpha + 1\}$$
$$= \frac{\rho A v_1^3}{4}(-3\alpha + 1)(\alpha + 1)$$

따라서 $\alpha=-1,\ \frac{1}{3}$일 때 극값을 갖습니다. $0 \leq \alpha \leq 1$의 범위에 대하여 동력 P의 그래프를 나타내면 그림과 같이 됩니다.

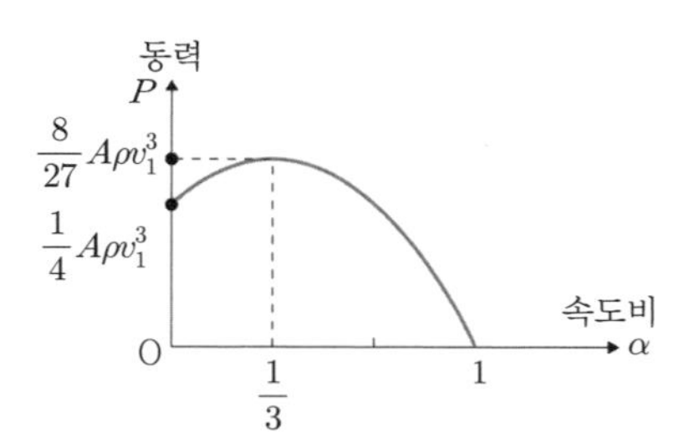

그림 3-86 속도비와 동력의 관계

따라서 $\alpha=\frac{1}{3}$을 대입했을 때의 동력 P'는 다음 식으로 나타낼 수 있습니다.

$$P'=\frac{\rho A v_1^3}{4}\left(1+\frac{1}{3}\right)^2\left(1-\frac{1}{3}\right)=\frac{8}{27}\rho A v_1^3$$

여기에서 P'는 풍차의 최대 출력이 됩니다. 즉, 이론적으로 풍차 통과 후의 풍속이 통과 전의 3분의 1이 되었을 때, 풍차는 가장 많은 에너지를 얻는 것이 됩니다.

만약 풍속의 변화가 없다면($\alpha=1$), $P=0$이 되어 바람의 운동에너지가 풍차에 전해지지 않기 때문에 에너지 변환효율은 제로입니다.

한편 풍차에 따라 상류측 풍속이 감소하여 풍차를 통과한 후에 제로가 된다면($\alpha=1$), 바람의 운동에너지는 전부 동압으로 변환되어 압력은 최대가 되지만, 큰 동력을 얻을 수는 없습니다.

풍차에 닿는 바람이 가지고 있던 에너지와 풍차의 최대 출력의 비 e는 P_o와 P'의 비율로 나타낼 수 있기 때문에 다음의 식이 성립합니다.

$$e = \frac{P'}{P_o} = \frac{\frac{8}{27}\rho A v^3}{\frac{1}{2}\rho A v^3} = \frac{16}{27} = 0.593$$

즉, 풍차는 최대로 산출하여도 바람이 갖는 에너지의 59.3%(약 60%)의 출력밖에는 얻을 수 없다는 것을 알 수 있습니다. 이 출력한계가 되는 비 e를 **베츠계수**라고 하며, 풍차의 이론효율을 나타냅니다. 이 관계식은 독일인 알베르트 베츠(1885~1968)에 의해 유도되었습니다.

풍차와 발전

풍차를 발전용으로 이용할 때에는 회전력을 발전기에 접속하게 됩니다. 풍차와 발전기는 다른 특성을 갖고 있기 때문에 양쪽을 잘 매칭시킬 필요가 있습니다.

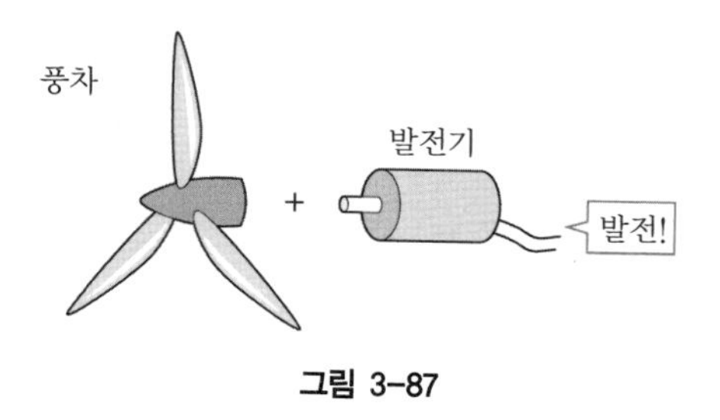

그림 3-87

이번에는 직류모터의 동력성능을 소개하겠습니다. 모터는 부하에 대응하여 토크(회전력)를 발생시키지만, 그 크기에 따라 회전속도도 변화합니다. 일반적으로 토크와 회전속도는 반비례하기 때문에 그 풍차가 어느 쪽을 더 중시하는가에 따라 달라집니다.

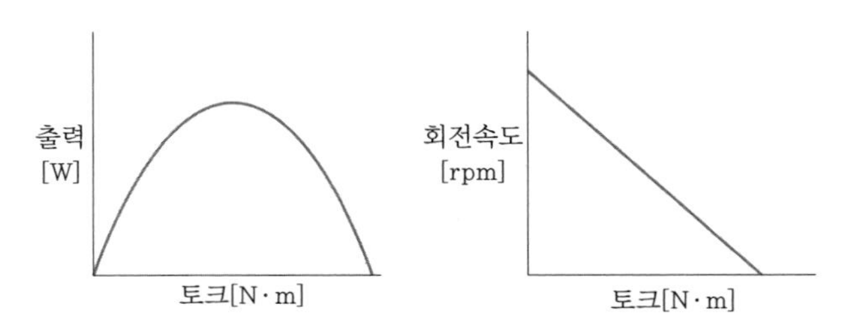

그림 3-88

터빈 디자인 콘테스트

이번에는 실제로 풍차를 설계하고 전기모터에 접속하여 발전을 하는 시합을 해보겠습니다. 다음 경기 규정에 따라 설계해봅시다.

[경기규정]

그림과 같이 모터와 전압계가 설치되어 있습니다. 이 모터의 축에 두꺼운 종이로 만든 풍차를 부착하고, 선풍기 바람을 맞게 하여 이때 발생하는 전압을 측정합니다.

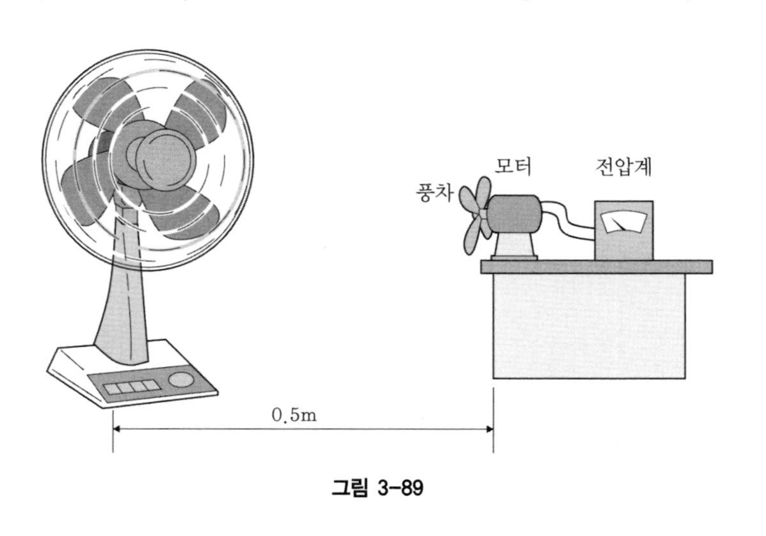

그림 3-89

[제작]

그림 3-90 두꺼운 종이로 풍차를 만들고, 어떤 풍차의 발전전압이 높은지 경쟁해봅시다

[발전]

발전한 전압을 측정하는 것뿐 아니라 회전축에 추를 달아 부하를 작용시키면서 몇 kg의 추까지 들어 올릴 수 있는지를 알아봄으로써 풍차의 토크를 유도할 수 있습니다. 그리고 추를 일정 거리까지 들어 올리는 시간을 측정함으로써 동력을 조사하는 것도 가능합니다.

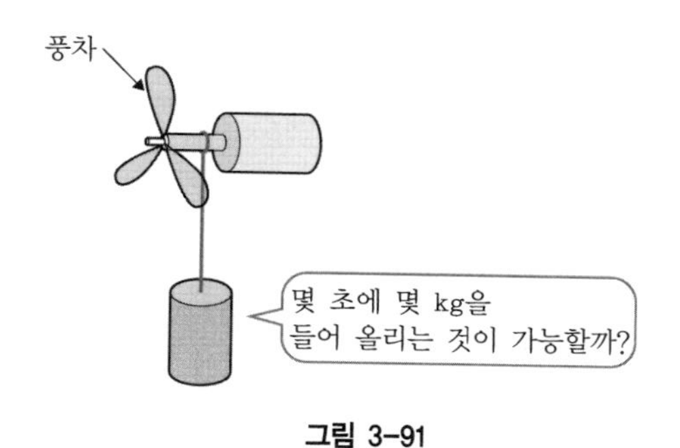

그림 3-91

터빈 디자인 콘테스트에서 성능이 좋았던 풍차를 그대로 확대할 경우 좋은 성능이 확보된다는 보장은 없습니다. 간단하게 상사법칙이 성립하지는 않는 것입니다. 그러나 소형 풍차가 도움이 되지 않는 것만은 아닙니다. 최근에 소형 풍차를 벌집과 같이 여러 개 부착시킨 풍차에 관한 연구가 진행된 바가 있습니다. 이러한 형태는 전체의 풍차가 회전하지 않을 때에도 어느 정도의 전력을 만들어낼 수 있다는 장점이 있습니다.

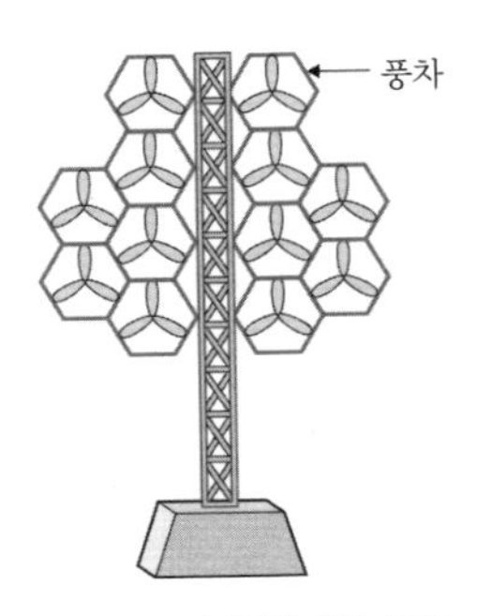

그림 3-92 벌집 형태의 풍차

풍차의 설계 사례 : 자전거의 바퀴를 이용한 풍차의 성능향상에 관한 연구

이 연구는 사용하지 않는 자전거의 바퀴살에 날개를 부착하여 선풍기 바람을 보냈을 때 풍차의 회전수를 측정하는 내용입니다.
선풍기에서는 3.0m/s의 바람이 불고, 회전속도[rpm]는 스트로보스코프를 이용하여 측정하였습니다. 여러 가지 날개를 부착하여 실험을 반복한 결과, 다음과 같은 풍차가 최고 속도까지 도달하는 시간이 짧고 지속시간도 긴 우수한 풍차라는 결론에 도달하였습니다.

그림 3-93

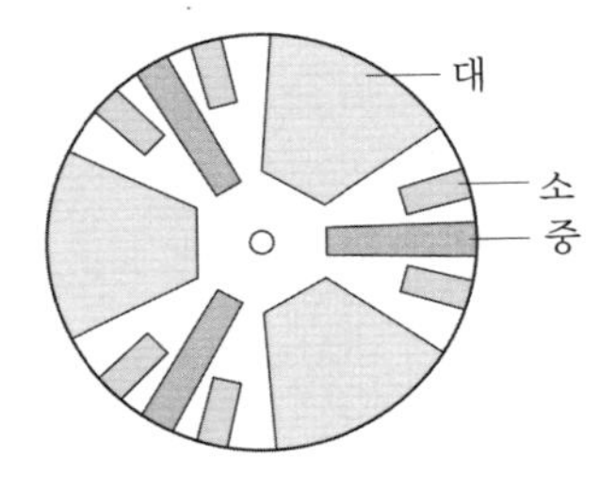

그림 3-94

- 날개 (중) : 회전속도가 커지게 하는 작용을 합니다.
- 날개 (대) : 최고 속도를 지속시키는 작용을 합니다.
- 날개 (소) : 풍차가 회전을 시작하는 기동 시간을 빨리하는 작용을 합니다.

COLUMN 송풍기와 압축기

풍차와 비슷한 원동기로 송풍기와 압축기가 있습니다. 두 가지 모두 작동원리는 비슷하지만 압력상승이 약 100kPa 미만의 것을 송풍기라고 하며, 더 나아가 약 10kPa 미만의 **팬**과 10kPa 이상 100kPa까지의 **블로어**로 구분합니다. 그리고 약 100kPa 이상의 것을 압축기라고 합니다.
두 가지 모두 그 구조는 원심 펌프와 비슷한 것이 많고 날개차를 회전시켜 기체를 송풍하거나 압축합니다.
송풍기에는 일반 가정의 환기팬에서 대형 제트팬까지 여러 종류가 있습니다. 긴 터널이나 지하도 등의 천장에 팬이 달려 있는 것이 환기용 제트팬입니다. 이것은 팬의 송풍에 의해 발생하는 압력상승을 이용하여 터널 내부를 종방향으로 환기하는 시스템으로, 저비용으로 도입이 가능하며 경제적이라는 특징이 있습니다.

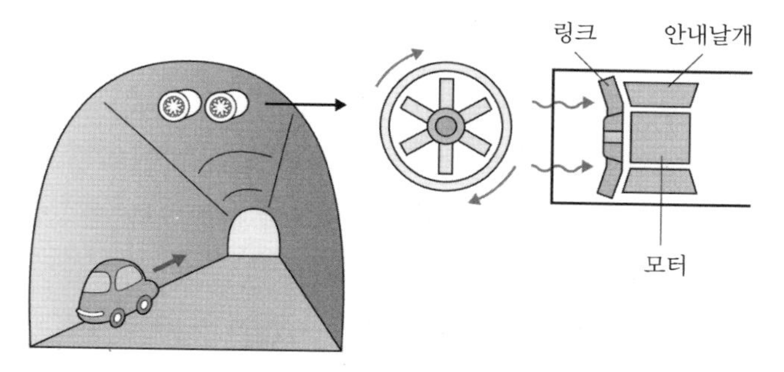

터널 내부의 환기용으로 사용되는 제트팬

그림 3-95

연습문제 풍 차

1. ( ) 안에 알맞은 말을 넣어 풍차에 관한 문장을 바르게 완성시키세요.

(1) 수평축형 풍차에는 날개가 2~3장으로 고속 · 고효율 회전을 하는 (①)형 풍차, 그 이상으로 날개의 개수를 많게 하여 저속 · 고토크로 회전하는 (②)형 풍차, 삼각형의 날개가 돛을 펼쳐 약한 바람에도 회전하는 (③)형 풍차 등이 있습니다.

(2) 수직축형 풍차에는 바람이 면을 누르는 힘을 이용하여 회전하여 저속용으로 알맞은 (④)형 풍차, 반원통형 날개를 엇갈려 마주 보도록 결합시켜 회전력을 크게 한 (⑤)형 풍차, 블레이드에 가해진 원심력을 장력으로 받는 양력형 풍차인 (⑥)형 풍차 등이 있습니다.

2. 단위면적당 풍차에 닿는 바람이 가지고 있는 운동에너지 [J/s]를 공기의 밀도 ρ[kg/m^3], 풍차의 면적 A[m^2], 풍속 V[m/s]를 조합한 식으로 나타내세요.

3. 풍차의 이론효율을 무엇이라고 하며, 약 몇 %인지 답하세요.

생물기계

1. 생물기계란

최근 동물의 비행이나 유영을 공학적으로 고찰하는 연구가 성행하고 있습니다. 지금까지 진화를 계속해온 생물의 형체나 운동을 이해함으로써 공학적으로 배우게 되는 것이 많기 때문입니다. 이러한 것을 연구대상으로 하는 것을 **바이오 메커니즘**이라고 하며, 공학뿐 아니라 의학, 생물학 등의 분야까지 융합적 · 종합적으로 취급하는 분야입니다.

여기에서는 유체공학과 관련된 내용에 대하여 물고기, 곤충, 새의 움직임을 '헤엄치기'와 '날갯짓'라는 두 가지 관점에서 설명하겠습니다.

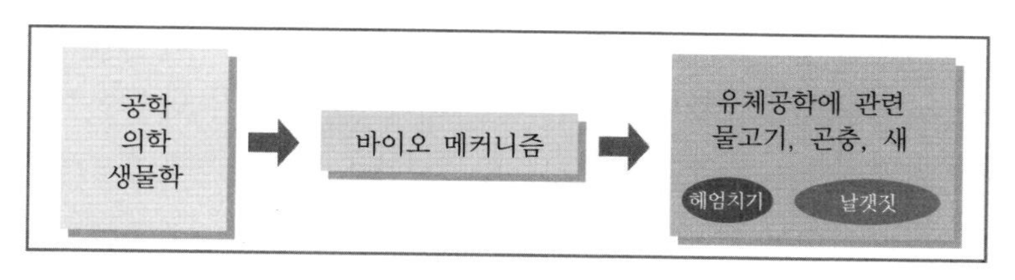

그림 3-96 바이오 메커니즘

2. 헤엄치기

(1) 물고기의 분류

물고기의 형상은 유체역학에서 말하는 '유선형' 그 자체입니다. 수중에서 능숙하게 운동하면서 자유롭게 헤엄쳐 다닐 수 있도록, 물고기의 형상은 수중운동에 적합하게 진화해왔습니다.

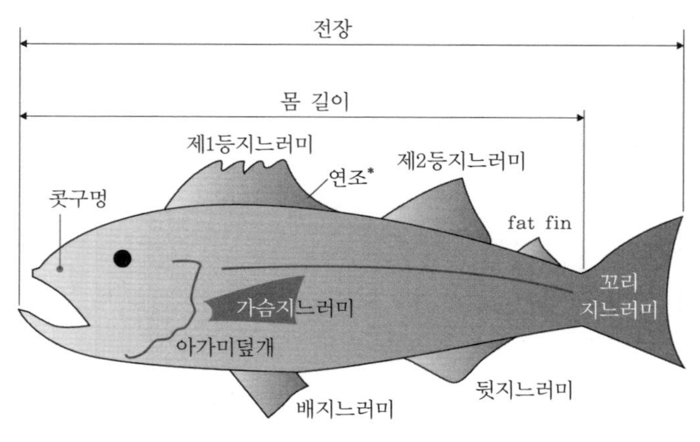

그림 3-97 물고기의 각부 명칭

어류라는 것은 수중에서 생활하고, 물의 저항을 작게 하기 위하여 몸은 대부분이 유선형으로 되어 있으며 지느러미가 있는 생물을 의미합니다. 가슴지느러미, 배지느러미는 몸의 평형을 유지하기 위한 것으로 운동에는 꼬리지느러미를 사용합니다. 또한 비늘로 피부를 보호하며, 호흡에는 아가미를 사용합니다.

어류는 경골어류 · 연골어류 · 무악류로 분류할 수 있으며, 좁게는 경골어류와 연골어류로 나눕니다. 참치나 도미 등과 같이 석회질이 많이 포함된 단

* (역자 주) 연조(軟條) : 지느러미에서 가시(극조)를 제외한 연한 부분.

단한 뼈로 이루어진 **경골어류**는 농어목·잉어목·연어목·대구목 등으로 분류됩니다. 현재 어류 전체의 종류 가운데 95% 이상을 차지하고 있으며, 식용으로 대량 어획이 이루어지는 물고기의 대다수가 경골어류입니다.

그림 3-98

상어나 가오리 등 모든 뼈가 탄력성이 있는 연골로 이루어진 **연골어류**는 여러 개의 아가미구멍을 가진 은상어목이나 가오리목 등으로 분류됩니다. 아가미구멍이 배에 있으면 가오리, 옆면에 있으면 상어입니다.

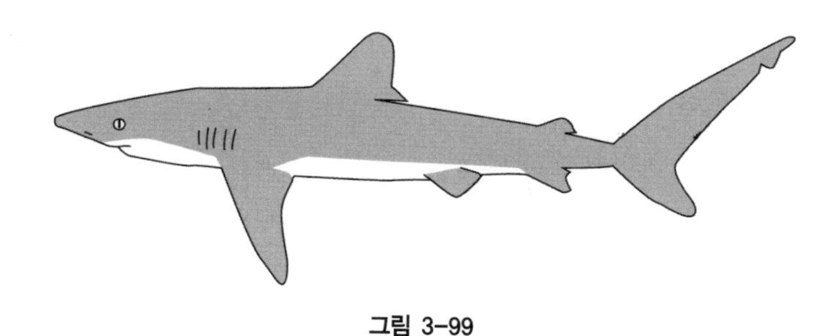

그림 3-99

턱이나 이빨이 없는 가장 하등한 척추동물인 **무악류**는 꾀장어목, 칠성장어목 등으로 분류됩니다.

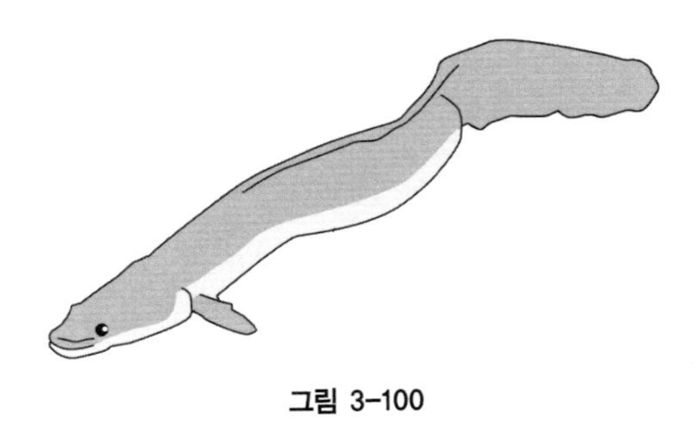

그림 3-100

화석의 자료에 따르면 경골어류의 선조는 연골생물의 선조와 나란히 실루리아기(4억 4천만 년~4억 1천만 년 전)에 출현했다고 합니다. 이후 연골어류를 능가하는 기세로 많은 종으로 분화하여 어류세계에 군림하게 되었습니다.

그런데 어류의 형상의 기본이 되어 있는 유선형은 어느 정도로 유체저항을 줄이는 것이 가능한 것일까요?

유체를 평면으로 받는 것을 100%라고 하면, 구에서는 42%, 유선형에서는 5%로 저항을 감소시킬 수 있습니다.

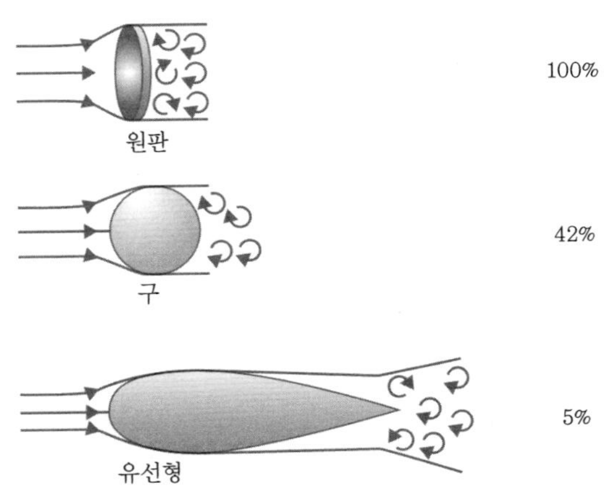

그림 3-101 물체의 형상에 의한 유체저항

(2) 물고기의 형상

다음으로 어류를 체형으로 분류해봅시다. 이것은 참치나 고등어, 새치 등의 방추형, 도미나 쥐치 등의 측편형, 복어 등의 구상형 등으로 분류됩니다.

방추형이란 두 개의 원추의 바닥면을 포갠 것 같은 입체형상입니다. 방추는 실을 뽑아 봉에 감아놓은 상태를 의미합니다. 럭비공 모양이라고 생각해도 좋겠습니다. 이 모양의 물고기는 물의 저항을 잘 받지 않기 때문에 스피드가 빨라서 장시간 헤엄치는 데에 적당합니다. 실제로 참치나 새치 종류는 시속 100km 이상으로 헤엄칩니다.

그림 3-102 참치

방추형은 펭귄류가 수중에서 초속 3m의 속도로 헤엄치는 모습을 설명할 때 인용되기도 합니다. 펭귄 중에서 가장 크다고 알려진 황제펭귄은 잠수시간 18분, 잠수 깊이 600m라는 기록이 있다고 합니다.

그림 3-103 펭귄

공학적인 예로는 잠수함이 이러한 방추형을 하고 있습니다. 잠수함의 잠수·부상은 밸러스트 탱크라고 불리는 탱크 안에 물이나 공기를 주입하여 부력을 조정함으로써 이루어집니다.

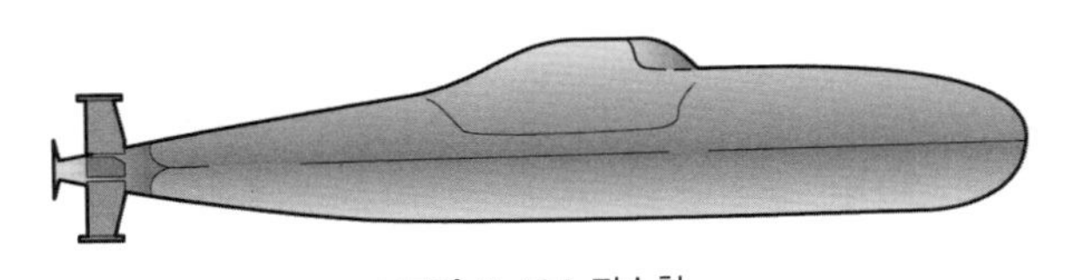

그림 3-104 잠수함

측편형은 몸이 좌우에서 눌려진 것처럼 평평하고 등에서 배까지의 폭이 넓은 모양을 말합니다. 물의 저항을 거의 받지 않고 방향전환이 가능하기 때문에 초기 가속이 빠르고 좁은 곳에서도 방향을 바꿀 수 있어 수중의 장애물을 잘 피하여 헤엄칠 수 있습니다.

그림 3-105 돔

종편형은 몸을 위에서 누른 것처럼 평평하고 좌우 폭이 넓은 모양을 말합니다. 운동성능이 나쁘며, 바닥에서 정지하고 있을 때가 많습니다.

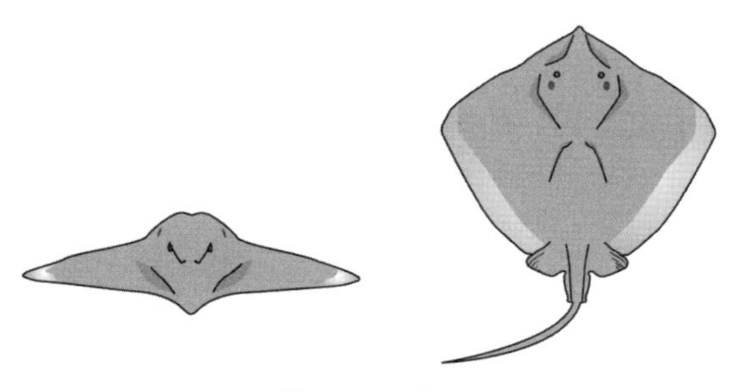

그림 3-106 가오리

장어와 같은 **세장형**은 몸이 줄 또는 창처럼 가늘고 길게 늘어진 모양을 말합니다. 파상운동을 하고 모래나 진흙에 파고들거나 바위그늘에 몸을 숨기기 적합한 체형이라고 말할 수 있습니다. 그리고 이러한 물고기는 비늘이 매우 작고 표면이 미끌미끌하여 모래나 바위그늘 등에 숨기 쉽게 되어 있습니다.

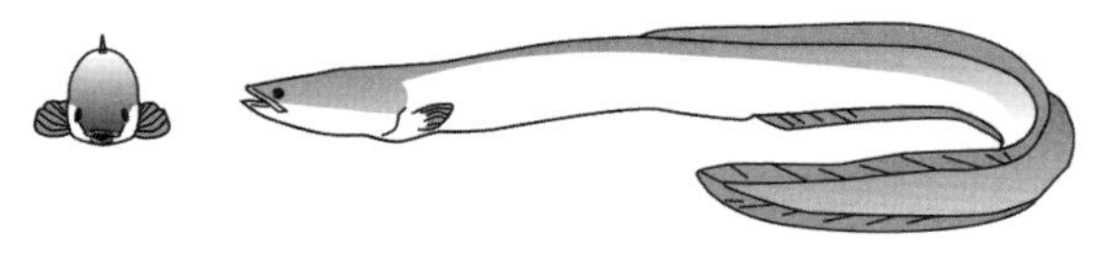

그림 3-107 장어

구상형을 하고 있는 복어는 유영력은 약하지만 짧은 등지느러미로 헬리콥터처럼 전후자유로 헤엄칠 수 있습니다. 꼬리지느러미는 주로 방향전환용으로 사용되며, 정밀하게 위치를 조정하는 역할을 합니다.

그림 3-108 가시복

(3) 물고기 로봇의 설계

여기에서는 참치나 돌고래를 모사한 방추형 로봇의 제작 예를 소개하겠습니다.

설계사례 1 : 직진하는 물고기 로봇

이 물고기 로봇은 꼬리지느러미의 움직임으로 직진하는 것이 가능합니다. 총길이는 80cm이며 최대 초속 23cm로 헤엄칠 수 있습니다.

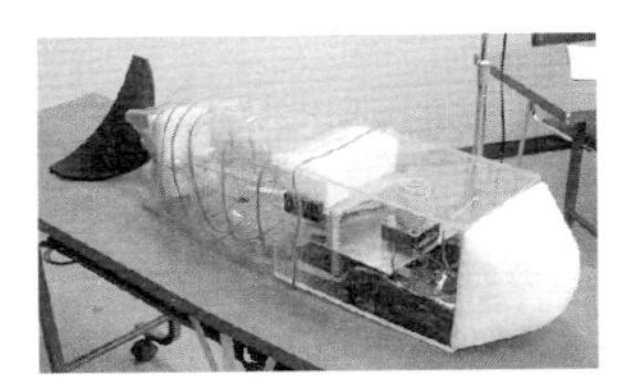

그림 3-109 물고기 로봇

기계장치 구성은 모터의 회전운동을 왕복운동으로 변환하는 왕복 슬라이더 크랭크 기구를 2개 사용하고 있습니다. 모터 1개의 회전운동을 두 개의 메커니즘에 접속하여 서로의 위상을 조정하는 것으로 꼬리지느러미의 원호운동을 만들어냅니다.

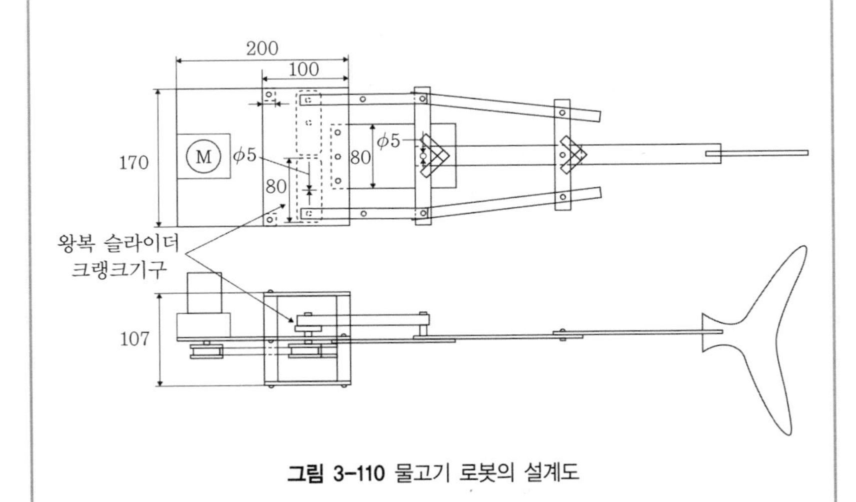

그림 3-110 물고기 로봇의 설계도

이 물고기 로봇의 경우 면적이 다른 두 종류의 꼬리지느러미를 적용하여 실험한 결과에서 큰 추진력을 얻을 수 있었던 꼬리지느러미 B를 채용하였습니다. 즉, 보다 많은 물을 헤칠 수 있다는 점에서 면적이 큰 꼬리지느러미가 선택되었습니다.

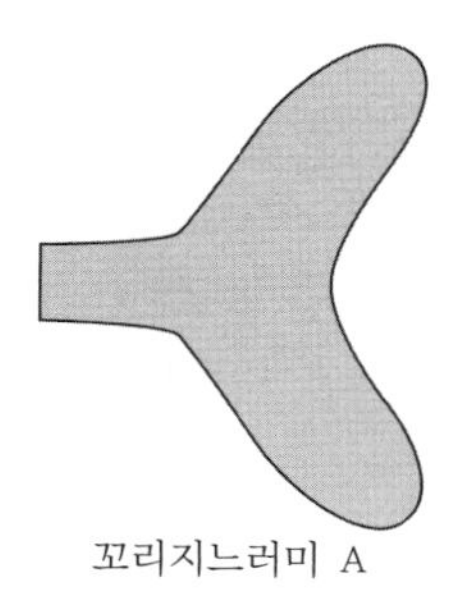

꼬리지느러미 A

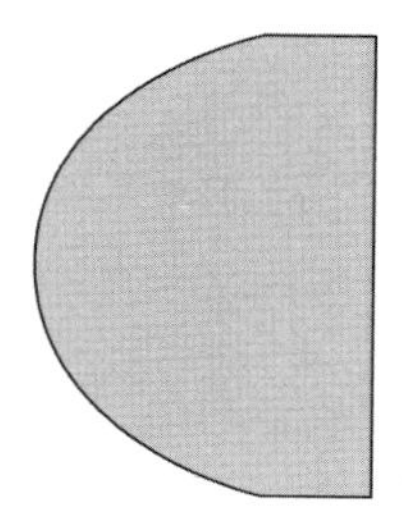

꼬리지느러미 B

그림 3-111

실제 물고기의 꼬리지느러미에는 보다 다양한 형태가 있습니다. 송사리나 금붕어 등 비교적 작은 물고기의 꼬리지느러미는 둥근형이나 삼각형을 하고 있습니다. 이에 비해 대형 어류로서 고속유영을 하는 참치나 가다랑어의 꼬리지느러미는 초승달 모양을 하고 있습니다.

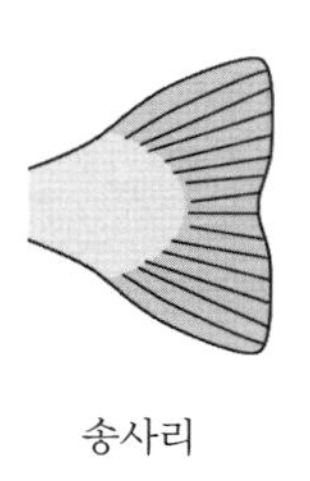

송사리

참치(초승달모양)

그림 3-112

항공기의 날개 성능을 나타내기 위하여 날개폭을 날개시위로 나눈 종횡비(aspect ratio)가 사용됩니다. 글라이더와 같은 날개는 종횡비가 크고, 제트전투기와 같은 삼각 날개는 종횡비가 작습니다. 이것을 물고기에 적용하면 종횡비는 가다랑어가 가장 큰 7.20이고, 참다랑어는 5.5입니다.

설계사례 2 : 직진운동과 좌우운동을 하는 물고기 로봇

이 물고기 로봇은 지느러미의 운동에 의해 직진운동과 좌우운동을 할 수 있습니다. 설계사례 1은 꼬리지느러미가 하나의 관절로 움직였지만, 이 로봇은 추진력을 크게 하기 위해 꼬리지느러미에 두 개의 관절을 적용하였습니다.

그림 3-113 물고기 로봇

그림 3-114

기계장치 구성은 레버크랭크기구와 이중 레버기구를 조합하여 설계했습니다.

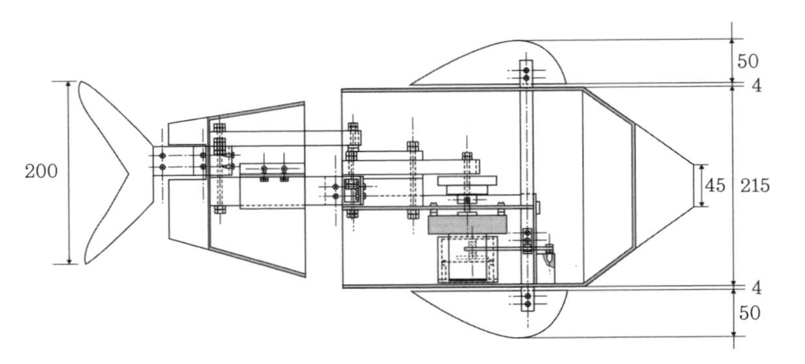

그림 3-115 물고기 로봇의 설계도

꼬리지느러미는 몇 단계로 흔들림 각도의 조절이 가능하도록 실험을 반복하였습니다. 그 결과 꼬리 전체의 흔들림 각이 30도일 때 꼬리지느러미가 가동한계의 90도만큼 흔들리도록 정하였습니다.

꼬리지느러미는 모서리가 둥근 사각형, 초승달형, 장방형의 3가지 종류, 재질은 고무나 아크릴을 사용하였습니다. 실험결과, 모서리가 둥근 사각형이면서 아크릴로 만들어진 꼬리지느러미를 적용했을 때 물고기 로봇이 초속 14cm로 가장 빨리 헤엄쳤습니다. 그리고 선회 시의 직경은 4.0m, 평균 시간은 122초, 선회속도는 초속 10cm였습니다.

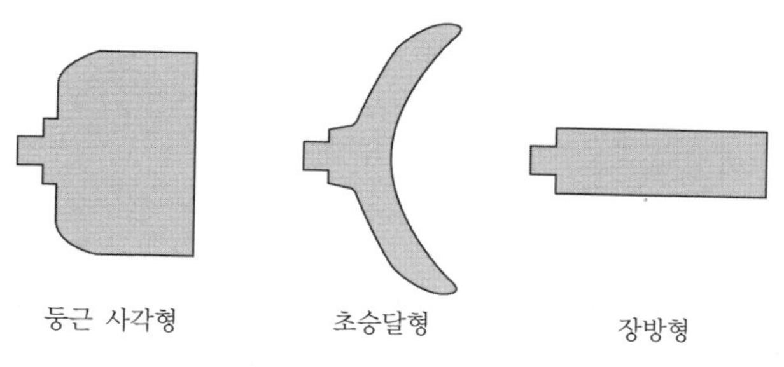

그림 3-116 꼬리지느러미의 형상

꼬리지느러미의 중심 구동부에는 회전속도 3,700rpm, 토크 0.02N · m인 직류모터를 사용하였으며, 감속비 1 : 50의 감속기를 부착하여 회적속도는 작게 하고 토크를 크게 하였습니다. 작동은 본체에 부착되어 있는 스위치를 이용하도록 하였습니다.

또한 등지느러미에는 서보모터를 사용하고 송신기와 수신기를 이용하여 원격조작이 가능하도록 했습니다. 방수 성능을 확보하기 위해 수신기와 건전지 등을 하나의 용기에 넣고 전선만 밖으로 빼내는 방식을 사용했습니다.

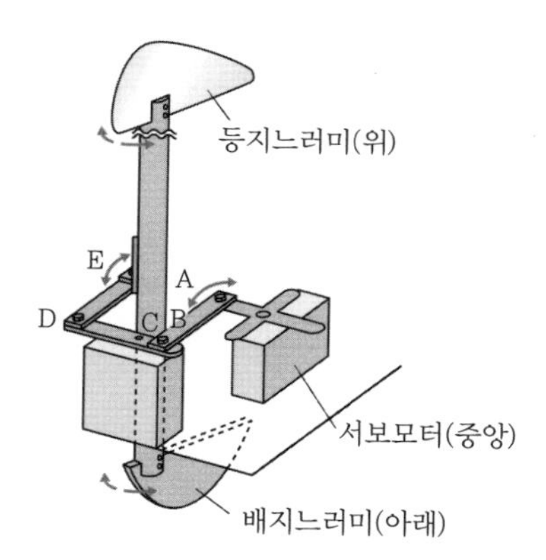

그림 3-117 등지느러미의 메커니즘

설계사례 3 : 돌고래형 로봇

설계사례 2의 물고기 로봇은 직선운동과 좌우운동에 성공하였습니다. 보다 실제 물고기의 유영에 근접하게 하기 위해서는 잠수 · 부상이 가능하게 할 필요가 있습니다.

설계사례 3에서는 머리를 상하로 움직이는 것이 가능한 기계장치를 추가하여 물고기 로봇를 잠수 · 부상시키는 것을 목표로 하였습니다. 또한 이번에는 꼬리지느러미가 좌우뿐 아니라 상하로 운동하는 돌고래형 로봇으로 진행했습니다. 로봇의 치수는 신장 845mm, 전폭 265mm, 전고 290mm, 총질량 3.16kg입니다.

그림 3-118 돌고래의 헤엄

그림 3-119 돌고래형 로봇

꼬리지느러미를 움직이는 기계장치는 설계사례 2와 같이 레버크랭크기구와 이중레버기구를 조합하였습니다.

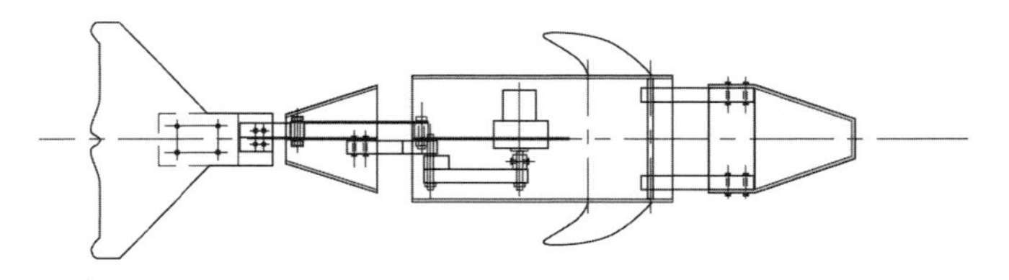

그림 3-120 돌고래형 로봇의 설계도

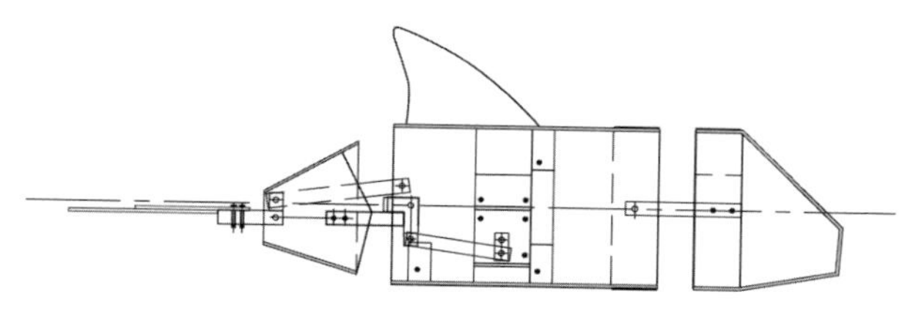

그림 3-120 돌고래형 로봇의 설계도(계속)

꼬리지느러미의 상하운동과 머리의 움직임을 잘 조합하는 것이 무척 어려웠지만, 어느 정도 돌고래형 물고기 로봇을 헤엄치게 할 수 있었습니다. 단 부력이 변화하는 것 등에 잘 대응하지 못하고 균형이 무너져버려서 잠수 · 부상을 자유롭게 할 수는 없었습니다.

실은 이 물고기 로봇이 목표로 했던 움직임은 직진과 잠수 · 부상만이 아니라 점프를 시키는 것이었습니다. 그러나 균형을 잡기 어렵고 점프를 하기 위한 추진력이 부족하다는 점 등의 문제로 점프를 실현시키지는 못하였습니다.

그림 3-121 돌핀 점프

설계사례 4 : 돌고래형 로봇(개량형)

설계사례 3을 참고로 하여 돌고래형 로봇을 개량하였습니다. 우선은 내부 기계장치의 균형을 고려하면서 촘촘하게 채워 정리했습니다. 또한 외장을 지금까지와 같이 아크릴 판을 조합한 각진 형태가 아닌 FRP(섬유 강화 플라스틱)를 사용하여 둥그스름한 형태를 갖도록 제작하였습니다.

그림 3-122 돌고래형 로봇(개량형)

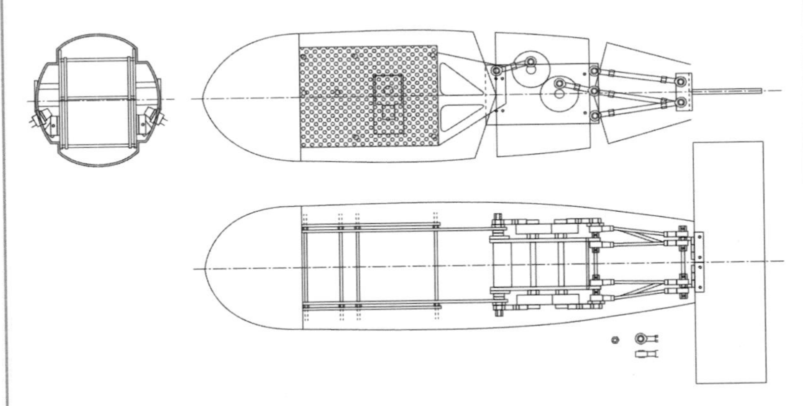

그림 3-123 돌고래형 로봇(개량형)의 설계도

간결하게 소형화한 기계장치와 둥근 외관으로 인해 실제 돌고래의 유영과 보다 유사하게 움직이게 할 수 있었습니다. 그러나 이번에도 방수에는 실패하여 점프라는 꿈은 실현시킬 수 없었습니다.

설계사례 5 : 관절을 제어한 물고기 로봇

이 물고기 로봇은 머리와 꼬리지느러미를 상하좌우로 움직이는 것이 가능합니다. 각 관절에는 서보모터가 부착되어, 미리 작성한 프로그램에 따라 수중에서 관절을 제어하면서 헤엄칩니다.

그림 3-124 관절을 제어한 물고기 로봇

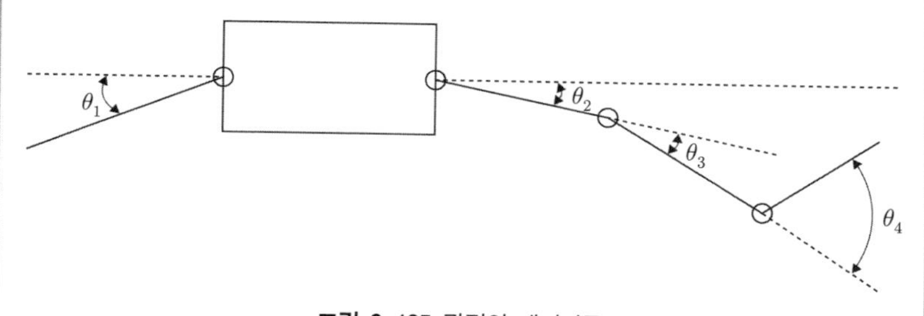

그림 3-125 관절의 메커니즘

사전에 계획된 프로그램에 의해 자유로운 방향으로 헤엄칠 수 있는, 완성도 높은 물고기 로봇을 완성시키는 것이 가능했습니다.
방수에 관해서는 주요부품을 하나의 용기에 넣고, 용기 밖으로 나오는 축 등은 고무와 접착제를 사용하여 잘 움직일 수 있도록 작업하였습니다.

설계사례 6 : 거북이형 로봇

물고기 로봇이 주로 꼬리지느러미를 움직여 추진하는 것에 비하여, 거북이는 몸의 좌우 측면에 있는 판상의 지느러미를 전후 또는 상하로 움직여 추진력을 얻습니다. 이번에는 그러한 움직임을 하는 거북이형 로봇을 제작했습니다.

그림 3-126

그림 3-127 거북이형 로봇

앞지느러미에는 **왕복 슬라이더 크랭크기구**를 사용하였으며, 로봇 중앙부의 축으로 좌우 앞지느러미의 움직임을 연결시켰습니다. 이를 통해 회전운동으로 보트를 젓는 것 같은 앞지느러미의 전후운동을 만들어냈습니다.

앞지느러미의 형태는 장방형의 아크릴 판으로 제작했습니다. 앞지느러미는 뒤에서 앞으로 움직일 때에는 물의 저항이 작아지도록 접히고, 앞에서 뒤로 움직일 때에는 크게 열려서 가능한 많은 물을 후방으로 밀어낼 수 있도록 했습니다.

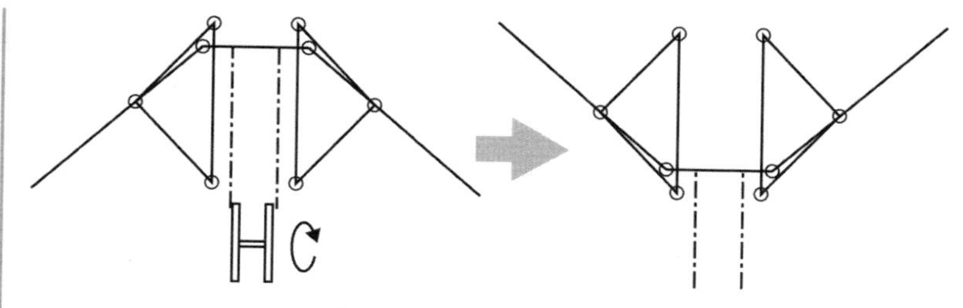

그림 3-128 앞지느러미의 메커니즘

뒷지느러미는 몸통 뒤쪽에서 두 개의 봉을 내밀고 각각에 장방형 아크릴 판을 부착하였습니다. RC서보모터에서의 신호를 통하여 뒷지느러미를 자유롭게 제어할 수 있도록 하였습니다.

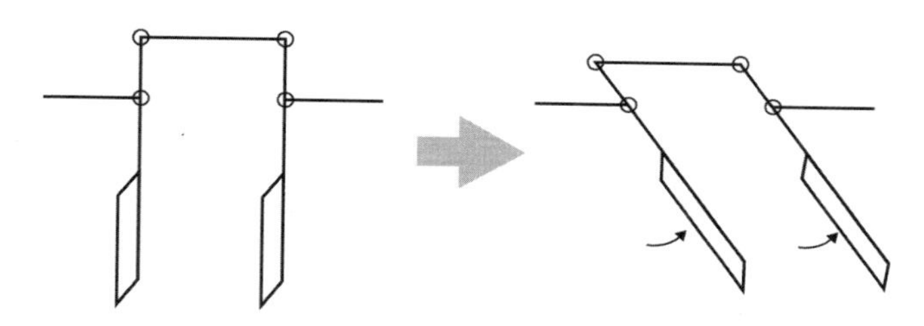

그림 3-129 뒷지느러미의 메커니즘

거북이 등껍질은 FRP를 이용하여 제작했습니다. 이것은 유리섬유를 수지로 굳힌 가공법입니다.

그림 3-130 FRP 부착 작업

첫 도전이었지만 당초의 예정대로 거북이형 로봇의 직진운동 · 좌우운동에 성공할 수 있었습니다.

설계사례 7 : 가오리형 로봇

가오리형 로봇은 파도 모양으로 지느러미를 움직여 헤엄치는 것이 가능한 로봇입니다. 레버크랭크기구로 움직이는 부분을 10개 제작하고, 각 기구의 위상을 90도씩 다르게 움직이도록 하여 지느러미가 파도치는 모양으로 움직이도록 하였습니다.

그림 3-131 가오리형 로봇

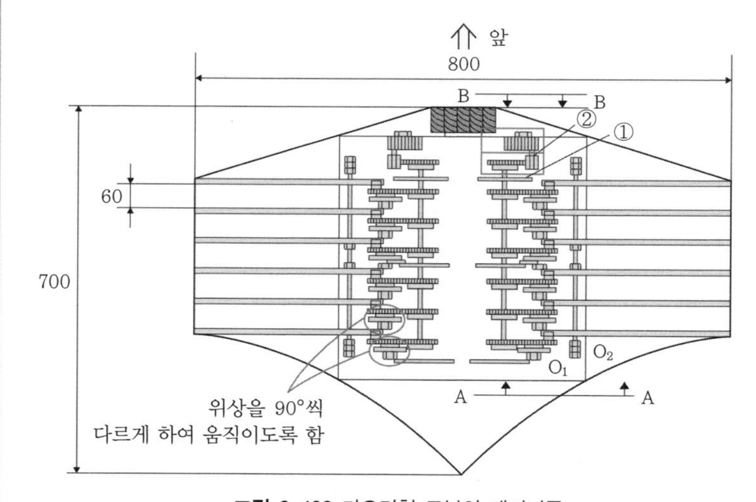

그림 3-132 가오리형 로봇의 메커니즘

지느러미가 움직이는 속도는 실제 가오리와 근접하게 하기 위하여 주기를 2초로 조정하였습니다. 이것도 첫 도전이었지만, 설계대로 매끄러운 사인커브를 그리며 지느러미를 움직이는 것에 성공했습니다. 수중 움직임을 보다 매끄럽게 하는 것이나 소형화하는 것이 앞으로의 과제입니다.

COLUMN | 오징어의 제트 추진

오징어는 무척추동물로 분류됩니다. 그리고 머리에 직접 다리가 생기기 때문에 문어와 함께 두족류라고 불립니다. 오징어의 10개의 다리를 생물학적으로는 팔로 보기 때문에 다리가 10개인 오징어는 십완류, 다리가 8개인 문어는 팔완류로 분류됩니다.

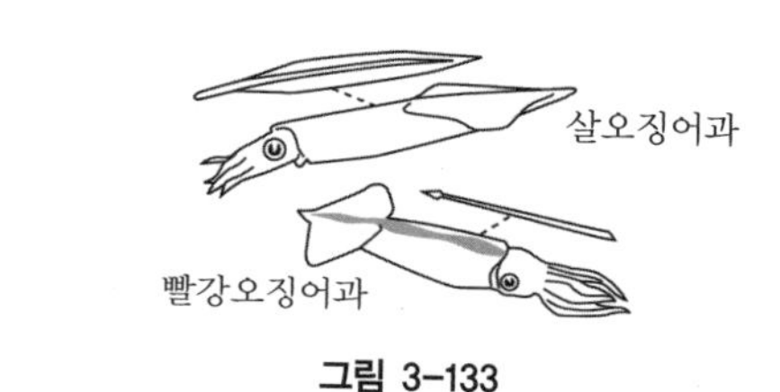

그림 3-133

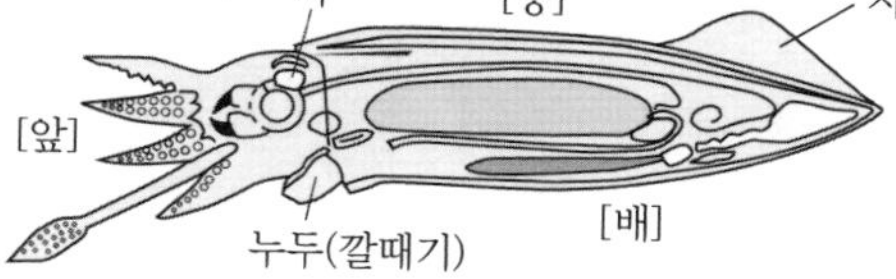

그림 3-134 오징어의 몸

어류는 근육으로 지느러미를 움직여 추진력으로 바꾸지만, 오징어는 어떤 식으로 고속유영을 하는 것일까요? 오징어는 내장을 덮는 육질부분(외투막)과 머리의 틈새로부터 물을 흡수하고, 아가미를 통과하면서 산소가 적어진 물을 토출합니다. 배에 있던 물을 토출하는 기관을 누두라고 하며, 여기로부터 물을 힘차게 토출함으로써 제트 추진을 하는 것입니다. 진행방향은 물을 토출할 때 누두의 방향을 바꾸는 것으로 결정할 수 있습니다.
몸통에 붙어 있는 지느러미는 자세의 안정화를 취하는 것을 주된 목적으로 합니다. 참고로, 오징어는 눈이 있는 쪽이 등이며, 그 뒷면에 누두가 있습니다.

설계사례 8 : 물거미

닌자의 둔갑술에 소금쟁이처럼 물 위를 거침없이 걷는 물거미 기술이 있습니다. 타이어나 페트병을 이용하여 재연한 경우도 있는 것 같으나, 이번에는 프로펠러를 이용해 두 다리를 움직이는 것을 제작하였습니다. 동력으로 사용할 전기는 우산에 붙인 태양전지로 공급하게 됩니다.

그림 3-135 환경을 배려한 전동 물거미

프로펠러의 출력조정을 할 수 없었기 때문에 스위치를 넣자마자 세차게 움직여서 균형을 잡기가 어려웠지만, 어느 정도 물거미를 완성시켜 풀장에서 움직이는 것에도 성공했습니다. 이 물거미는 아이디어 올림픽 2001, '이런 탈것이 있다면 좋겠네 콘테스트'(도요타 자동차 주관) 청년부에서 우수상을 수상했습니다.

| COLUMN | 상어 피부의 응용

장어나 미꾸라지의 피부는 미끌미끌합니다. 이와 같이 유체의 마찰을 저감시켜 미끄러짐을 좋게 하는 작용을 Toms 효과라고 합니다. 공학적인 예로는 기계의 윤활유 등에도 이러한 작용이 있다고 할 수 있습니다. 이와 반대로 표면을 거칠게 하여 유체의 저항을 줄이는 사례도 있습니다.
상어의 껍질처럼 거칠거칠한 인간의 피부를 어린선*이라고도 합니다. 실제로 상어의 피부에는 리블릿(riblet)이라고 하는 작은 돌기가 수없이 달려 있습니다. 그리고 이 작은 돌기는 유체저항을 줄여준다고 알려져 있지만, 놀라운 것은 상어의 각 부분이 받는 유체저항에 따라 삼차원적으로 다른 돌기의 형태를 하고 있다는 것입니다.
이러한 상어 피부의 특성에 대한 연구는 수영복과 유체와의 마찰저항을 줄이는 데 도움이 되고 있습니다. 예전부터 수영복 소재의 표면을 매끄럽게 하는 노력이 있었지만, 2000년 시드니 올림픽에 등장한 수영복은 상어의 피부표면을 모방하여 작은 V자 모양의 홈을 새겨 넣은 완전히 새로운 시도의 수영복이었습니다. 상어피부 슈트는 유체의 마찰저항을 10% 가까이 줄였다고 합니다. 그리고 이와 같은 발상은 공기저항을 줄이기 위하여 스키점프의 점프슈트나 스피드스케이트의 경기용 슈트에도 이용되고 있습니다.
이처럼 최근 스포츠에 유체공학을 이용한 연구가 많이 이루어지고 있고, 스포츠공학이라는 말도 생겨났습니다. 앞으로도 점점 이와 같은 연구가 발전해갈 것입니다.

3. 날갯짓

'새처럼 날갯짓을 하여 하늘을 날고 싶다!' 이것은 오래전부터 인류의 꿈이었습니다. 1903년 라이트 형제가 최초의 비행에 성공하기 바로 전인, 1892년에 릴리엔탈은 글라이더로 창공비행에 도전하여 멋지게 성공하였습니다. 그는 새의 비행을 관찰하여 새가 어떤 식으로 비행하는지를 과학적으로 분석하였습니다. 그리하여 새가 항상 날갯짓을 하는 것이 아니라,

* (역자 주) 어린선(ichthyosis) : 피부가 건조하여 물고기 비늘처럼 되는 질환으로, 원문에는 상어피부라고 되어 있음.

때때로 날개를 편 채로 하늘을 날 때도 있다는 것, 즉 하늘을 날기 위해 항상 날갯짓을 할 필요는 없다는 것을 알게 되었습니다.

그림 3-136 릴리엔탈 글라이더

그러나 1896년의 테스트 비행 중, 돌풍에 휩쓸려 자세가 흐트러진 글라이더가 지면에 충돌하여 릴리엔탈은 사망하고 말았습니다. 그가 고안한 파일럿의 체중이동에 따른 자세제어로는 돌풍과 같은 난기류에 대해 안정성과 조종성이 불충분했던 것입니다.

현재 하늘을 나는 것을 즐기는 스카이 스포츠의 하나로, 산 위의 경사면에서 이륙하여 평지에 착륙하는 행글라이더를 많은 사람들이 즐기고 있습니다.

그림 3-137 행글라이더

새의 날갯짓

새나 곤충의 **날갯짓**에 대해 살펴보겠습니다. 인간은 헤엄치기는 가능하지만 날갯짓하여 날 수는 없습니다. 또한 새와 같은 형태로 비행할 수 있는 로봇이나, 무당벌레와 같은 크기와 모양으로 날 수 있는 로봇 등도 아직 개발되지 않았습니다. 아무래도 헤엄치는 것보다 날갯짓하여 나는 것이 어려운 것 같습니다.

날갯짓이란 날개의 내려치기와 들어 올리기의 반복에 의해 생기는 날개의 진동운동으로 정의됩니다. 그리고 이 운동은 새가 나는 속도나 진동의 주파수, 내려치는 시간과 들어 올리는 시간의 비율 등 여러 가지 요인에 의해 결정되는 매우 복잡한 운동입니다.

날갯짓의 기본은 다음과 같이 설명할 수 있습니다. 우선 날개를 펴 위로 들어 올린 후에 다시 날개 밑에 있는 공기를 힘차게 아래로 이동시키면 날개 아래의 공기는 압축되게 됩니다. 이 반동으로 날개는 위를 향한 힘을 받게 되고, 이 힘이 양력과 추진력으로 나뉘어 본체는 상승하면서 전진하게 됩니다.

한편 내려간 날개를 다시 들어 올리는 경우, 날개의 움직임이 작아진 부분에는 약해진 양력과 약한 음의 추진력이 작용하고 움직임이 큰 날개의 선단부에서는 약한 음의 양력과 약해진 추진력이 작용하게 됩니다.

추진력이 손실되지 않게 하기 위해서는 몸이 너무 하강하기 전에 재빠르게 날개를 위로 이동시킬 필요가 있습니다. 음의 양력이나 음의 추진력을 소멸시키기 위해서는 날개의 받음각이나 들어 올리는 속도를 조정하는 것 등도 행해집니다.

이와 같은 작용에 의해 양력이 중력과 같아지고, 추진력이 저항력과 같지 않아진다면 비행을 계속할 수 있습니다.

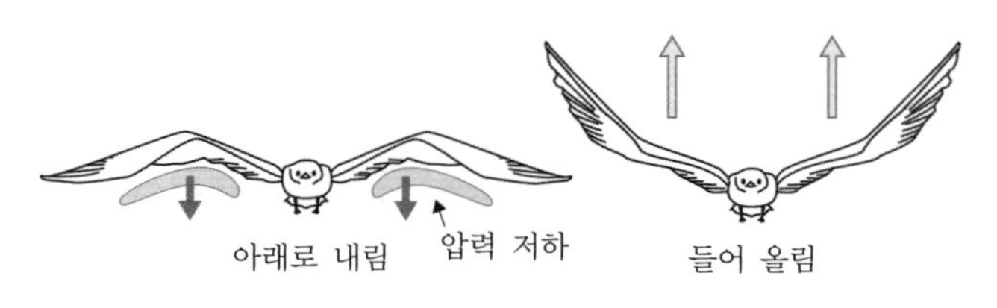

그림 3-138 새의 날갯짓

벌새의 공중정지

한 지점에 머물러서 비행하는 **hovering(공중정지)**에 대하여 살펴보겠습니다. 공중정지로 유명한 것은 새의 세계에서 비행의 명수라고 불리는 벌새입니다.

벌새의 날개는 1초에 80회나 날갯짓할 수 있다고 합니다. 재빠르게 날갯짓하는 날개에 의해 벌이 날고 있는 것 같이 윙윙거리는 날개소리가 들린다고 하여 허밍버드(hummingbird)라는 이름도 있습니다.

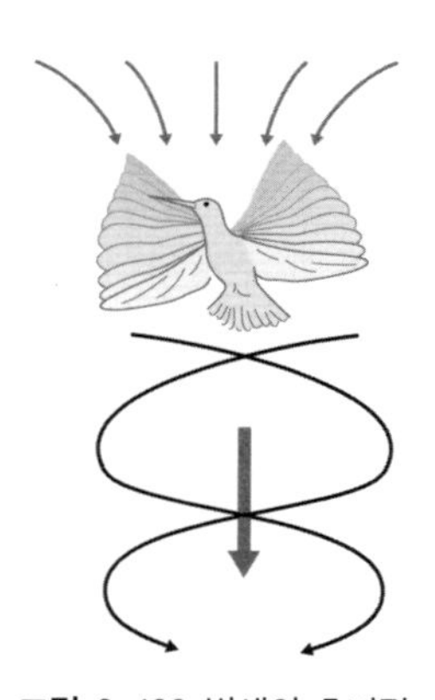

그림 3-139 벌새의 호버링

벌새가 바람이 없는 공기 중에 정지해 있다는 것은 단위시간당 중력과 같은 크기와 방향을 갖는 운동량의 기류를 만들어낼 수 있도록 날개를 움직이고 있다는 것이 됩니다. 또한 이때 날개 윗부분의 압력은 아래 부분의 압력보다 낮아져 있지 않으면 안 됩니다. 벌새가 공중정지할 때는 날개가 둥글게 8자를 그리면서 위쪽으로 기류를 보냅니다.

벌새는 새 중에서도 매우 소형이고 아름다운 종류가 많다고 알려져 있고, 꽃의 꿀을 빨거나 작은 곤충 등을 먹으며 생활합니다. 주둥이는 가늘고 길며, 관과 같은 긴 혀를 이용하여 꽃의 꿀을 빨아들입니다.

주로 알래스카보다 남방에서 브라질이나 페루 등 아메리카 대륙에 폭넓게 분포하고 있습니다. 아쉽게도 멸종 위기에 있어 워싱턴 조약에 의해 수출입이 금지되어 있기 때문에, 일본에서는 곤충원에서밖에 볼 기회가 없습니다.

곤충의 날갯짓

곤충 날갯짓의 메커니즘을 살펴보겠습니다. 가령 잠자리와 비행기는 그 형태는 닮아 있지만, 비행에서의 차이점은 어떤 점이 있을까요?

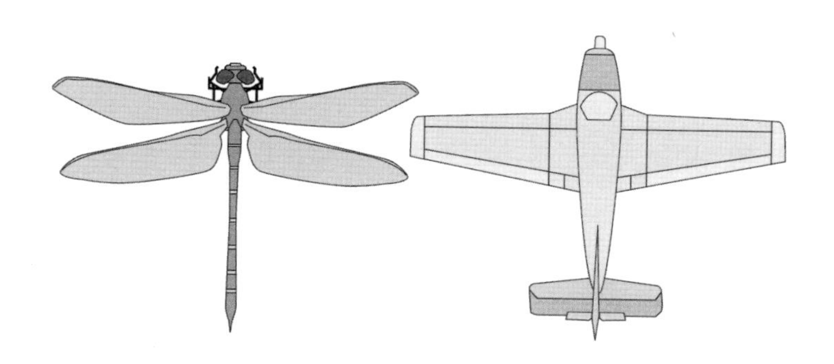

그림 3-140 잠자리와 비행기

형상이 같고 크기가 다른 것을 '상사'라고 하며, 모형에 따른 풍동실험을 할 때에는 통상 상사 축소모델을 사용하여 실험을 합니다.

이때 모형과 작동유체와의 사이에 상사를 성립시키기 위해서는 유체의 상태를 나타내는 레이놀즈수를 일치시킬 필요가 있습니다. 제1장에서 설명한 것처럼 레이놀즈수는 관성력÷점성력으로 정의되며, 점성력이 클수록 작아지고, 관성력이 클수록 커집니다.

잠자리의 크기는 비행기와 비교하여 확연히 작습니다. 또한 잠자리의 날개의 질량은 체중의 2% 정도밖에 되지 않습니다. 이런 잠자리 날개 주변의 레이놀즈수는 비행기와 비교하여 확연히 작아집니다. 다시 말해 점성력을 무시할 수 없게 되는 것입니다. 잠자리는 공기를 끈적임이 큰 유체라고 느끼며 비행하는 것이 됩니다.

잠자리의 날개를 자세히 보면 시맥이라고 하는 골조부분과 그 사이에 얇은 막이 덮여 있는 것을 알 수 있습니다. 이러한 날개는 장소에 따라 휘어진 형상으로 되어 있으며, 이것으로 1초에 30회 이상으로 날갯짓하는 것입니다.

잠자리의 날개를 그대로 상사한 비행기의 크기로 확대할 수 있다 해도, 유체현상으로서 상사는 성립하지 않습니다. 항공기는 점성력보다도 관성력의 지배를 받기 때문에, 유선형의 날개로 큰 양력을 발생시키고 있는 것입니다. 잠자리는 관성력보다 점성력의 지배를 받기 때문에 얇은 판상의 날개가 적절한 것입니다.

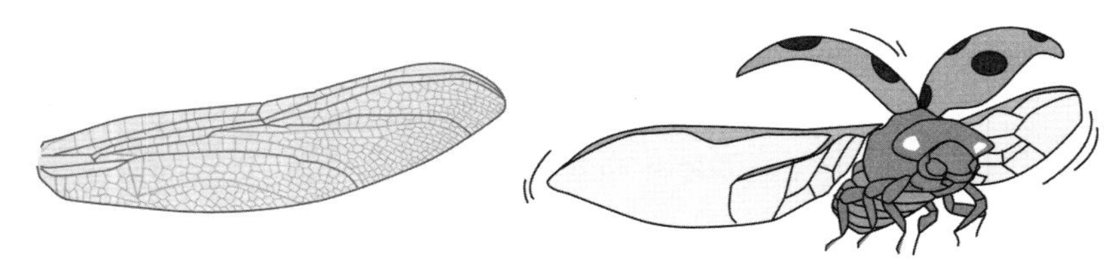

그림 3-141 잠자리의 날개 **그림 3-142** 무당벌레의 비행

곤충의 날개는 외골격으로 되어 있고 새처럼 내부에서 날개를 지지하는 내골격은 없습니다. 외골격은 단단하고 부드러운 재질로 되어 있어 몸을 지지하거나, 상처가 생기지 않도록 합니다. 또한 적으로부터 몸을 보호하기도 합니다.

무당벌레나 풍뎅이 등의 날개는 몸 외측에 단단한 겉날개와 그 아래의 얇은 막상의 날개로 구성됩니다. 겉날개보다 얇은 막상의 날개 쪽이 날갯짓의 속도가 빠르고, 비행에 직접 관계된 것도 얇은 막상의 날개라고 알려져 있습니다.

실제로 곤충을 포획하여 그 비행을 비디오카메라 등으로 촬영하고 그것을 해석하는 연구도 진행되고 있습니다.

COLUMN | 올빼미와 신칸센

올빼미는 조용하게 날갯짓하는 새로 알려져 있습니다. 날개가 전체적으로 유연하고 부드러우며, 정면에는 작은 깃털이 있습니다. 이에 더하여 가장 외측에 짧은 빗살 모양의 돌기가 줄지어 있어 소음 효과의 역할을 하고 있는 것입니다.

신칸센(500계)의 익형 집전장치(pantograph)에는 이것을 따라한 가는 털이나 돌기가 붙어 있어, 소음대책의 중요한 역할을 하는 것으로 알려져 있습니다. 자연계에는 유체역학의 법칙에 따른 훌륭한 장치들이 이미 존재하고 있는 것입니다.

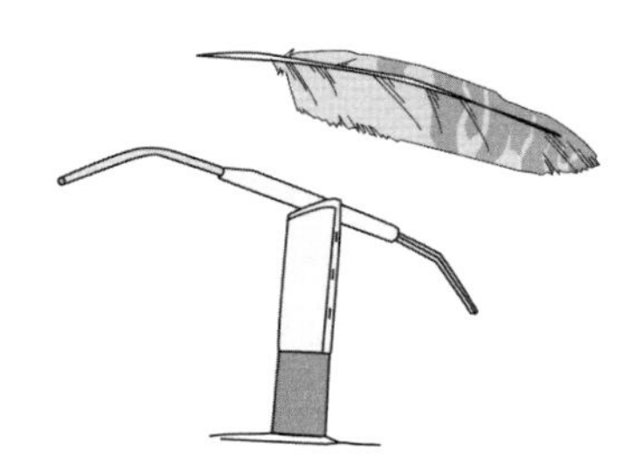

그림 3-143 올빼미의 날개와 익형 집전장치

연습문제 생물기계

1. ( ) 안에 알맞은 말을 넣어 문장을 바르게 완성시키세요.

(1) 물고기의 형상에는 참치와 같은 (①)형, 도미와 같은 (②)형, 가오리와 같은 (③)형, 장어와 같은 (④)형 등이 있습니다.

(2) 날갯짓이란 날개의 (⑤)와 (⑥)의 반복에 의해 전달되는 날개의 (⑦) 운동입니다.

(3) 공중의 한 지점에 머물러 나는 것을 (⑧)(이)라고 하며, 이것을 잘 하는 새는 (⑨)입니다.

(4) 잠자리와 비행기는 닮은 듯하지만, 유체현상으로는 레이놀즈수가 다릅니다. 즉, 잠자리는 (⑩)력의 영향을 크게 받고, 비행기는 (⑪)력의 영향을 크게 받습니다.

(5) 사슴벌레는 (⑫)종류의 날개로 되어 있습니다.

그림 3-144 사슴벌레의 비행

연습문제 해답

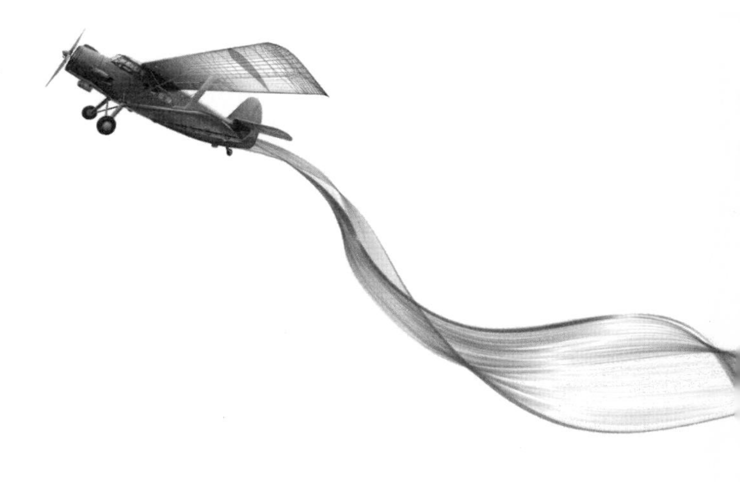

CHAPTER 1 || 유체역학

01. 유체의 기초

1. (1) 질량 (2) 4 (3) 10^6 (4) 10^3 (5) 1.29 (6) 0.65~0.75 (7) 1.02 (8) 압력 (9) 8.7 (10) 점도 (11) 표면장력 (12) 모세관
2. 지상의 기온이 0°C 이하가 되면, 지표면의 수분이 얼게 됩니다. 이때 모세관현상에 의해 따뜻한 흙 속에서부터 땅의 수분이 지표면으로 끌어당겨집니다. 그리고 끌어당겨진 수분은 얼음이 되고, 차례로 표면의 얼음을 밀어올리기를 반복함으로 서릿발이 만들어지는 것입니다.

02. 유체의 정역학

1. (1) ① 체적 ② 아르키메데스
   (2) ③ 복원력
   (3) ④ 압력 ⑤ 파스칼
   (4) ⑥ Torr(토르)
2. 해수의 밀도는 담수의 밀도보다 큽니다. 배의 무게는 변화하지 않기 때문에, 바다에서 하천으로 진입하면 배는 물속에 가라앉은 부분의 체적이 크면 클수록 부력과 중력의 균형을 잃게 됩니다. 때문에 배가 하천에 진입하면 조금 가라앉게 되는 것입니다.

03. 유체의 동역학

1. (1) ① 층류 ② 난류
   (2) ③ 레이놀즈

(3) ④ 2,320　⑤ 임계 레이놀즈수

(4) ⑥ 연속의 법칙　⑦~⑨ 위치에너지, 운동에너지, 압력에너지(순서 무관)

(5) ⑩ 토리첼리의 정리

(6) ⑪ 에너지손실

(7) ⑫ $F = \rho Q(v_2 - v_1)$ [N]

2. 유체의 빠르기 $v = \sqrt{2gH} = \sqrt{2 \times 9.8 \times 10} = 14.0$ [m/s]

단면적 $A = \frac{\pi}{4}d^2 = \frac{3.14}{4} \cdot (5 \times 10^{-3})^2 = 19.6 \times 10^{-6}$ [m²]

반동력 $F = \rho A v^2 = 1{,}000 \times 19.6 \times 10^{-6} \times 14.0^2 = 3.84$ [N]

04. 유체의 운동

1. (1) $y = A\sin\left(\frac{2\pi t}{T} - \frac{2\pi x}{\lambda}\right)$와 비교합니다.

진폭 : 0.15m, 파장 : 2.0m, 주기 : 0.50s, 진동수 : 2.0Hz, 파의 전달속도 : 4.0m/s

(2) $x = 0$을 대입합니다.

$y = 0.15\sin\{4\pi(t - 0.25 \times 0)\} = 0.15\sin(4\pi t)$ [m]

(3) (2)식에서 $t = 0$일 경우 : $4\pi t = 0$ [rad]

$t = 0.25$일 경우 : $4\pi t = \pi$ [rad]

따라서 위상차는 π[rad]가 됩니다.

(4) $t = 0$을 대입합니다.

$y = 0.15\sin\{4\pi(0 - 0.25 \times x)\} = 0.15\sin(-\pi x)$

$= 0.15\sin(\pi x)$ [m]

(5) $t = 0.50s$을 대입합니다.

$y = 0.15\sin\{4\pi(0.50 - 0.25 \times x)\} = 0.15\sin(2\pi - \pi x)$

$=0.15(-\pi x)=0.15\sin(\pi x)$ [m]

따라서 그래프는 아래와 같이 됩니다.

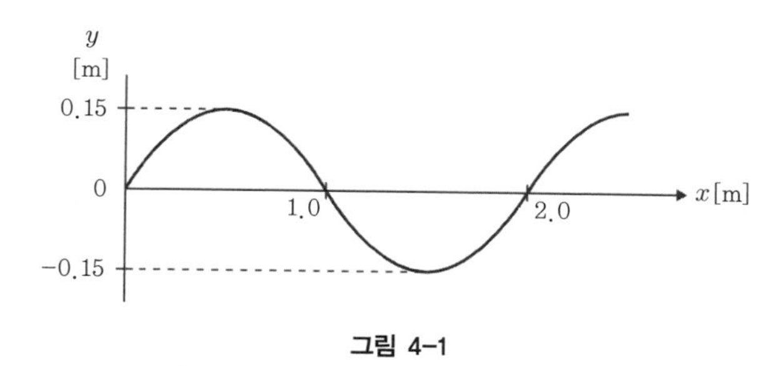

그림 4-1

2\. (1) A에서의 파장을 λ로 하면, B에서의 파장 $\lambda' = \lambda \times \dfrac{v_B}{v_A}$가 됩니다.

$v_B = \sqrt{gh_B}$,

$v_A = \sqrt{gh_A}$이므로 $\lambda' = \lambda \times \sqrt{\dfrac{gh_B}{gh_A}} = \lambda \times \sqrt{\dfrac{h_B}{2h_B}} = \dfrac{\lambda}{\sqrt{2}}$

따라서 B의 파장은 A의 $\dfrac{1}{\sqrt{2}}$배가 됩니다.

(2) 굴절의 법칙에 따라 $n = \dfrac{\lambda}{\lambda'} = \sqrt{2}$

따라서 $\sin r = \dfrac{\sin i}{\sqrt{2}} = \dfrac{\sin 45^\circ}{\sqrt{2}}$, $\sin 45^\circ = \dfrac{1}{\sqrt{2}}$이므로

$\sin r = \dfrac{1}{2}$ 따라서 $r = 30^\circ$

3\. 진동상태가 같을 경우, 거리의 차가 파장의 정수배라고 했을 때 한쪽 파의 마루가 P에 도달하면 다른 한쪽도 파의 마루가 도달하게 됩니다. 따라서 2개의 파원에서 오는 파가 점 P에서 강하게 합쳐질 조건은 $|S_1P - S_2P| = \lambda \times$(정수)가 됩니다.

CHAPTER 2 || 유체실험

01. 유체의 계측

1. (1) ① 액주 ② 탄성식
   (2) ③ 피토관
   (3) ④ 벤추리관
   (4) ⑤ 후크 게이지
   (5) ⑥ 시간
   (6) ⑦ 레이놀즈

2. 장점 : 중간 과정 없이 바로 실제 기기를 만드는 것보다 경제적이고, 실험 결과를 활용하는 것으로 공기역학적 특성의 개선이 가능합니다. 또한 실제 기기 전체가 아닌 각 부분의 공기역학적 특성을 개별적으로 평가할 수 있습니다. 이러한 장점에 의해 안전성도 높일 수 있습니다.

   단점 : 송풍기 등이 유발하는 흐름의 혼란을 완전히 없앨 수는 없기 때문에, 실험의 정확도에 한계가 있습니다. 또한 실험장치 벽면의 영향이나 항공기모형을 지지하는 지주의 영향 등, 대기 안의 흐름과 완전히 똑같은 현상을 재현하는 것에도 한계가 있습니다.

02. 흐름의 가시화

1. (1) ① 트레이서 법
   (2) ② 터프트 법
   (3) ③ 표면 피막법
   (4) ④ 연기 주입법
   (5) ⑤ 유동 파라핀

03. 수치유체역학

1. (1) ① 수치계산 ② 차분
   (2) ③ 계산시간 ④ 반올림 오차
   (3) ⑤ 오일러 ⑥ 나비에 · 스토크스

CHAPTER 3 || 유체기계

01. 펌 프

1. (1) ① 토출량 ② 양정
   (2) ③ 양정 ④ 효율 ⑤ 축동력
   (3) ⑥ 왕복 ⑦ 밸브
   (4) ⑧ 원심 ⑨ ⑩ 케이싱, 회전체(순서 무관)
   (5) ⑪ 축류
   (6) ⑫ 사류
   (7) ⑬ 회전

2. 원심 펌프의 날개 입구 등에서 물의 압력이 국부적으로 저하하여 물이 증발하거나 녹아 있던 공기가 분리되어 기포가 발생하고, 그것이 날개 하류측 내부에서 충격으로 부서지는 현상

02. 수 차

1. (1) ① 프란시스 ② ③ 압력, 속도(순서 무관) ④ 반동
   (2) ⑤ 펠턴 ⑥ 운동 ⑦ 충격
   (3) ⑧ 프로펠러 ⑨ 카플란 수차

2. (1) 펌프 수차

(2) 발전

(3) 물의 양수

(4)

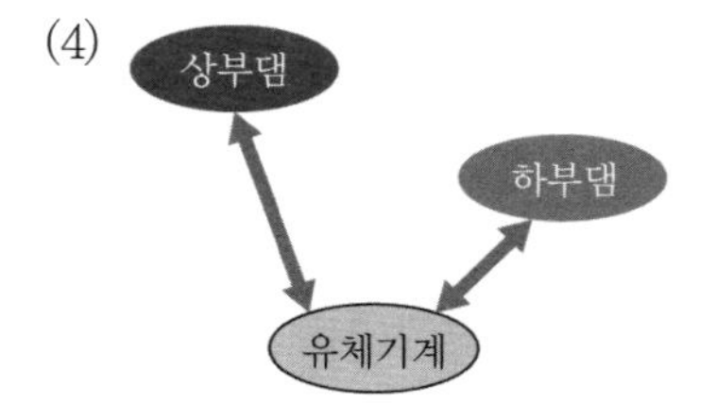

03. 풍 차

1. (1) ① 프로펠러 ② 다익형 ③ 셀 윙

(2) ④ 패들 ⑤ 사보니우스 ⑥ 다리우스

2. $P = \frac{1}{2}\rho A V^3$ [J/s]

3. 베츠계수, 약 59.3%

04. 생물기계

1. (1) ① 방추 ② 측편 ③ 종편 ④ 세장

(2) ⑤ ⑥ 내리치기, 들어 올리기(순서 무관) ⑦ 진동

(3) ⑧ 호버링(공중정지) ⑨ 벌새

(4) ⑩ 점성 ⑪ 관성 ⑫ 2

찾아보기

ㅇ

ㅈ

ㅎ

기 타

저자 소개

가도타 가즈오(門田 和雄)

동경학예대학 교육학부 기술과 졸업

동경학예대학대학원 교육학연구과 (기술교육전공) 석사과정 졸업

동경공업대학대학원 종합이공학연구과 (메카노마이크로공학 전공) 박사과정 졸업 (공학박사)

현재, 동경공업대학부속 과학기술고등학교 기계시스템 분야 정교사

게이오기쥬쿠대학 (공업과교육법) 비상근강사

주요 저서 : 『생산활동을 위한, 알기 쉬운 기계공학』(기술평론사)

『생산활동을 위한, 재미있는 로봇공학』(기술평론사)

『인생의 교과서 [로봇과 함께 살아가기]』(공저, 치쿠마쇼보)

하세가와 야마토(長谷川 大和)

동경이과대학 이학부 물리학과 졸업

동경공업대학대학원 석사과정 (바이오 사이언스 전공) 졸업

동경공업대학 부속 과학기술고등학교 정교사

역자 소개

윤성훈(尹星勳)

인하대학교 공과대학 건축공학과 졸업

인하대학교 대학원 건축공학과 졸업/공학석사

도호쿠대학 공학연구과 도시건축학전공 졸업/공학박사

(現) 남서울대학교 공과대학 건축공학과 조교수

대한건축학회, 대한설비공학회, 일본건축학회 정회원

처음 배우는 유체공학

초판인쇄	2016년 4월 27일
초판발행	2016년 5월 04일
저 자	가도타 가즈오, 하세가와 야마토
역 자	윤성훈
펴 낸 이	김성배
펴 낸 곳	도서출판 씨아이알
책임편집	박영지, 서보경
디 자 인	백정수, 추다영
제작책임	이헌상
등록번호	제2-3285호
등 록 일	2001년 3월 19일
주 소	(04626) 서울특별시 중구 필동로8길 43(예장동 1-151)
전화번호	02-2275-8603(대표)
팩스번호	02-2275-8604
홈페이지	www.circom.co.kr
I S B N	**979-11-5610-215-1 93540**
정 가	**18,000원**

여러분의 원고를 기다립니다.

도서출판 씨아이알은 좋은 책을 만들기 위해 언제나 최선을 다하고 있습니다.
토목·해양·환경·건축·전기·전자·기계·불교·철학 분야의 좋은 원고를 집필하고 계시거나 기획하고 계신 분들, 그리고 소중한 외서를 소개해주고 싶으신 분들은 언제든 도서출판 씨아이알로 연락 주시기 바랍니다.
도서출판 씨아이알의 문은 날마다 활짝 열려 있습니다.

출판문의처: cool3011@circom.co.kr,
02)2275-8603(내선 605)

<<도서출판 씨아이알의 도서소개>>

※ 한국출판문화산업진흥원의 세종도서로 선정된 도서입니다.
† 대한민국학술원의 우수학술도서로 선정된 도서입니다.
§ 한국과학창의재단의 우수과학도서로 선정된 도서입니다.

건축·도시

환경이 마음을 만들고 마음이 건강을 만드는 건축의학
일본건축의학협회 편저 / 이강훈, 석종욱 공역 / 2016년 4월 / 304쪽(152*224) / 20,000원

흙건축(개정증보판)※
황혜주 저 / 2016년 4월 / 300쪽(188*245) / 24,000원

모듈러
르 코르뷔지에(Le Corbusier) 저 / 손세욱, 김경완 역 / 2016년 03월 / 1권 240쪽, 2권 340쪽(145*145) / 30,000원

한국건축의 흐름
정영철 저 / 2016년 3월 / 584쪽(188*257) / 28,000원

수변공간계획
이한석, 강영훈, 김나영 저 / 2016년 2월 / 324쪽(188*257) / 20,000원

건축설비기사·산업기사 합격 바이블(실기편)
서진우 저 / 2016년 1월 / 576쪽(188*257) / 28,000원

(명화 속에 담긴) 그 도시의 다리
이종세 저 / 2015년 10월 / 322쪽(170*240) / 17,000원

초고층 빌딩 설계 가이드
이소은, 김형우 저 / 2015년 8월 / 168쪽(216*302) / 23,000원

다원적 전시커뮤니케이션
이란표 저 / 2015년 4월 / 236쪽(188*257) / 20,000원

현대건축_흐름과 맥락
Jürgen Tietz 저 / 고성룡 역 / 2015년 4월 / 128쪽(210*295) / 15,000원

건축의 모습
비톨드 리브친스키 저 / 류재호, 김민정 역 / 2015년 2월 / 144쪽(148*210) / 12,000원

아두이노 기반 스마트 홈 오토메이션
Marco Schwartz 저 / 강태욱, 임지순 역 / 2015년 2월 / 244쪽(150*205) / 18,000원

인간중심의 도시환경디자인※
나카노 츠네아키 저 / 곽동화, 이정미 역 / 2014년 12월 / 396쪽(188*237) / 26,000원

(건축가, 건축주, 시공사를 위한) 스마트 빌딩 시스템
James Sinopoli 저 / 강태욱, 현소영 역 / 2014년 12월 / 344쪽(155*234) / 24,000원

한국 유교건축에 담긴 풍수 이야기※
박정해 저 / 2014년 12월 / 388쪽(188*257) / 30,000원

빛과 열의 건축환경학
슈쿠야 마사노리(宿谷 昌則) 저 / 송두삼, 황태연 역 / 2014년 11월 / 440쪽(155*234) / 30,000원

오토캠핑으로 떠난 독일성곽순례
이상화, 이건하 저 / 2014년 10월 / 268쪽(152*224) / 18,000원

CIVIL BIM의 기본과 활용
이에이리 요타(家入龍太) 저 / 황승현 역 / 2014 9월 / 240쪽(152*224) / 16,000원

BIM으로 구조디자인 하기
이주나, 김우진 저 / 2014년 8월 / 240쪽(210*297) / 24,000원

현대 건축가 111인
Kester Rattenbury, Rob Bevan, Kieran Long 저 / 이준석 역 / 2014년 8월 / 240쪽(195*215) / 24,000원

헬스케어 기반의 고령친화적 스마트홈 디자인 Guide
윤영호 외 9인 저 / 2014년 8월 / 196쪽(220*240) / 24,000원

헬스케어 기반의 고령친화적 스마트홈 디자인 Item
윤영호 외 11인 저 / 2014년 8월 / 144쪽(220*240) / 20,000원

예술을 위한 빛
Christopher Cuttle 저 / 김동진 역 / 2014년 7월 / 280쪽(188*245) / 26,000원

흙집 제대로 짓기
황혜주 외 저 / 2014년 7월 / 200쪽(188*245) / 20,000원

콘크리트와 문화※
아드리안 포오티(ADRIAN FORTY) 저 / 박홍용 역 / 2014년 6월 / 372쪽(188*257) / 26,000원

BIM 기반 시설물 유지관리
IFMA, IFMA Foundation 저 / Paul Teicholz editor / 강태욱, 심창수, 박진아 역 / 2014년 5월 / 428쪽(155*234) / 25,000원

집 그리고 삶
최재석 저 / 2014년 3월 / 172쪽(148*210) / 15,000원

Civil BIM with Autodesk Civil 3D
강태욱, 채재현, 박상민 저 / 2013년 11월 / 340쪽(155*234) / 24,000원

건물개보수 디자인 가이드북
피터 슈베르(Peter Schwehr), 로버트 피셔(Roberat Fischer), 손자 가이어(Sonja Geier) 저 / 서항석 외 역 / 2013년 10월 / 172쪽(152*224) / 18,000원

현대건축감상
김영은, 이건하 저 / 2013년 9월 / 304쪽(188*257) / 26,000원

내진설계를 위한 근사해석법
ADRIAN S. SCARLAT 저 / 이진호 역 / 2013년 8월 / 356쪽(155*234) / 24,000원

건축설계의 아디이어와 힌트 470
매주 주택을 만드는 모임 저 / 고성룡 역 / 2013년 7월 / 184쪽(152*224) / 18,000원

세계에 널리 알려진 상업센터의 풍수디자인
이브린 립(Evelyn Lip) 저 / 한종구 역 / 2013년 6월 / 160쪽(185*215) / 22,000원

BIM 상호운용성과 플랫폼
강태욱, 유기찬, 최현상, 홍창희 저 / 2013년 1월 / 320쪽(188*257) / 25,000원

건축환경론
노정선, 함정도 저 / 2012년 6월 / 336쪽(188*257) / 22,000원

디자인 도면
Francis D.K. Ching, Steven P. Juroszek 저 / 이준석 역 / 2012년 3월 / 416쪽(국배판) / 28,000원

흙건축※
황혜주 저 / 2008년 3월 / 256쪽(188*257) / 23,000원

토목공학

토질공학의 길잡이(제4판)
임종철 저 / 2016년 4월 / 556쪽(188*257) / 30,000원

철도의 미래 2030년의 철도
재단법인 철도총합기술연구소 '2030년의 철도' 조사 그룹 저 / 이성혁, 오정호, 김성일 역 / 2016년 3월 / 208쪽(152*224) / 18,000원

수리학 및 실험(제2판)
이종석 저 / 2016년 3월 / 528쪽(188*257) / 28,000원

콘크리트구조설계-한계상태설계법
박홍용 저 / 2016년 2월 / 772쪽(188*257) / 38,000원

펄프 · 종이 수처리 기술
조준형 저 / 2016년 2월 / 328쪽(188*257) / 18,000원

측량 및 지형공간정보공학
유 연 저 / 2016년 2월 / 908쪽(188*257) / 43,000원

건설계측 응용실무
우종태, 이래철 저 / 2016년 2월 / 332쪽(188*257) / 18,000원

땅밑에서는 대체 무슨 일이? 싱크홀의 정체
조성하 저 / 2015년 12월 / 220쪽(152*224) / 16,000원

토질 및 기초기술사 합격 바이블_2권
류재구 저 / 2015년 11월 / 948쪽(188*257) / 50,000원

토질 및 기초기술사 합격 바이블_1권
류재구 저 / 2015년 11월 / 920쪽(188*257) / 50,000원

(명화 속에 담긴) 그 도시의 다리
이종세 저 / 2015년 10월 / 322쪽(170*240) / 17,000원

자연과 문명의 조화 토목공학
대한토목학회 '자연과 문명의 조화 토목공학' 출판위원회 저 / 2015년 10월 / 368쪽(176*250) / 22,000원

내 일을 설계하고 미래를 건설한다
대한토목학회 출판 · 도서위원회 저 / 2015년 10월 / 256쪽(152*210) / 11,000원

얕은기초
Braja M. Das 저 / 이강일, 김영남, 김태훈 역 / 2015년 8월 / 404쪽(188*257) / 25,000원

재난예보 및 대처를 위한 차세대 물리탐사 및 계측기법
김중열 저 / 2015년 8월 / 452쪽(188*257) / 42,000원

노천채굴 사면공학
John Read, Peter Stacey 편저 / 선우 춘 역 / 2015년 6월 / 736쪽(188*257) / 45,000원